手作布包基礎

36款布包＋8款特殊包款＋7款生活用品

猪俣友紀(neige+)／著
許倩珮／譯

前言

從小接觸縫紉機，把裁縫當成興趣的我，

第一次萌生製作包包的念頭是在高中的時候。

當時看著店裡陳列的包包，腦海裡突然出現一句話：「好想試著做出這樣的包包啊」。沒有知識，依樣畫葫蘆做出來的成品算是馬馬虎虎還能湊合。但是，填滿心中的那股成就感，至今仍然記憶鮮明。

基礎的學習固然是重要的過程，但擁有好奇心也很重要。想要向做出各種造型的包包挑戰的熱情一旦湧現的話，接觸縫紉機的機會就會自然增加。

希望本書能在那樣的時候派上用場，讓製作包包的時光變得更加歡樂。

同時，我也想以本書，對平時總是給與支持的各位讀者致上由衷的感謝。

猪俣友紀（neige＋）

書中的設計皆可用在商業用途!!

參考本書製作出來的包包可在個人的網路商店、網路跳蚤市場或活動展場等地作為商品自由販售（但要注意，布料當中可能包含不能作為商業用途的部分）。
另外，作品完成之後，記得把自己做的手工包加上主題標記在SNS上和大家分享！
和同樣喜愛手作的同好們交流連繫，會讓手作時光愈來愈有趣唷。
#猪俣友紀的手作布包基礎 #台灣東販
#手作布包基礎：36款布包+8款特殊包款+7款生活用品

CONTENTS

包包製作的基礎

TYPE 1 無側襠包款

TYPE 2 T字側襠包款

TYPE 3 三角側襠包款

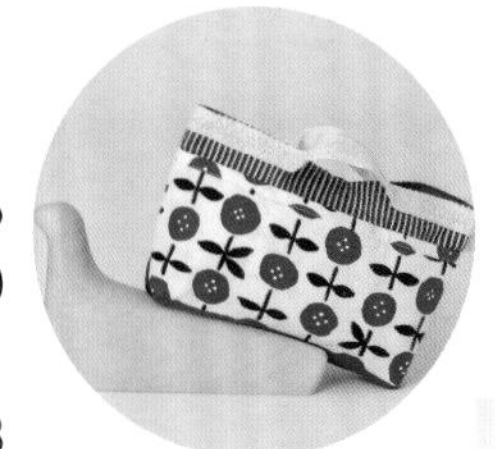

TYPE 4 側面接襠包款

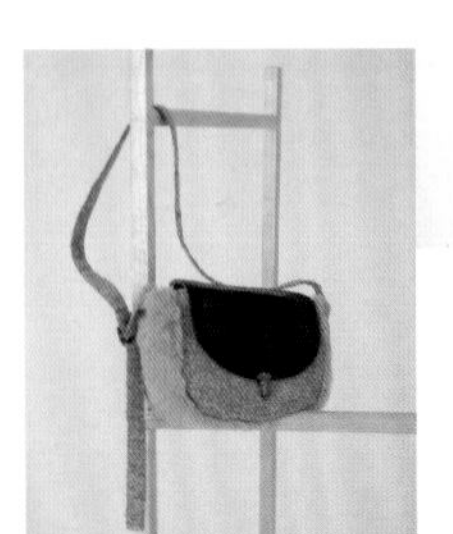

TYPE 5 圓底包款

TYPE 6 打褶包款

TYPE 7 拉鍊包款

TYPE 8 波士頓型包款

TYPE 9 口金包款

TYPE 10 非布料材質的包款

入園入學用品

本書的使用方法

在本書中，「基本的作品」的作法是透過製作流程的照片、「變化的作品」的作法則是透過插圖分別進行解說。

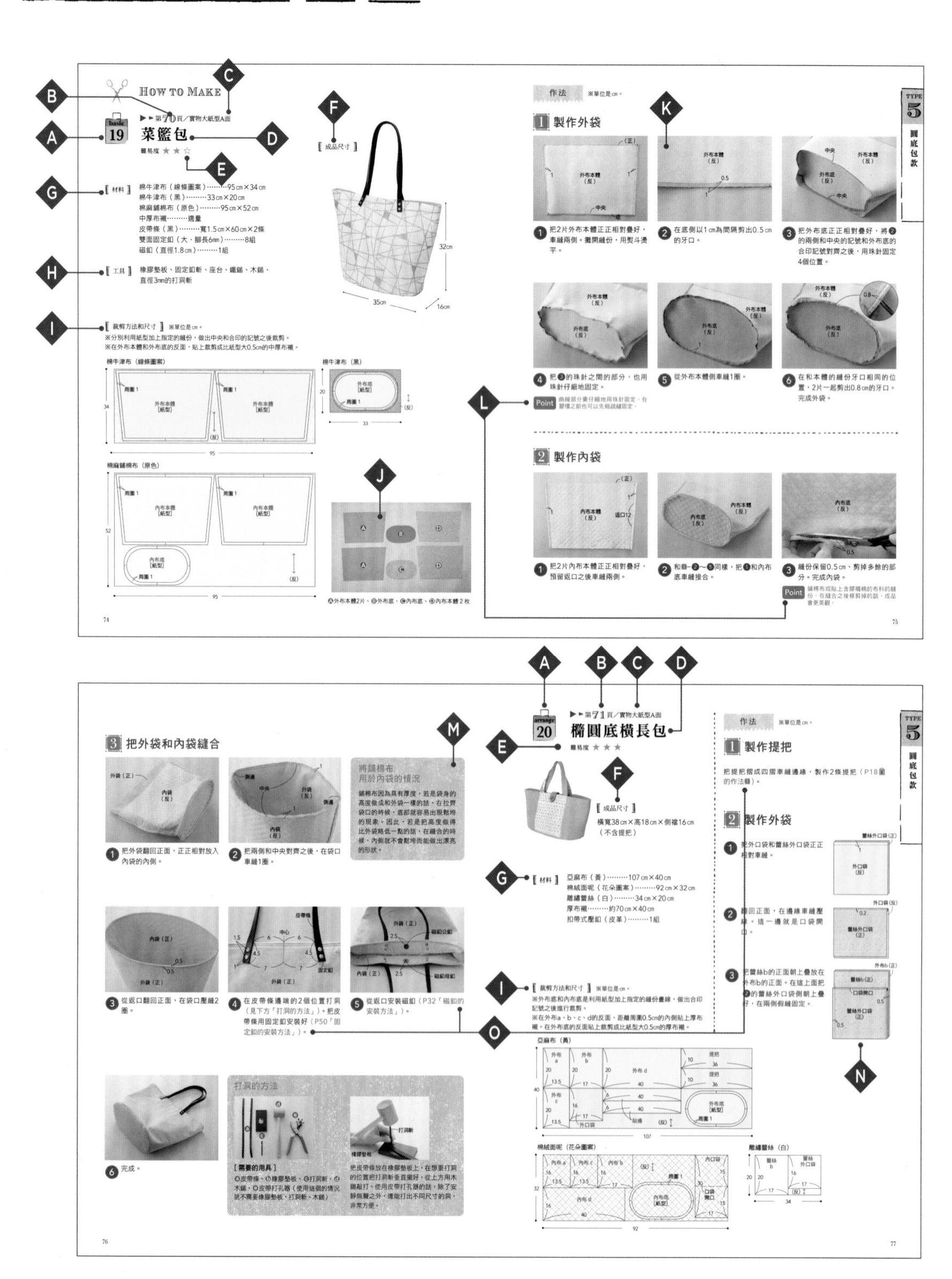

A 作品編號
每個作品前都標有1～51的編號。可當作基本作法來參考的「基本的作品」是粉紅色，由基本的作品變化而來的「變化的作品」部分則是以藍色作標記。在作法當中也會使用相同的編號標記。

B 作品照片頁
刊載著作品照片的頁面。在作品照片的頁面中，則會標示出作法頁。

C 紙型
該作品如果有使用到紙型，會標示出隨附紙型的刊載面。

D 作品名
作品的名稱。在作法頁中會以編號標記來表示。

E 難易度
把作品的難易程度用3階段的星星表示。

★☆☆／包包製作的初學者也很容易上手的簡單作品。
可在較短的時間內完成。

★★☆／適合較為熟悉包包製作的中階者的作品。
需要縫合的部件也比較多。

★★★／推薦給包包製作的進階者的作品。
縫合的地方多，作法也比較複雜。

F 成品尺寸
製作完成的包包尺寸。在「基本的作品」的作法頁中，是配合包包的照片來標示尺寸。在「變化的作品」的作法頁中，則是以包包的橫寬尺寸×高度尺寸×側襠（厚度）尺寸來標示。

G 材料
製作作品所需要的布料的種類、量、副料（參照P11）等。列出的都是實際使用的東西。也可以依照喜好加以變更。布料的尺寸是以橫（寬度）×縱（長度）來標示。

H 工具
只列出除了基本工具以外的必需工具。

I 裁剪方法和尺寸
裁剪必要的部件時的指示圖。數字全都代表尺寸（cm）。沒有紙型的部件的尺寸，請依照圖上標示的尺寸畫好線條再進行裁剪。有紙型的情況，也會標示出配置的方式。在圖上，貼上布襯的部件是以水藍色、貼上含膠鋪棉的部件是以淺黃色作標示。

J 布料照片
把依照裁剪方法和尺寸所剪下的布料的裁片用照片來介紹。

K 作法照片
「基本的作品」是將製作流程用照片來進行解說。為了讓照片更容易看懂，所以使用素色布及紅線來縫製。照片中的數字代表的是尺寸（cm）。

L Point
針對「基本的作品」的製作流程中，特別需要注意的點來進行解說。

M 小幫手專欄
對製作包包有所幫助的情報以及金具的安裝方式等基本作業的解說。

N 作法插圖
「變化的作品」部分是用插圖來進行製作流程解說。在插圖上，該流程的縫合位置是以紅色虛線作標示。

O 參照頁面
和先前的頁面所刊載的作品有相同作法的部分，要參照那件作品的解說來進行作業。

主要用語

縫製
沒有註明的情況，代表的是縫紉機的直線車縫。在起點和終點都要回針（為了防止縫線綻開而讓針目重疊的動作）。

假縫
為了防止部件等的位置移動，先用大針距車縫固定。

返口
把部件正正相對縫合之後，為了翻回正面而預留一部分不縫。翻回正面時，為了防止縫線綻開，在返口的兩側一定要回針。

袋口
包包的開口。

合印
把部件和部件縫合時的對齊記號。

正正相對
把布料的正面和正面互相疊合，讓2片布的反面分別位於外側。

反反相對
把布料的反面和反面互相疊合，讓2片布的正面分別位於外側。

止縫、皺褶止點
在抓皺等的時候，只車縫一部分的情況下用來標示起點和終點位置的記號。

包包製作的基礎

關於工具

介紹製作本書的包包所會使用到的工具。

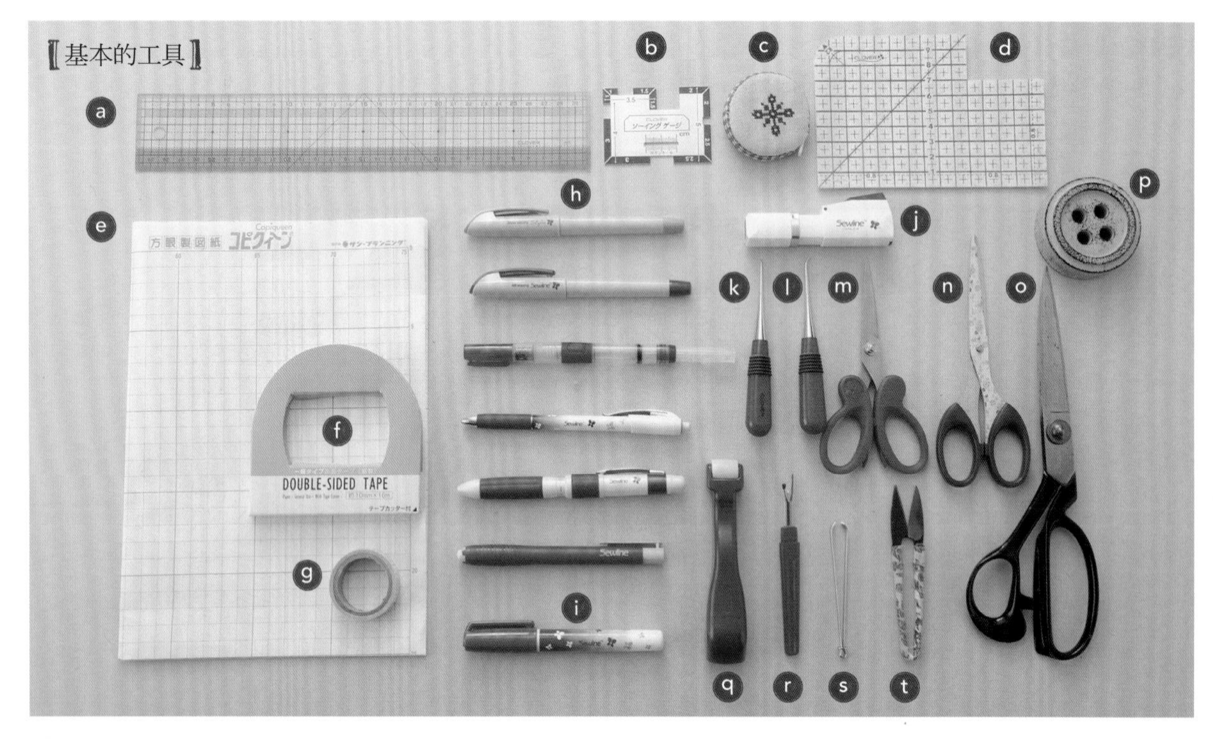

ⓐ **方格尺** 透明且畫有方格的尺。

ⓑ **縫份量規** 1～5㎝，以5㎜為單位包含多種縫份規格的迷你尺規。在畫出曲線部分的縫份時尤其便利。

ⓒ **捲尺**

ⓓ **熨斗用定規尺** 可在尺上摺出想要摺起的寬度，直接用熨斗熨燙定型。

ⓔ **方格製圖紙** 複印紙型時所使用的富有韌性的薄紙。因為附帶刻度，所以能夠簡單地畫出直線及左右對稱的紙型。

ⓕ **雙面膠帶** 暫時固定標籤等小東西時使用。也很建議用於細小的紙製物品。

ⓖ **美紋膠帶** 在縫紉機的針板尺規上做記號（P14）、或是黏貼在口金等不容易畫線的物品上做記號（P121）時都很方便。

ⓗ **記號用筆類** 有遇水即消型、經過一段時間後會自動消失的筆型粉土筆、用來把線擦掉的水消擦擦筆、自動鉛筆型的粉土筆、用來把線擦掉的橡皮擦等。請依照描繪的物體的素材、顏色及需要做記號的狀況等來區分使用。

ⓘ **布用口紅膠** 取代珠針或疏縫所使用的暫時固定用黏膠。

ⓙ **穿線器**

ⓚ **錐子** 除了鑽洞、把袋子等的邊角漂亮地推出來之外，用縫紉機車縫的時候，也可以取代珠針或疏縫線把布壓住。

ⓛ **彎頭錐子** 由於尖端是彎的，所以在拆除縫線或推出圓底的弧度時都非常方便。

ⓜ **手藝用剪刀** 剪掉縫份或剪出牙口等，進行精細作業時所使用的便利剪刀。

ⓝ **剪紙用剪刀** 裁剪紙張或布襯時一定要使用剪紙用剪刀。

ⓞ **裁縫剪刀** 裁剪布料的專用剪刀。防水布或尼龍布等布料以外的材質不可使用。

ⓟ **鎮石** 把紙型複印至方格製圖紙或布料上時用來壓住固定的重物。

ⓠ **滾輪骨筆** 做出摺痕時，可取代熨斗縮短作業時間。用於防水布及尼龍布等不能熨燙的材質時也很方便。

ⓡ **拆線器** 把車縫的縫線或縫住鈕釦的線等不容易用剪刀剪斷的線割斷時使用。

ⓢ **穿繩器** 穿入束口袋等的繩子或帶子時使用。夾式設計，無論繩帶粗細都能使用，非常方便。

ⓣ **線剪**

線與針

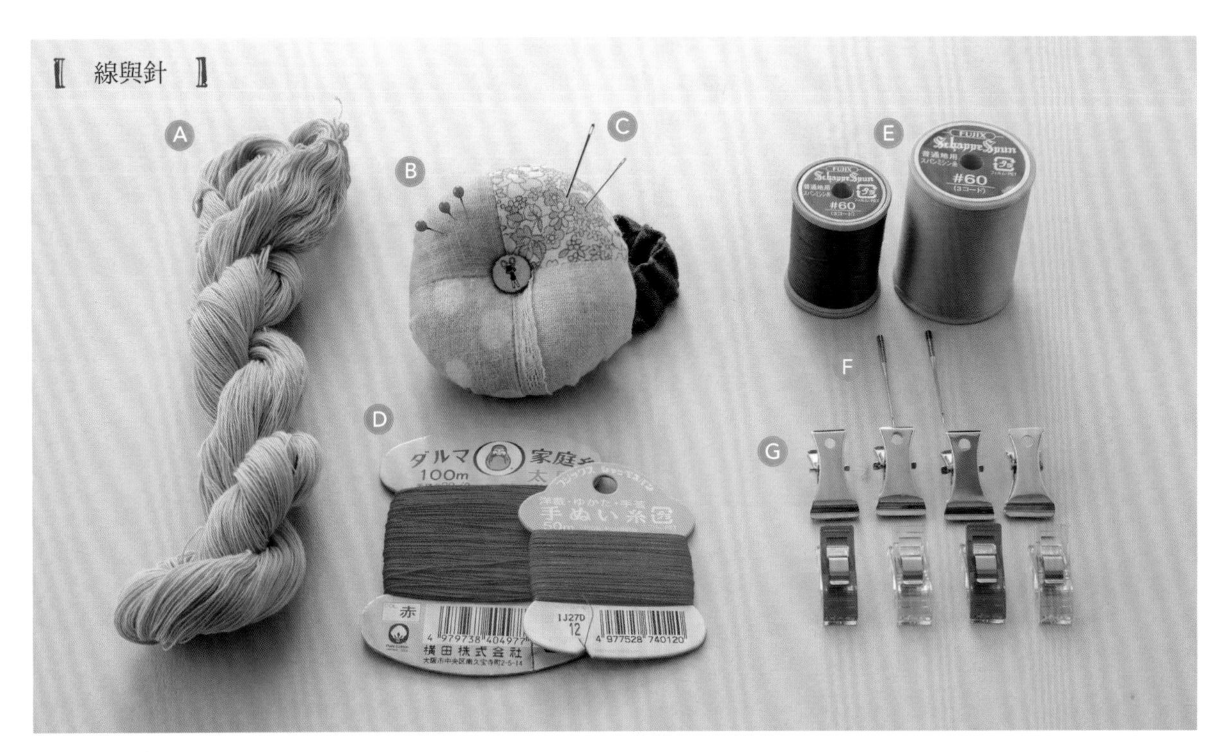

A 疏縫線　假縫用的線。在拉鍊邊端或不容易用縫紉機做假縫的部分，可利用手縫的方式用疏縫線做假縫。

B 珠針　把布邊或合印記號對齊之後加以固定、避免移動。用縫紉機車縫時，要在車針落下之前依序拔除。

C 手縫針　縫上鈕釦、標籤、提把或是縫合返口時會用到。

D 手縫線　號碼的數字愈大線就愈細，必須配合布料的厚度選擇適當的粗細。

E 車縫線　號碼的數字愈大線就愈細。本書使用的是聚酯纖維材質的60號車縫線。

F 車針　號碼的數字愈大針就愈粗，必須配合布料的厚度選用。在本書中，棉牛津布及棉絨面呢等普通厚度的布料是使用11號，帆布及防水布等較厚的布料是使用14號的車針。

G 手藝用夾子　可用在需要避免留下珠針的針孔痕跡的防水布（加工布料）或珠針不容易穿過的厚重部分。

車縫線和車針的基本組合

縫製棉、麻等無延展性的布料時，最好使用聚酯纖維等的合成纖維線。

車縫線	車針	用途
90號	9號	細棉布或雪紡等的薄布料
60號	11號	牛津布、平布或亞麻布等普通厚度的布料
60號、30號	14號、16號	帆布、丹寧布、防水布等較厚的布料
針織用50號	針織用車針	針織等具有伸縮性的布料

車縫線的顏色選法

車縫線要挑選線跡不明顯、和布料相近的顏色。花布的情況，基本上是選擇花樣中使用得最多的顏色的線。另外，正面和背面用不同顏色的布料縫合時，則要配合布料的顏色來選擇縫紉機上下線的顏色，才能車縫出線跡不明顯的漂亮作品。

布料的種類

介紹本書作品所使用的主要布料。每一種布料都有豐富的顏色和花樣，可依照喜好自由組合搭配。

棉牛津布

以經紗和緯紗各2條並排交織而成，織目緊密略厚的平織布。

棉絨面呢

平織的布料，表面看得到橫向的凸紋。密度高，具有高級感。

細棉布

帶有光澤，質地薄而柔軟。作為外布使用的時候最好貼上布襯。

棉粗花呢

質感和一般的毛料粗花呢一樣，但更輕且容易處理。

斜紋棉布

斜紋織法的布料，質地柔軟，表面看得到斜向的紋路。

丹寧布

斜紋布的一種，經紗使用靛藍（藍染）色紗的布料。

11號帆布

帆布的號碼代表的是布料的厚度。11號是家庭用縫紉機可輕易縫製的厚度。

棉麻平布

以密度低、透氣性佳為特徵。能以合適的價格輕鬆購入也是一大魅力。

棉麻先染斯貝克

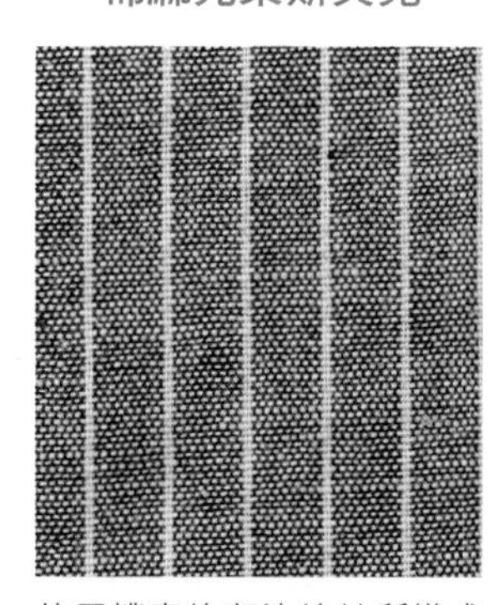

使用樸素的斑染線紗所織成的布料。質地柔軟，厚度適中。（註：斯貝克（Spec Dye）是一種線紗染色技術）

鋪棉布

在2片布料之間夾入棉襯再經過車縫壓線的布料。

亞麻布

結實耐洗，使用愈久，質感會變得愈柔軟。照片是染色亞麻布。

雕繡蕾絲

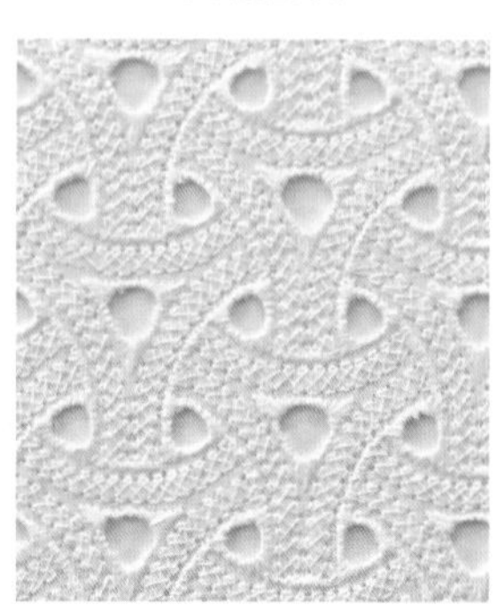

在布料上施以刺繡之後再將內側挖空成蕾絲花樣的布料。

副料

介紹除了布料以外，在製作包包時也會用到的市售配件。

提把

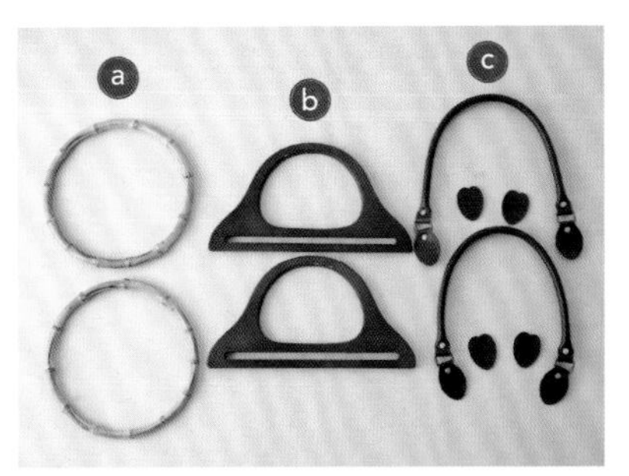

ⓐ和ⓑ需縫在袋布上來使用。ⓒ需將安裝部分縫合在袋布上，或利用固定釦加以固定。有真皮、合成皮及其他材質，還有各種顏色和尺寸。

ⓐ 提把環　ⓑ 木製提把　ⓒ 皮革提把

斜背配件、背包配件

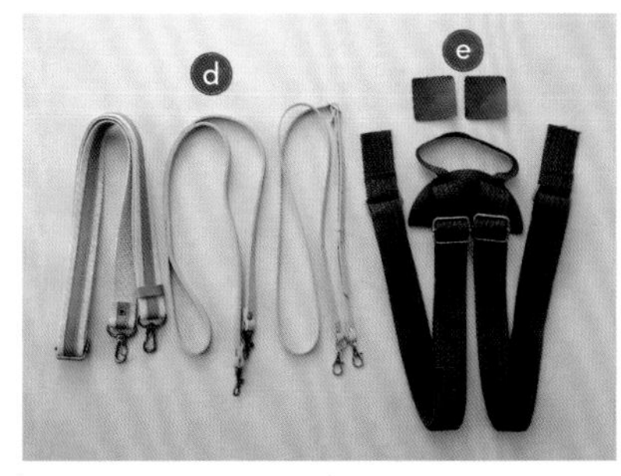

ⓓ利用附在兩端的問號勾，就能勾住安裝在袋子上的D型環等。ⓔ只要縫合固定在袋子上，就能輕鬆變成背包。

ⓓ 斜背配件　ⓔ 背包配件

口金

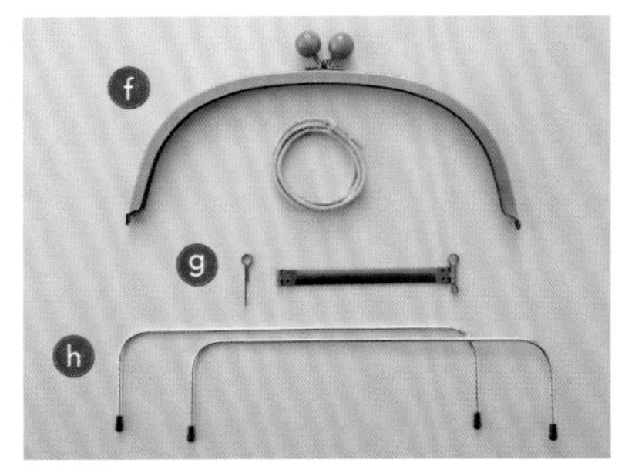

ⓕ適用於手提包及化妝包等。ⓖ大多是用在化妝包或眼鏡袋等。ⓗ需要搭配拉鍊使用，可讓袋口變得更加硬挺。

ⓕ 蛙口口金　ⓖ 彈片口金　ⓗ 支架口金

附加配件

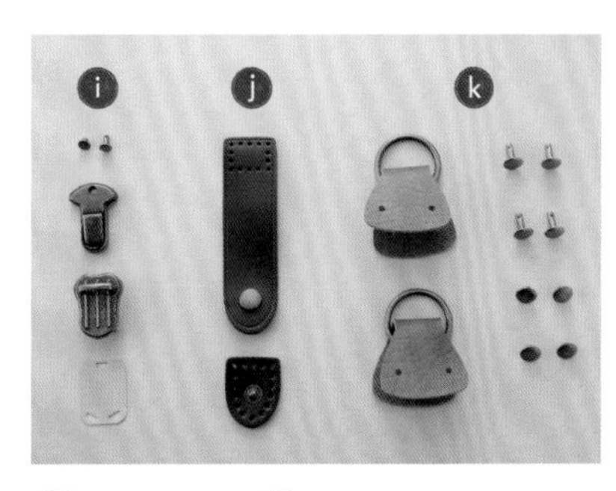

ⓘ包包或掀蓋部分等經常用到的扣具。ⓙ2件為一組。ⓚ夾在袋子的兩側用固定釦加以固定，用來安裝D型環。

ⓘ 書包扣　ⓙ 皮革扣帶

ⓚ 皮革掛耳（附D型環）

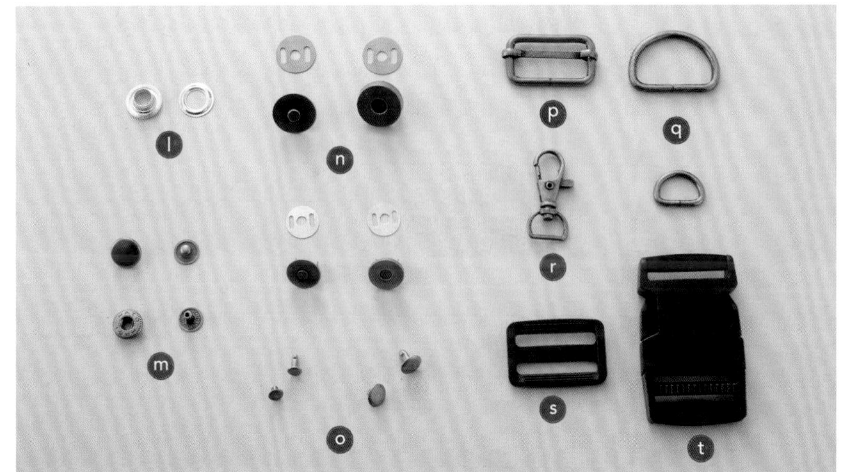

其他扣具

ⓛ安裝在洞口周圍的環狀五金配件。ⓜ、ⓝ用來關閉袋口的釦子。ⓞ固定提把或標籤時使用。ⓟ、ⓢ用來調整背帶長度的五金配件。ⓠ連接問號勾等的五金配件。ⓡ安裝在背帶或吊繩的末端使用的扣具。ⓣ安裝在織帶等的兩端，把一側的前端插進另一側的插槽加以扣合。

ⓛ 雞眼釦　ⓜ 彈簧釦　ⓝ 磁釦　ⓞ 固定釦

ⓟ 日型環（金屬）　ⓠ D型環　ⓡ 問號勾　ⓢ 日型環（塑膠）　ⓣ 插扣

裁剪布料

裁剪布料的時候，要先把必要的部件匯集在布料的反面，用筆型粉土筆畫線或把紙型描繪上去之後再進行裁剪。

沒有紙型的情況

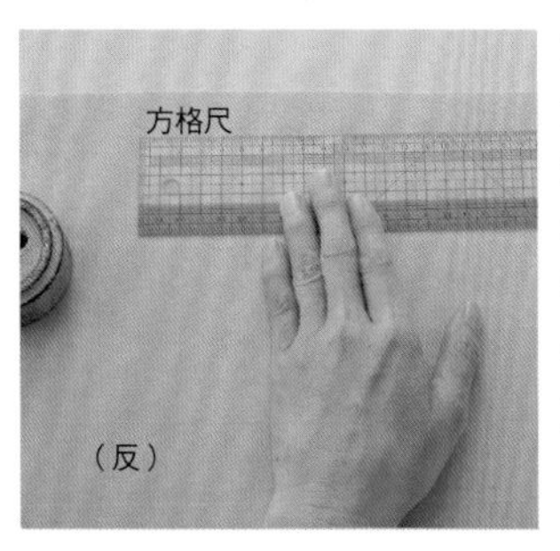

在布料的反面利用方格尺、以筆型粉土筆直接畫線。在本書中，沒有紙型的部件都是以含縫份的尺寸作標示，所以不必另加縫份。

整布

所謂整布，就是將布料下水預縮、再將布紋整理好的作業。亞麻布及麻混紡材質的布料因為有縮水的疑慮，所以要先做整布的處理。把布邊沿著橫向的織線筆直剪掉，在水裡浸泡1～2小時之後，把角落調整為直角加以晾乾，在半乾燥的狀態下用熨斗燙平並調整布紋。棉質布料因為縮水的情況較少，可利用蒸氣熨斗來調整布紋。

有紙型的情況

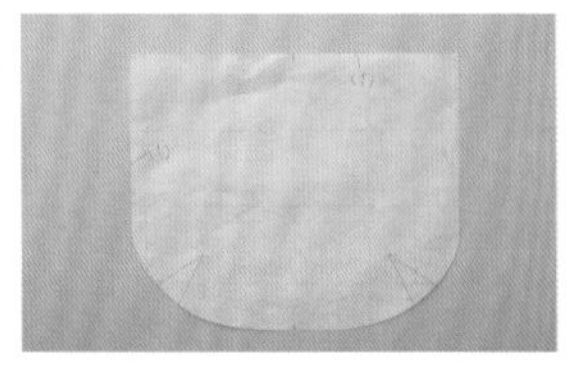

1 把紙型描繪在方格製圖紙上，裁剪下來。縫份、褶子以及中央的記號都要畫上去。

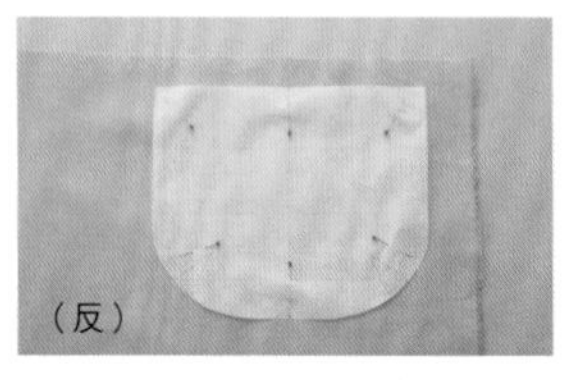

2 在布料的反面把剪下的紙型擺好，用珠針固定。

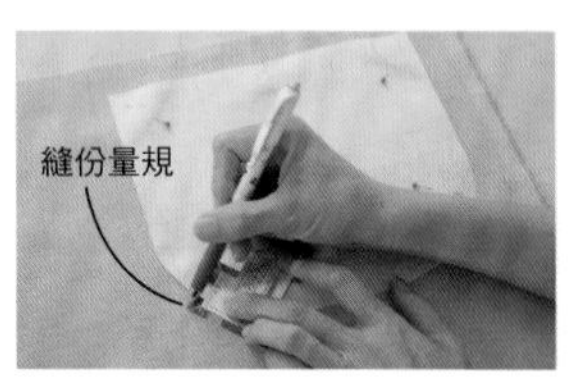

3 用筆型粉土筆，在紙型的周圍量出指定的縫份，畫出縫份線。

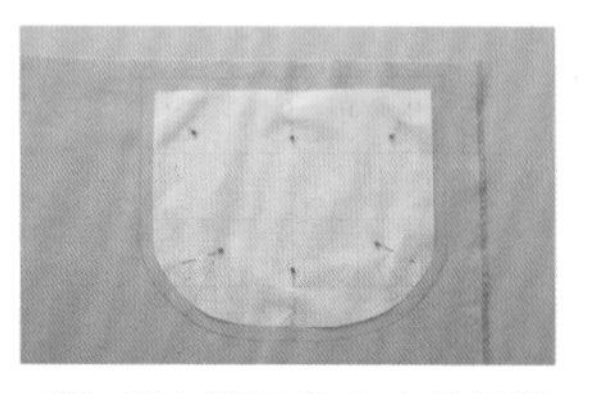

4 畫上褶子和中央的記號之後，沿著縫份裁剪。

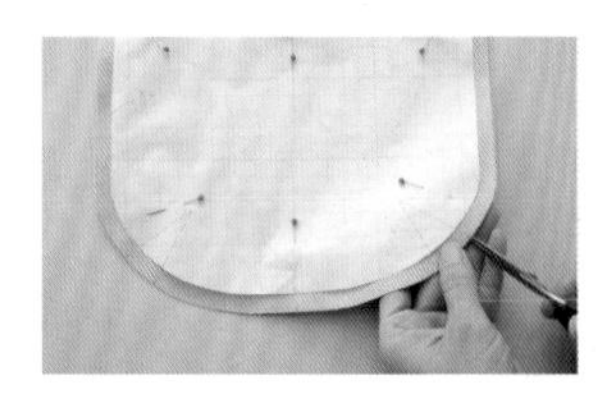

5 在褶子及合印的位置剪出0.5㎝的牙口。從正反任一面都看得到記號，非常方便。

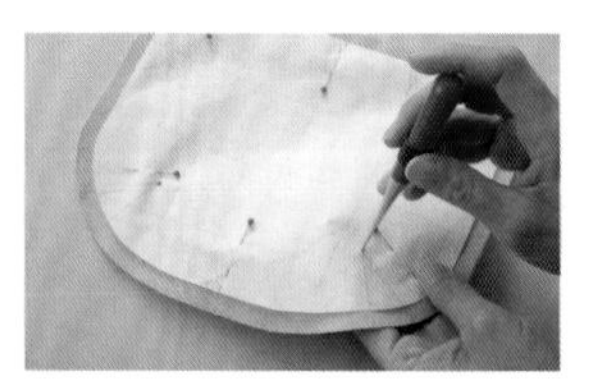

6 在褶子的尖角位置，用錐子稍微鑽出小洞。

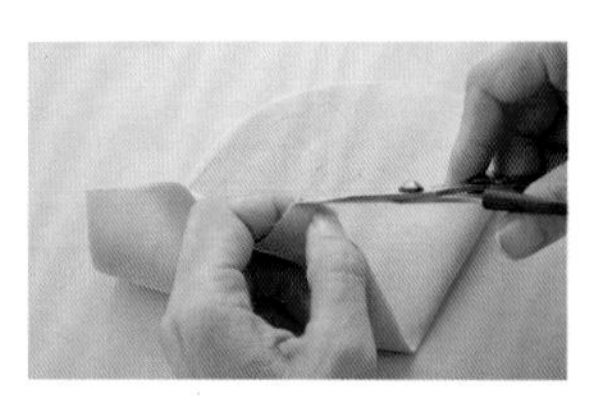

7 把紙型拿掉。把布料從中央對摺，在距離邊緣約0.3㎝的位置斜斜剪掉。

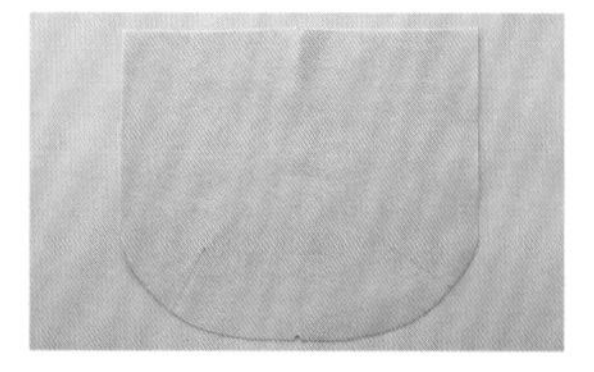

8 把褶子的尖角用筆型粉土筆重新做記號，和褶子右端的記號連接起來畫一條線。

描繪有「對摺線」的紙型的情況

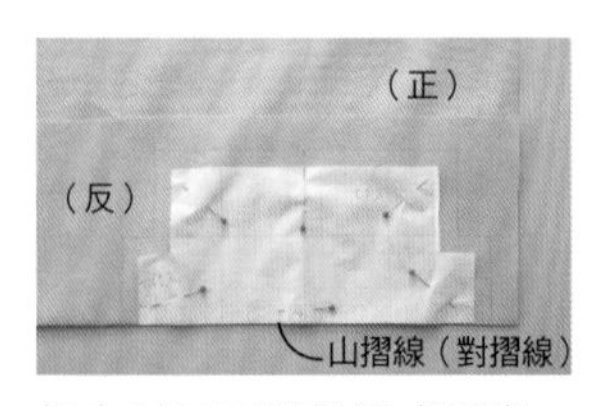

把布料正正相對摺成兩半，和紙型的「對摺線」的邊對齊擺好，用珠針固定。加上縫份，2片一起裁剪。

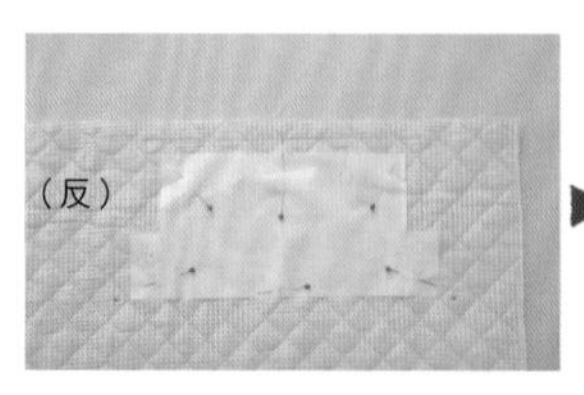

鋪棉布等有一定厚度的布料，要一面一面分別描繪。把紙型用珠針固定在布料的反面，在「對摺線」以外的邊畫出縫份線。在「對摺線」的邊的兩端做記號，將紙型翻面，畫出縫份線。

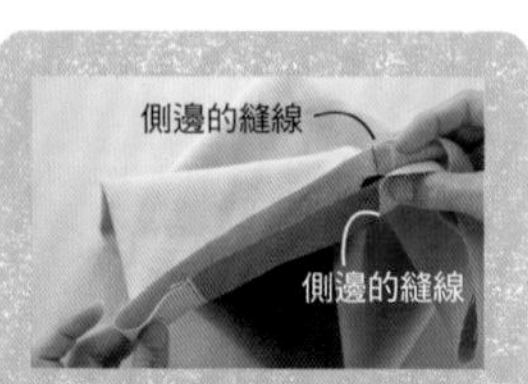

途中加入中央記號的時候

沒有紙型的部件，縫合之後可將兩側邊的縫線對齊摺好，在邊端剪出V字做出中央的記號。

關於布襯

在布料的反面用熨燙的方式黏合。布襯具有補強布料、防止變形的效果。

布襯的種類

在織布和不織布的布襯中，本書使用的是不織布材質。布襯的厚度，要配合布料的厚度、以及想要呈現的質感來選擇。含膠鋪棉是在需要展現蓬鬆的厚度時使用。每一種布襯都可以從任何方向加以裁剪，但請務必使用紙藝剪刀。

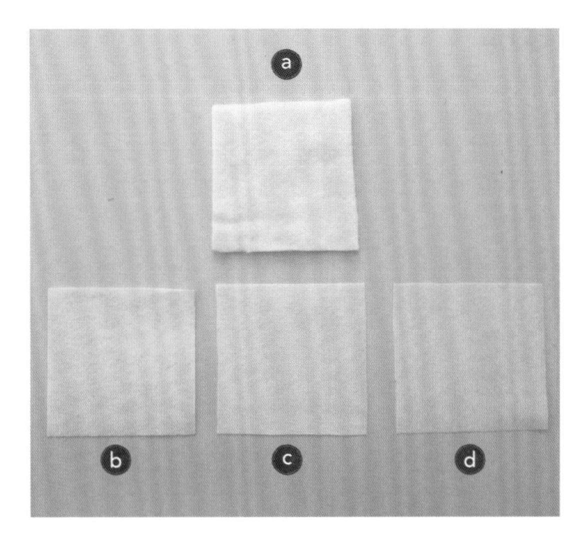

a 含膠鋪棉
具有厚度，可達到鋪棉的效果。

b 布襯（厚）
希望布料更有立體感的時候使用。

c 布襯（中厚）
希望布料變得更紮實的時候使用。

d 布襯（薄）
希望在不損害布料質感的情況下展現硬挺感時使用。

布襯的貼法

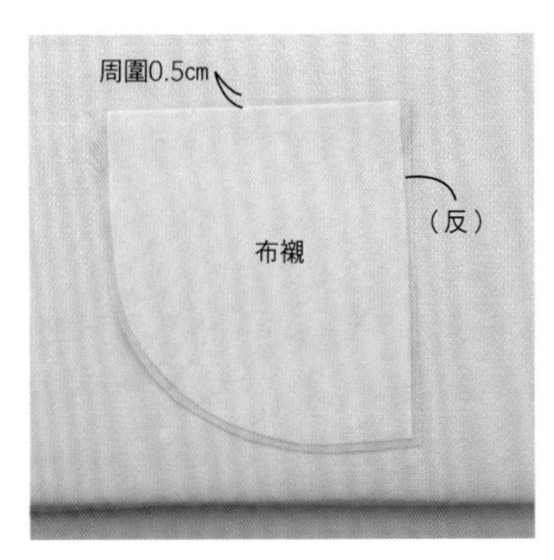

1 有紙型的情況，是在周圍加上0.5㎝的縫份之後剪下布襯。沒有紙型的情況，是以比布料的縱橫尺寸各減少1㎝的大小剪下布襯後，擺放在布料反面、距離周圍0.5㎝的內側位置。

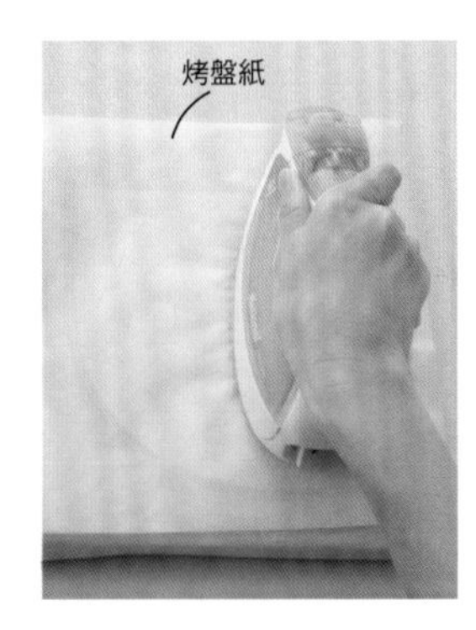

2 鋪上烤盤紙，不要滑動熨斗，以從上方按壓的方式慢慢地整面貼合。由於烤盤紙是半透明的，所以能夠邊燙貼邊確認位置。

含膠鋪棉的貼法

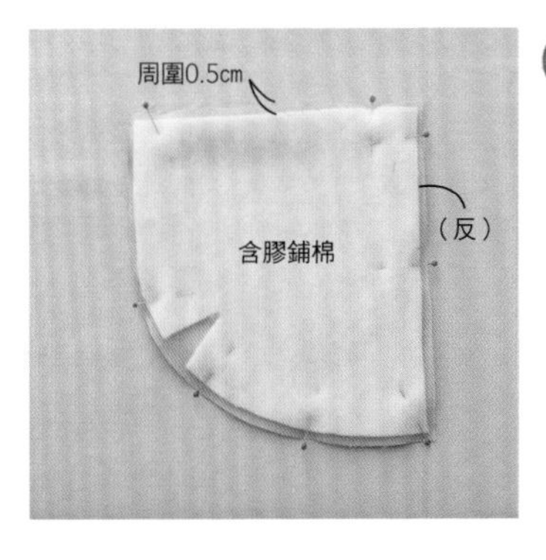

1 和上述「布襯的貼法」的1同樣，裁剪好含膠鋪棉，擺放在布料反面、距離周圍0.5㎝的內側位置用珠針固定。別上珠針時要注意，不能讓珠針的頭落在鋪棉上面。

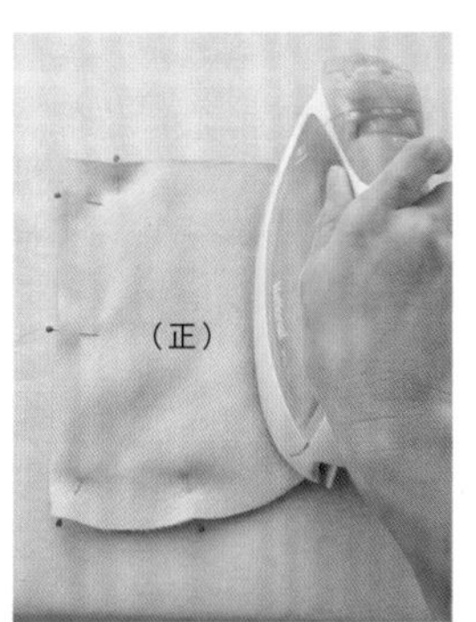

2 把1翻面，從正面壓上熨斗。以從上方按壓的方式，慢慢改變位置整面貼合。

以縫紉機車縫

本書的作品主要都使用直線縫和鋸齒縫這2種車縫方法。

針趾的長度和寬度

針趾的長度指的是車縫的1個針目的長度。數字愈大針趾就愈長。針趾的寬度，因為只有鋸齒縫等左右有一定幅寬的花樣才會用到，所以直線縫的情況是0。在本書中，直線縫的針趾長度（密度）是設定在2.5㎜前後，鋸齒縫的針趾長度（密度）是設定在2.5㎜，針趾寬度是設定在略寬的7㎜。

利用針板縫份刻度

利用縫紉機的針板縫份刻度來車縫。縫份刻度的數字代表的是從針算起的距離。把布邊對齊縫份刻度的數字位置（縫份1㎝的情況是數字10㎜）就能車出需要的縫份。

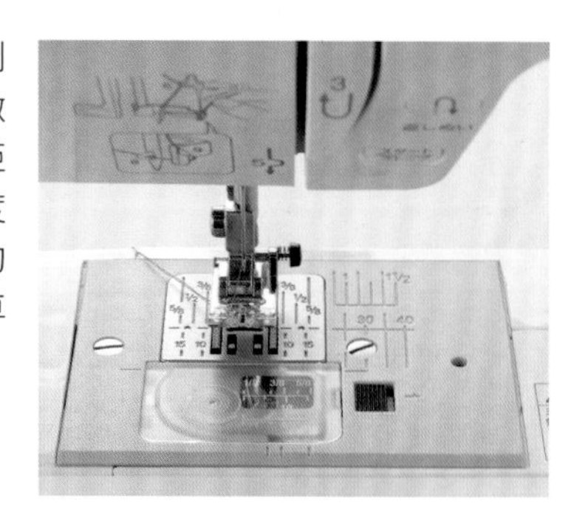

直線縫

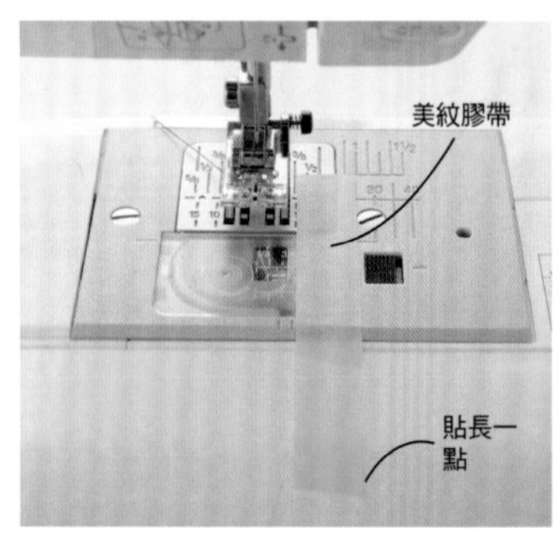

1 依照縫份的尺寸，沿著針板的刻度貼上美紋膠帶（照片是縫份1㎝的情況）。

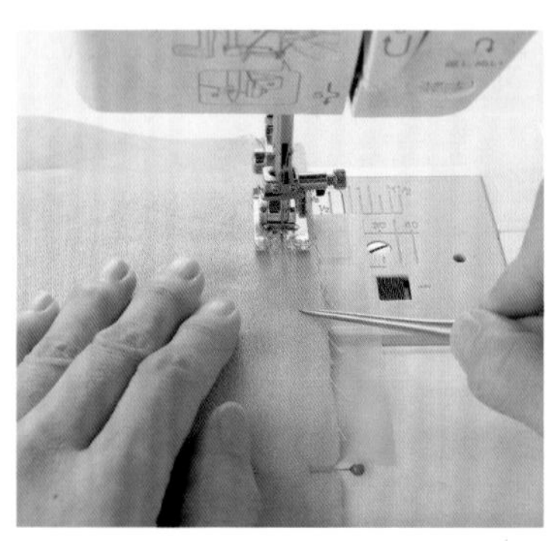

2 從車針到手邊為止，把布邊對齊美紋膠帶來車縫的話，就能車出筆直又漂亮的直線。

鋸齒縫

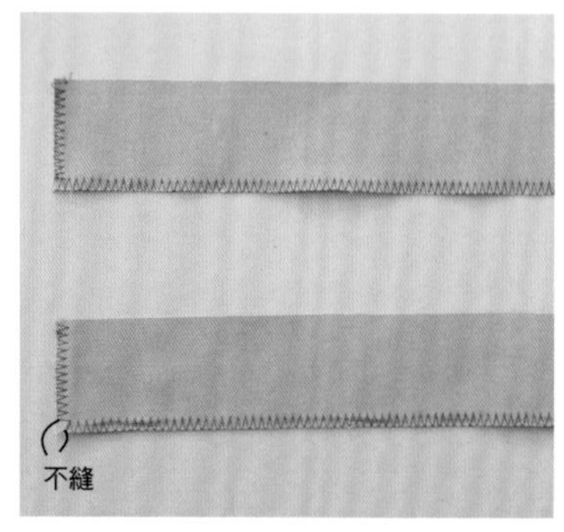

用於貼邊的布邊處理。連續車縫夾著轉角的2邊的情況，由於車縫到邊端為止的方式容易讓布料變得捲曲不平，所以要避開不縫。

車縫拉鍊的情況

把壓布腳換成「拉鍊壓布腳（單邊壓布腳）」來車縫。和標準的壓布腳比較起來，由於接觸布料的部分的橫幅較窄，所以不會壓到拉鍊的組件（鍊齒），能夠筆直地車縫。

車縫防水布等布料的情況

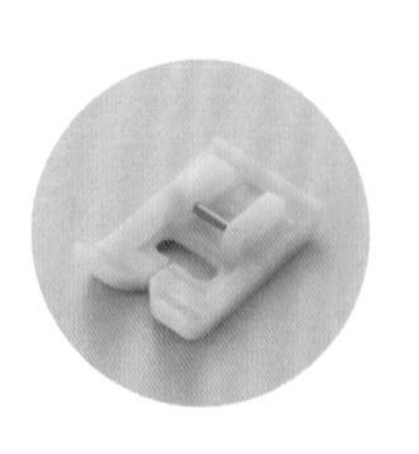

把壓布腳換成「鐵氟龍壓布腳」來車縫。由於壓布腳的部分是經過鐵氟龍加工的塑膠製品，所以比標準的金屬壓布腳更容易滑動，車縫起來也更加順暢。

返口的縫合方法

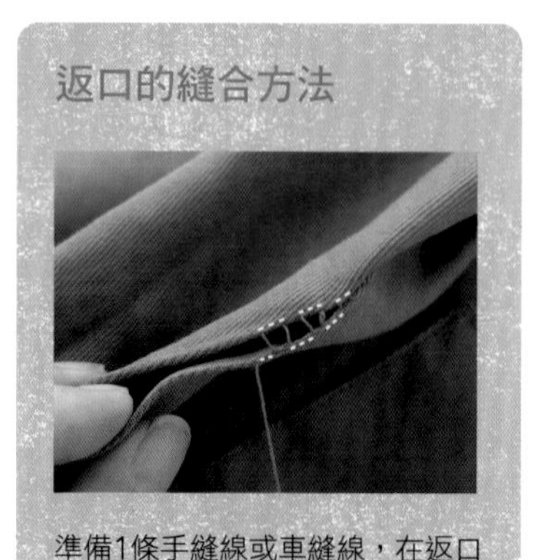

準備1條手縫線或車縫線，在返口的縫份的山摺線上交互做ㄇ字形挑針。縫好數針之後把線拉緊，從正面就看不到縫線了。

車縫的重點

介紹各作品共通的作業重點。

起點和終點

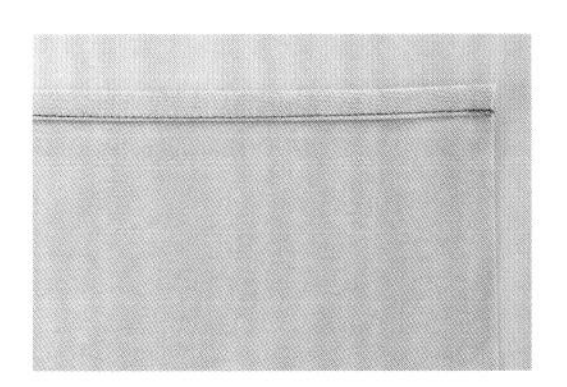

車縫直線的時候，無論哪個部件或車縫位置，在起點和終點都要回針。

車縫口袋

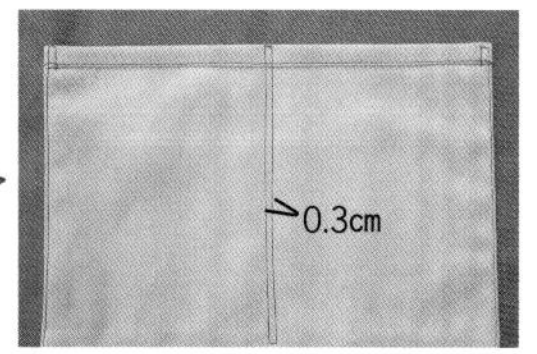

1. 袋口以外的3邊是先做回針，然後以縫出ㄇ字的方式開始車縫。終點也同樣地縫出ㄇ字然後回針。
2. 分隔部分是車縫出寬度0.3㎝的四方形。不必回針，以終點和起點的針目重疊2㎝左右的方式車縫。

在邊緣車縫1圈

袋口等位置，在邊緣車縫1圈或2圈的話，可防止布料因縫份而顯得不平整。不必回針，以終點和起點的針目重疊2㎝左右的方式車縫。

縫上標籤

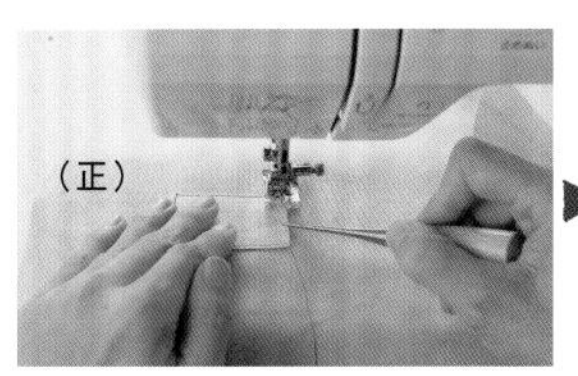

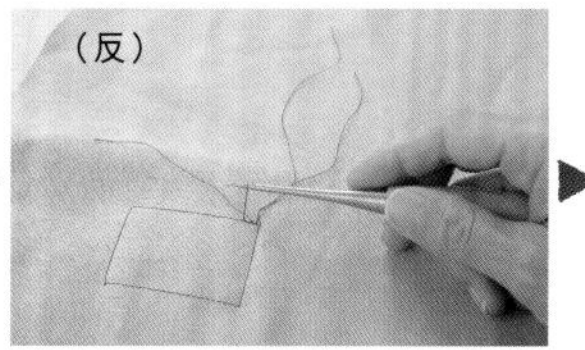

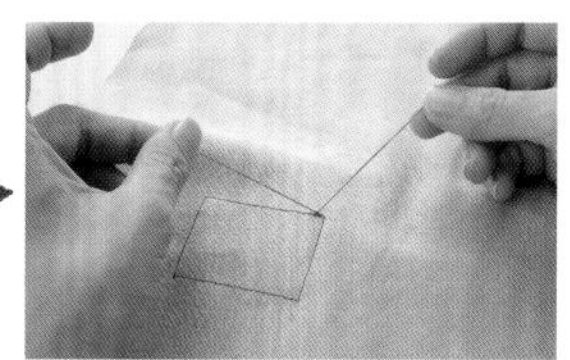

1. 車完3邊之後抬起壓布腳，在車針落下的狀態下改變方向。
2. 翻起布料，把起點的上線用錐子拉到反面。
3. 車縫至終點時，讓針目和起點重疊1㎝左右，把線剪斷。把終點的上線用錐子拉到反面。
4. 用起點的上下線和終點的上下線打2個結之後剪斷，線端不能露出正面。

布料的名稱與正反面的分辨方法

關於布料的名稱

布料是由橫向和縱向的織線組合而成。裁剪布料時一定要讓裁布圖或紙型上的箭頭記號和布料的直紋保持平行。

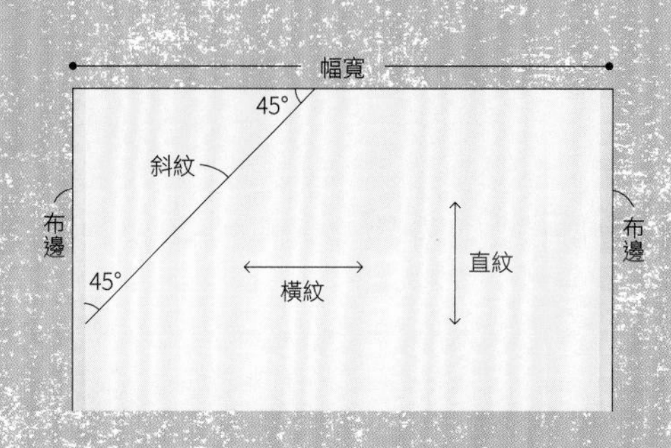

直紋…………拉扯布料時較不容易拉長的方向。

橫紋…………比直紋容易拉長的方向。

幅寬…………從布邊到另一側布邊的寬度。市售的布料以110㎝、120㎝居多。

布邊…………位在布料兩端的部分，通常會有針孔或文字印刷。這個部分是不可使用的。

斜紋…………布料最有伸縮性的45度斜角方向。用於包邊的斜布條就是以這個方向裁剪的。

正反面的分辨方法

有布邊的情況，布邊針孔呈凸起狀的就是正面。沒有布邊的情況，則花樣清晰的一面就是正面。素面布料的情況，斜織布的斜向織紋看起來是右上到左下的一面是正面。平織布因為較難區分，所以只要把所有部件用作正面的那一面加以統一就行。

TYPE 1

無側襠包款

無側襠的款式利用直線裁剪和直線車縫就可完成。
由於縫合的部分較少，所以能夠輕鬆挑戰。

扁平包

也可稱之為包包製作的基本範例的簡易包包。外袋的拼接配色部分和內袋使用的是相同花色的布料。

作法…第18頁

亞麻肩背包

把袋口部分往前面摺疊、作為蓋子的設計。運用蕾絲、鈕釦來搭配天然的布料展現特色。

作法…第21頁

兩用包

直接使用的話是縱長型提袋，把位在中段部分的織帶當作提把的話，就變成迷你提袋的兩用包。

作法…第22頁

How to Make

▶▶第16頁

basic 1

扁平包

難易度 ★☆☆

【材料】 亞麻布（胭脂色）………77 cm×37 cm
棉絨面呢（花朵圖案）………47 cm×72 cm

【成品尺寸】

【裁剪方法和尺寸】 ※單位是cm。

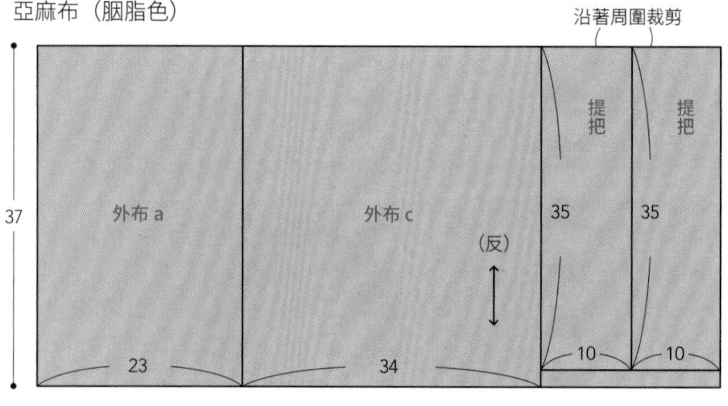

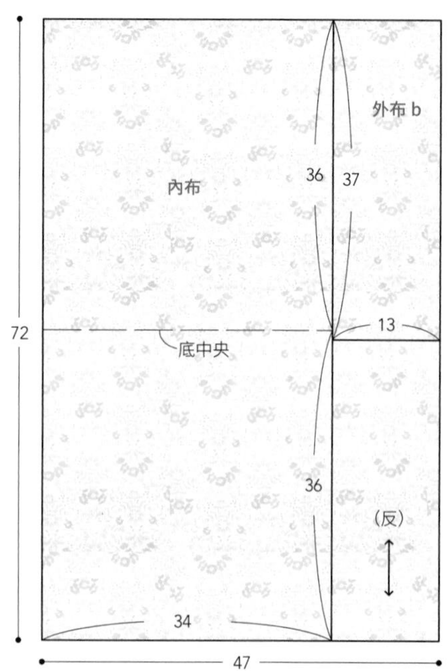

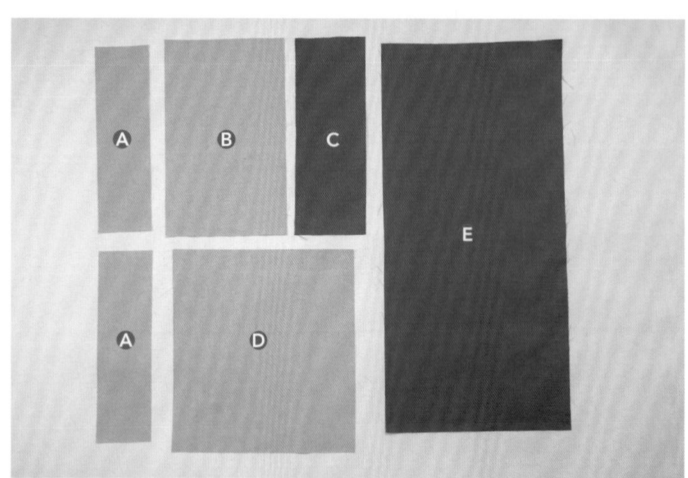

Ⓐ提把2片、Ⓑ外布a、Ⓒ外布b、Ⓓ外布c、Ⓔ內布

作法 ※單位是cm。

1 製作提把

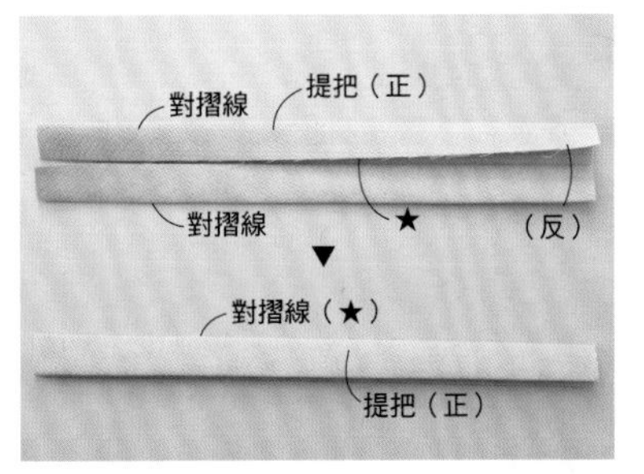

1 把提把對摺、攤開，將上下兩側對齊摺線（★）摺好。再次對摺，摺成四摺。

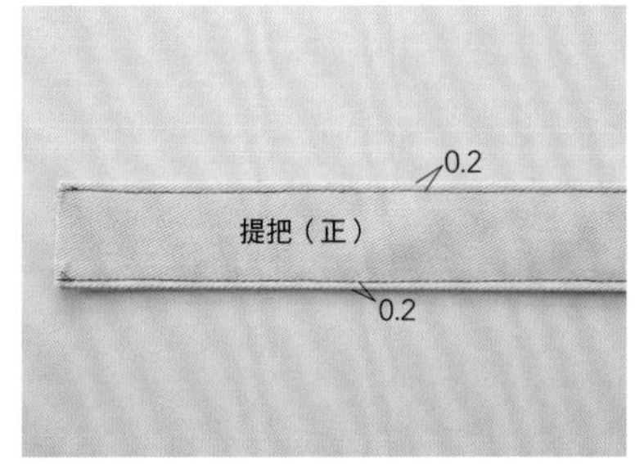

2 車縫上下側的邊緣。

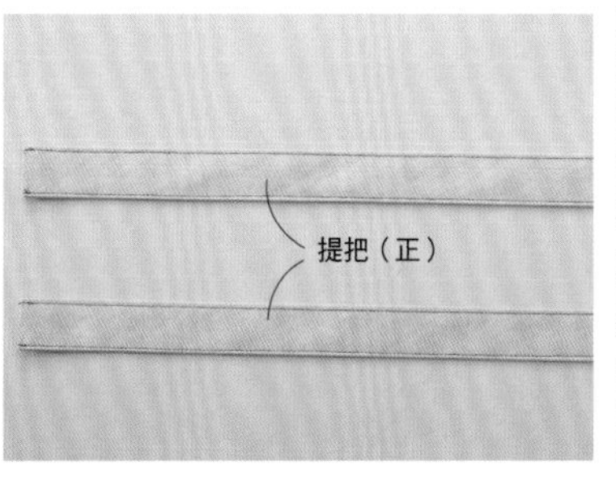

3 以同樣方式製作2條。

2 製作外袋

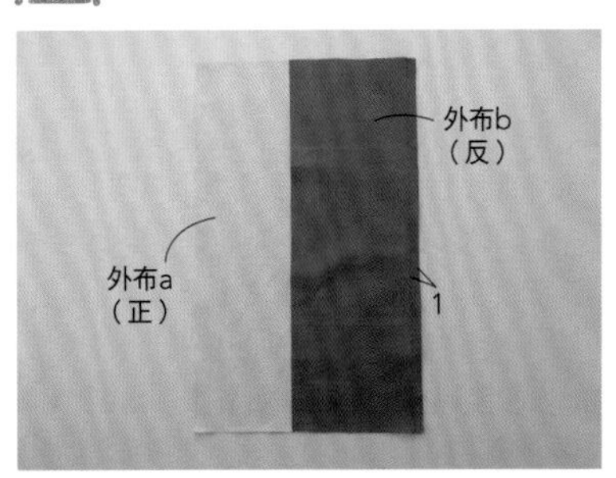

1 把外布a和外布b正正相對車縫起來。

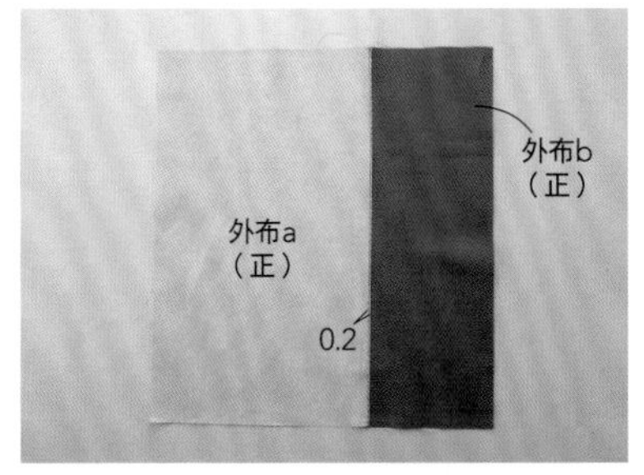

2 把縫份倒向外布a側。翻回正面，沿著接縫的邊緣車縫。這一面就是外袋的前側。

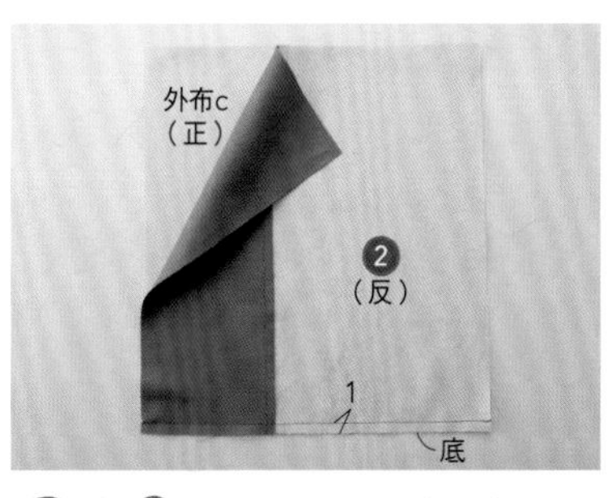

3 把❷和外布c正正相對疊好，用珠針固定之後，縫合底邊。

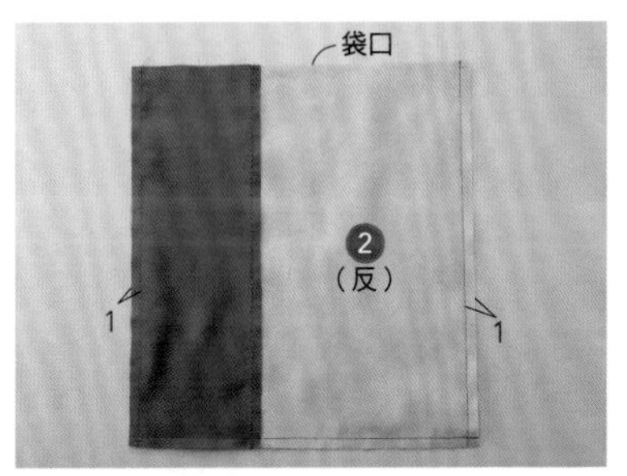

4 兩側用珠針固定之後，分別從袋口側車縫起來。

Point 從底側車縫的話，容易導致袋口歪斜，所以要從袋口側車縫。

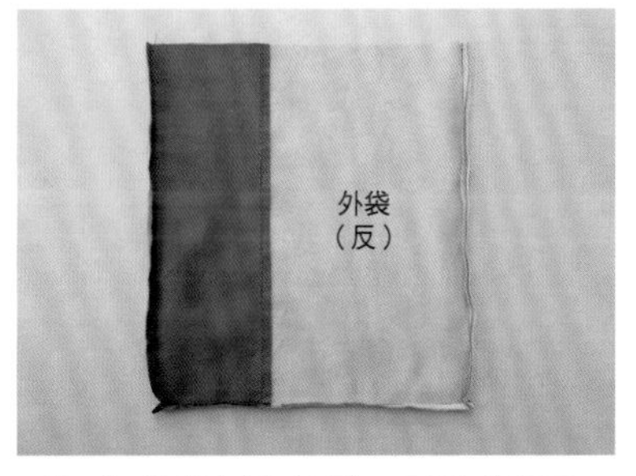

5 把縫份倒向前側，用熨斗燙平。完成外袋。

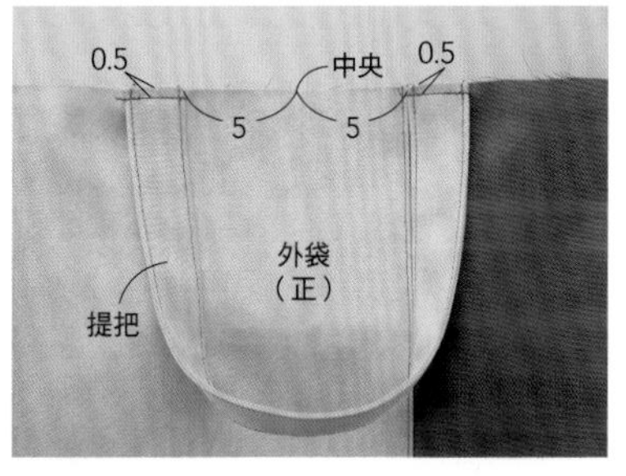

6 把外袋翻回正面。在袋口的中央做記號，將提把假縫固定。

Point 袋口中央的記號可藉由對齊兩側的縫線來加以確認（P12「途中加入中央記號的時候」）。

3 製作內袋

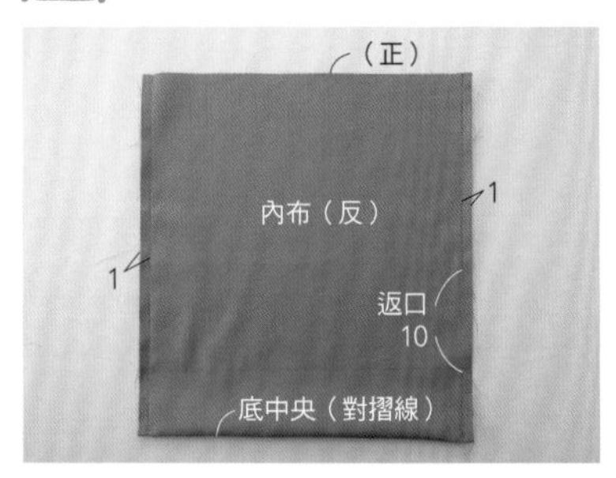

1 把內布從底中央正正相對摺好，預留返口之後車縫兩側。返口位在右側的那面就是前側。

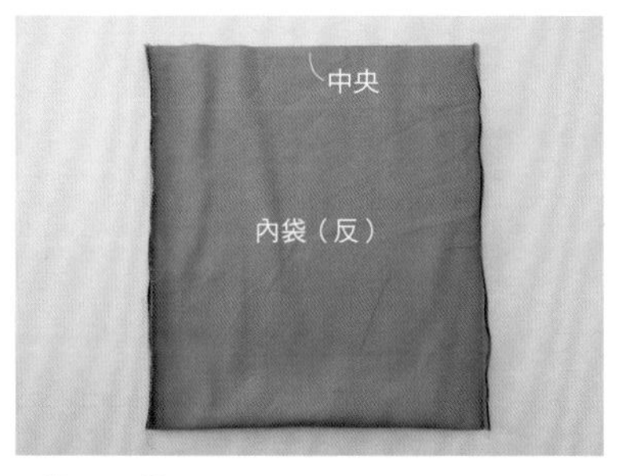

2 把❶的縫份倒向後側，用熨斗燙平。在袋口的中央做記號。完成內袋。

返口的位置

返口要預留在面對包包前側時的右側的側邊中央。太下面的話，無法做出漂亮的角度，太上面的話又很容易從袋口看到，所以要特別注意。弧形包包的情況，預留返口時要選擇直線的邊。

4 把外袋和內袋縫合

1 把外袋正正相對套入內袋之中。

Point 把外袋和內袋的前側對齊疊好，兩側的縫份才不會重疊。

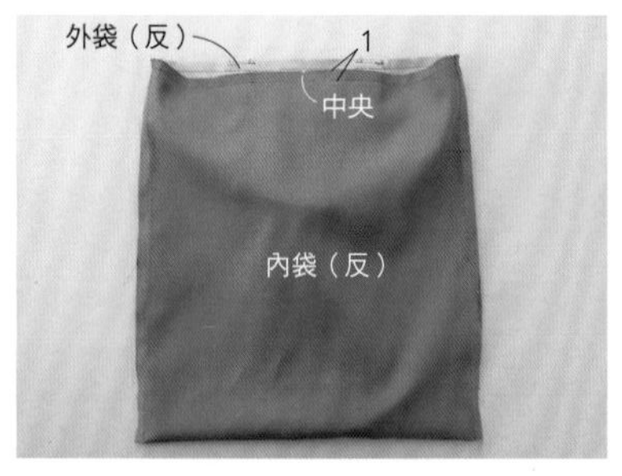

2 把兩側和中央的記號互相對齊，拉齊袋口之後車縫1圈。

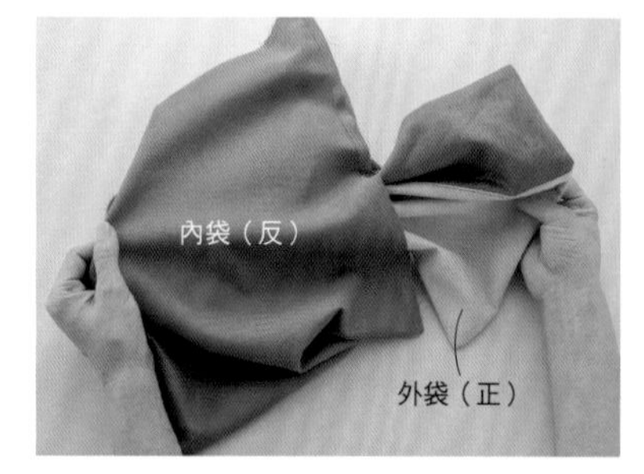

3 從返口翻回正面。

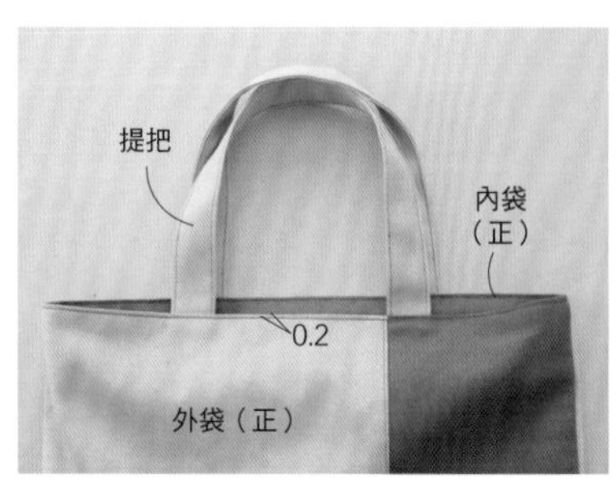

4 把形狀調整好，在袋口車縫1圈。

5 以ㄇ字形縫法將返口縫合。

6 完成。

arrange 2

▶▶第17頁

亞麻肩背包

難易度 ★☆☆

【成品尺寸】
橫寬28㎝×高31㎝
（不含背帶）

【材料】
亞麻布（米黃）⋯⋯⋯110㎝×98㎝
亞麻布（淺咖啡）⋯⋯⋯47㎝×90㎝
蕾絲緞帶（原色）⋯⋯⋯寬3.5㎝×30㎝
鈕釦（直徑1.2㎝）⋯⋯⋯1個
鈕釦（直徑1.8㎝）⋯⋯⋯1個

【裁剪方法和尺寸】※單位是㎝。

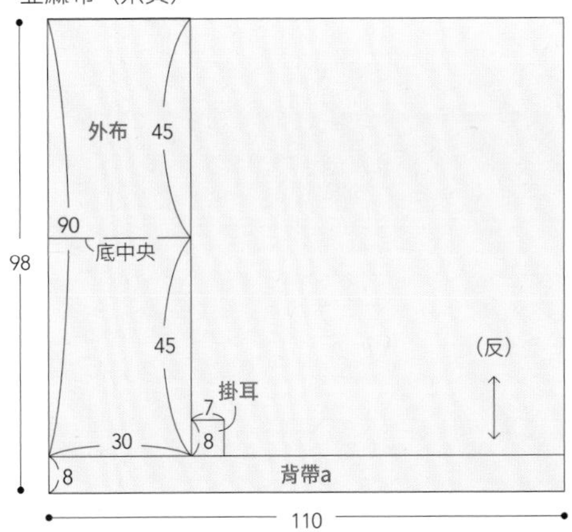

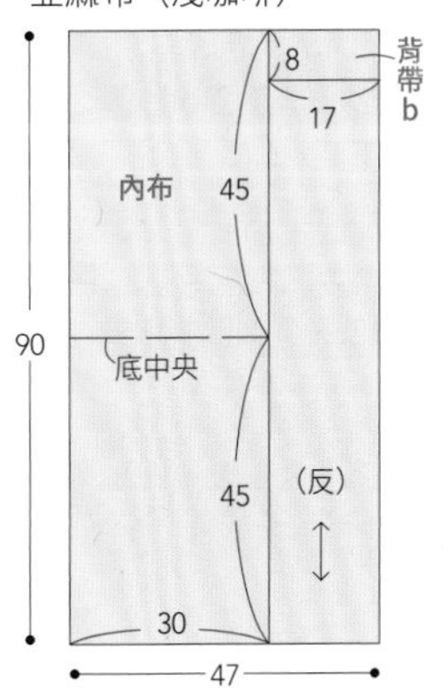

作法 ※單位是㎝。

1 製作背帶和掛耳

1. 把背帶a和b正正相對車縫起來。攤開縫份。

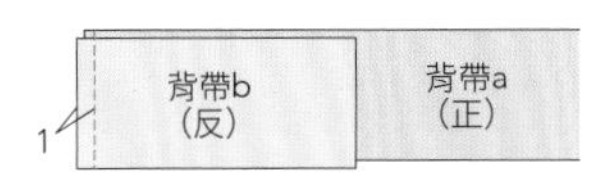

2. 把背帶b的邊端摺到反面。

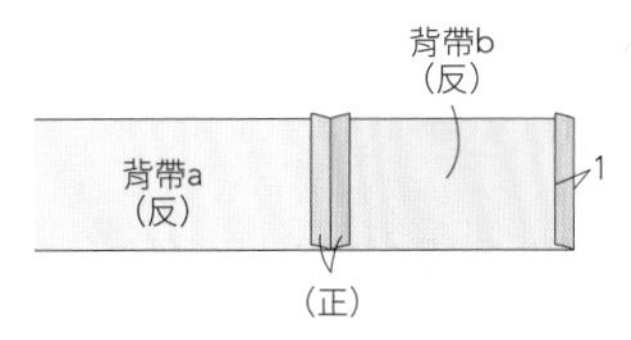

3. 把背帶摺成四摺，車縫邊緣（P18 1 的作法 1）。

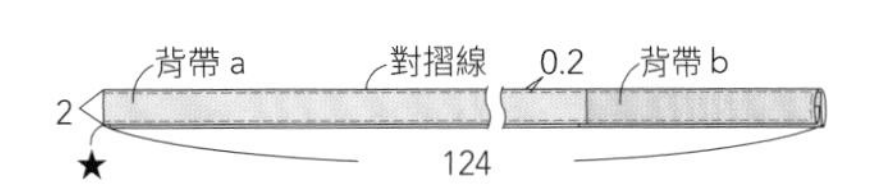

4. 以同樣方式，將掛耳摺成四摺車縫起來。

2 製作外袋

1. 在外布的外側，縫上蕾絲緞帶。
2. 把掛耳對摺，在外布的正面假縫固定。
3. 把背帶假縫固定在外布的正面。

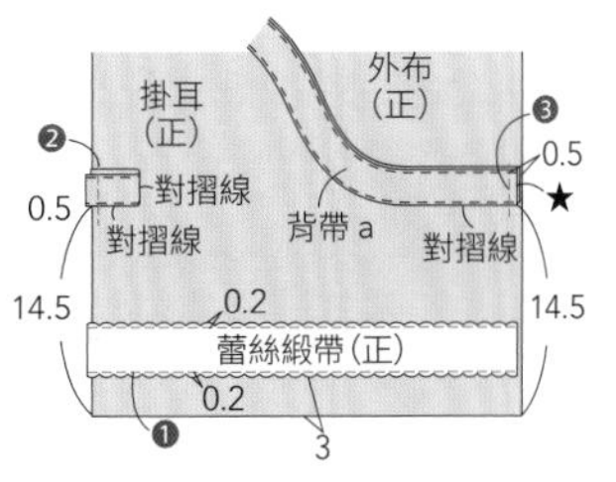

4 把外布從底中央正正相對摺好，車縫兩側。縫份倒向單側。完成外袋。

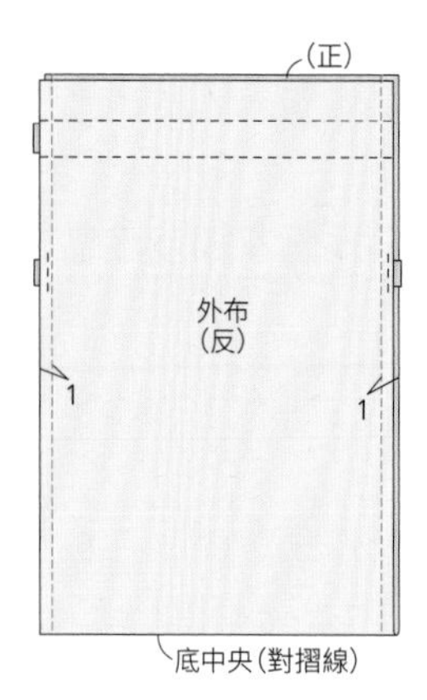

3 製作內袋

把內布從底中央正正相對摺好，預留返口之後車縫兩側（P18 1 的作法 3）。完成內袋。

4 把外袋和內袋縫合

1 把外袋和內袋正正相對套合，在袋口車縫1圈。從返口翻回正面，在袋口的邊緣車縫1圈，以ㄇ字形縫法將返口縫合（P18 1 的作法 4）。

2 在喜愛的位置縫上鈕釦。

3 把背帶的一端從掛耳中穿過，打上單結。完成。

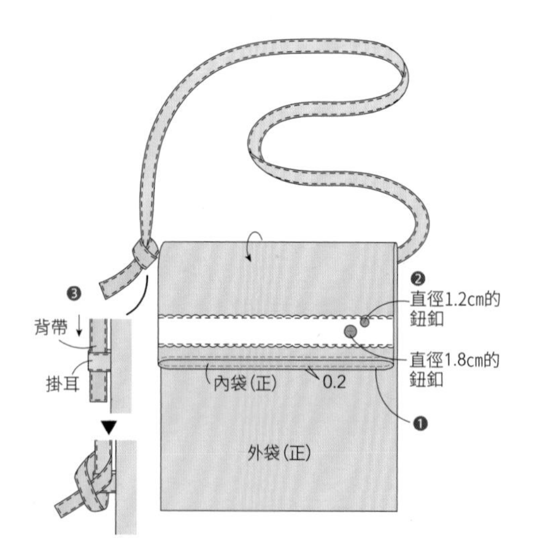

▶▶第17頁

兩用包

難易度 ★★☆

【成品尺寸】

橫寬32cm×高37cm
（不含提把）

【材料】

亞麻布（煙燻藍）………50cm×52cm
棉麻帆布（花朵圖案）………68cm×14cm
棉麻先染斯貝克（藏青）………34cm×76cm
織帶（咖啡）………寬3cm×66cm

【裁剪方法和尺寸】 ※單位是cm。

亞麻布（煙燻藍）

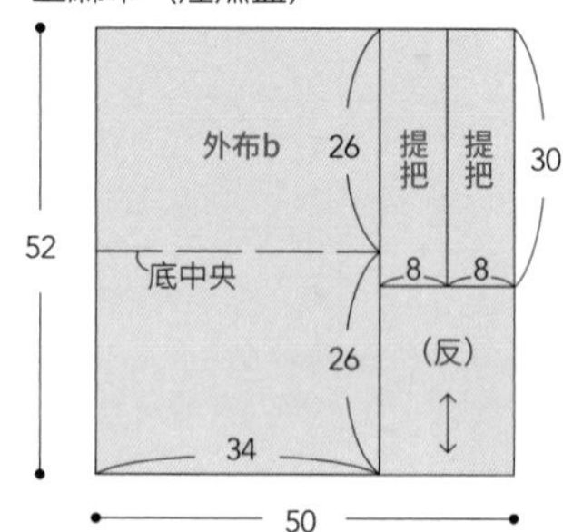

棉麻先染斯貝克（藏青）

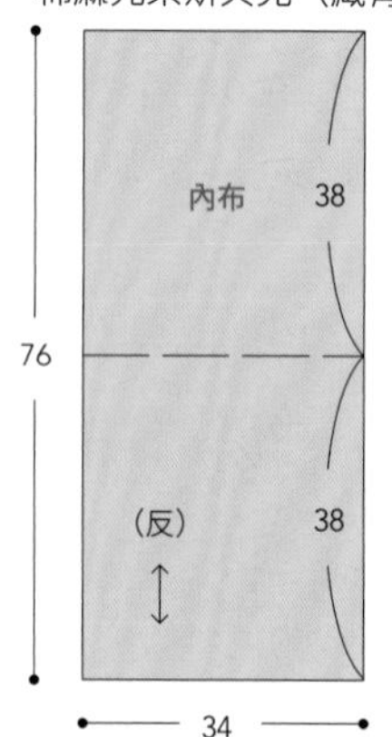

棉麻帆布（花朵圖案）

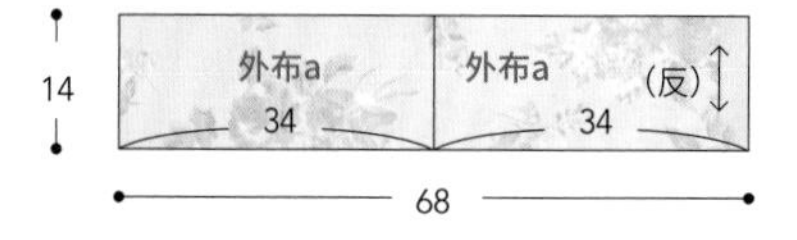

作法

※單位是cm。

1 製作提把

把提把摺成四摺、車縫邊緣，共製作2條（P18 1 的作法 1）。

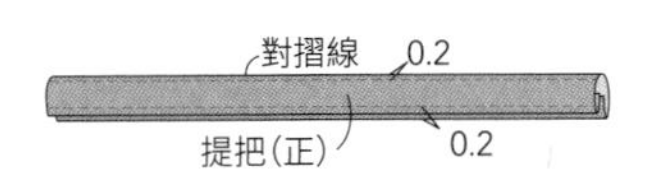

2 製作外袋

❶ 把2片外布a分別正正相對疊在外布b的上下，車縫起來。

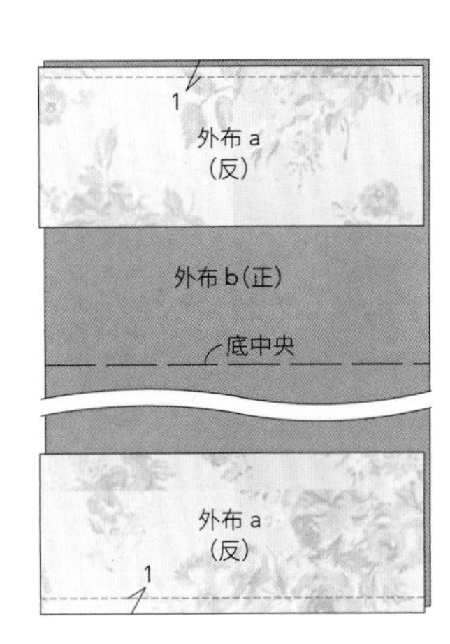

❷ 把❶攤開，縫份倒向外布a側，車縫邊緣。

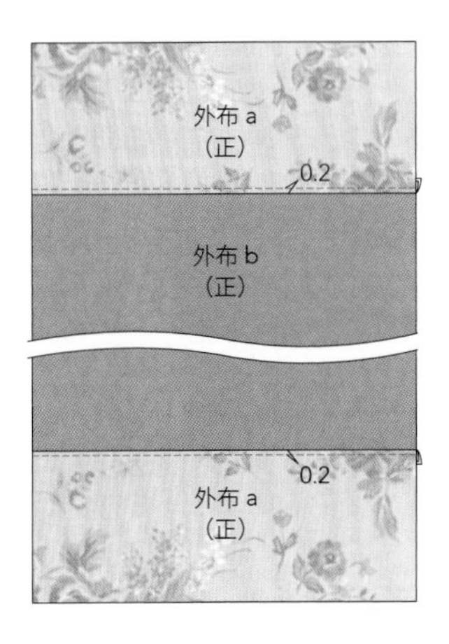

❸ 把❷從底中央正正相對摺好，車縫兩側（P18 1 的作法 2－❹）。完成外袋。

❹ 在外袋的袋口，將提把分別假縫固定。

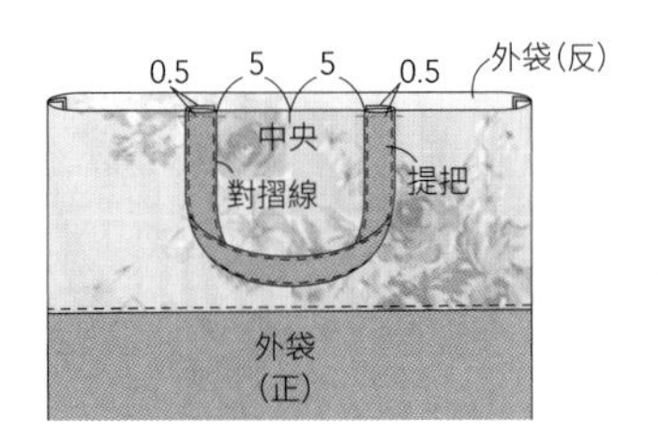

3 製作內袋

把內布從底中央正正相對摺好，預留返口之後車縫兩側（P18 1 的作法 3）。完成內袋。

4 把外袋和內袋縫合

❶ 把外袋和內袋正正相對套合，在袋口車縫1圈。從返口翻回正面，在袋口的邊緣車縫1圈，以ㄇ字形縫法將返口縫合（P18 1 的作法 4）。

❷ 把織帶的兩端對齊縫合，攤開縫份。將織帶的縫線（★）和中央（☆）分別對齊外袋的側邊，車上船形的縫線加以固定。完成。

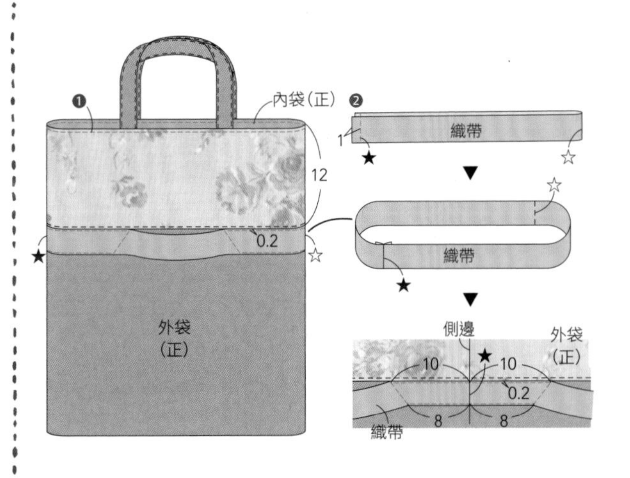

TYPE 

T字側襠包款

兩側的側襠部分的接線看起來是「T」字形的方形包款。
可透過提把的素材以及安裝方式，創造出各種變化。

arrange 5

帆布大托特包

以鮮豔的綠色吸引目光的托特包，是使用起來相當方便的大尺寸。內布用花布製作，營造出不會太過休閒的印象。

作法…第33頁

利用吊掛式的
內口袋做出
更上一層的托特包

basic 4

一片式托特包

用1片帆布製作而成的基本款托特包。把直條紋圖案運用在縱橫方向，做出橫條紋×直條紋的組合花色。

作法…第29頁

arrange 6

鋪棉祖母包

擁有加寬的側襠，收納力也更強。以夾入鋪棉的2片布料紮實製作而成，在休閒場合也相當活躍。

作法…第35頁

內側附有分隔式口袋和方便的寶特瓶支架

三角布袋風
手提包

以1片布料做成的古早風三角布袋為主體，加上長長的提把變化成單把的手提包。

作法…第37頁

竹節托特包

利用竹製的環形提把來搭配柔軟布料做成的袋身，做出充滿優雅氛圍的包包。

作法…第38頁

木提把托特包

由古典風的花布和木提把組合而成的典雅包包。以等間距縫上的褶子是重點所在。

作法…第40頁

arrange 10

大口袋背包

使用市售的背包配件，就能輕鬆做出時尚背包。大圖案布料和大大的口袋非常相稱。

作法…第41頁

HOW TO MAKE

▶▶第24頁

basic 4

一片式托特包

難易度 ★☆☆

【成品尺寸】

T字側襠包款

【材料】 11號帆布（直條紋圖案）………94cm×73cm
標籤………寬1.5cm×6cm
磁釦………直徑1.4cm×1組

【裁剪方法和尺寸】 ※單位是cm。

11號帆布（直條紋圖案）

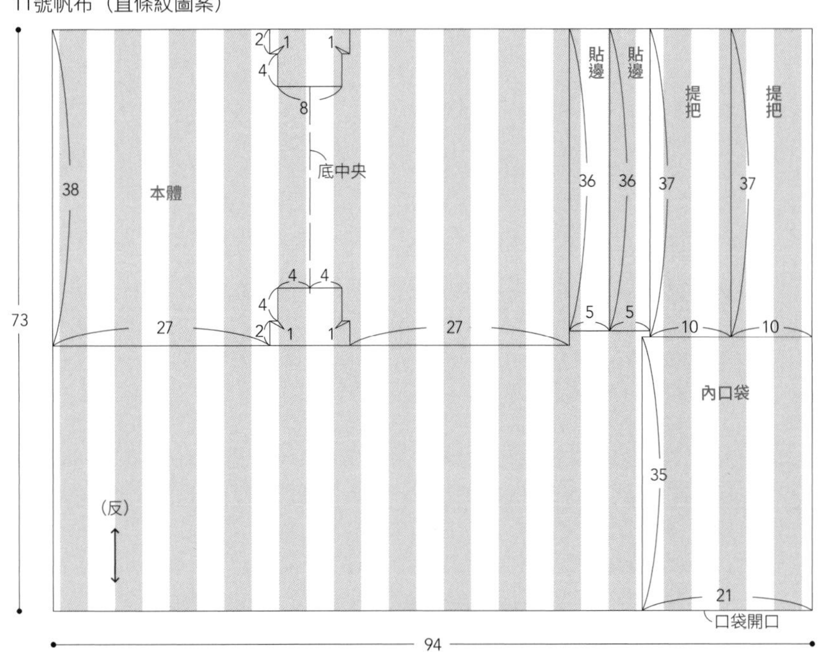

※作品為了呈現橫條紋圖案的效果，所以把本體的條紋方向縱橫逆轉著使用。若想依照原本的條紋方向使用，請將本體旋轉90度，以縱長的形狀裁剪。

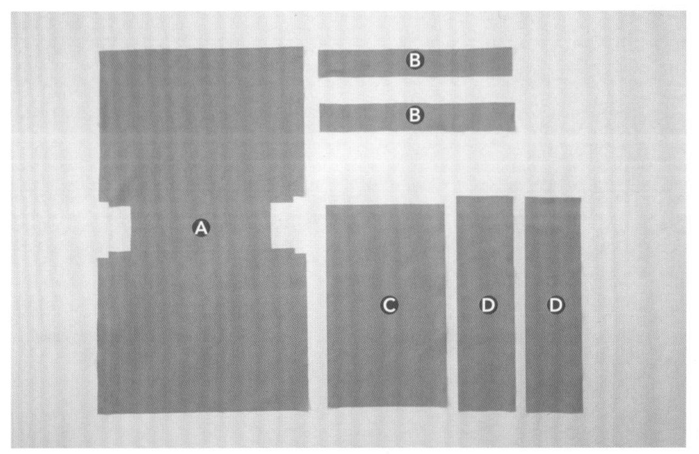

Ⓐ本體、Ⓑ貼邊2片、Ⓒ內口袋、Ⓓ提把2片

作法　※單位是cm。

1 製作提把和內口袋

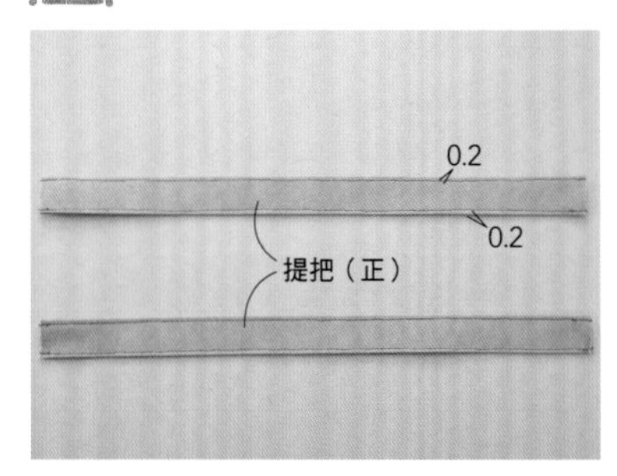

1 把提把摺成四摺、車縫邊緣，製作2條（P18 1 的作法 1）。

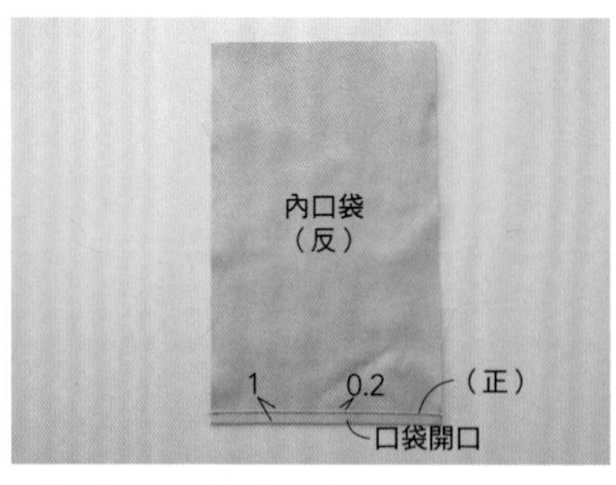

2 把內口袋的口袋開口，往反面摺三摺車縫起來。

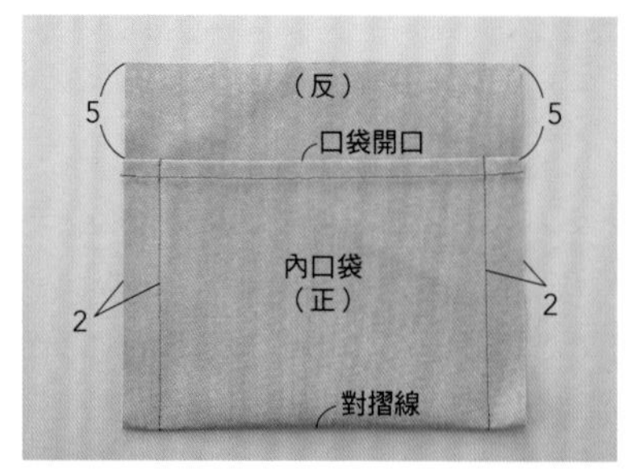

3 把2反反相對摺好，車縫兩側。

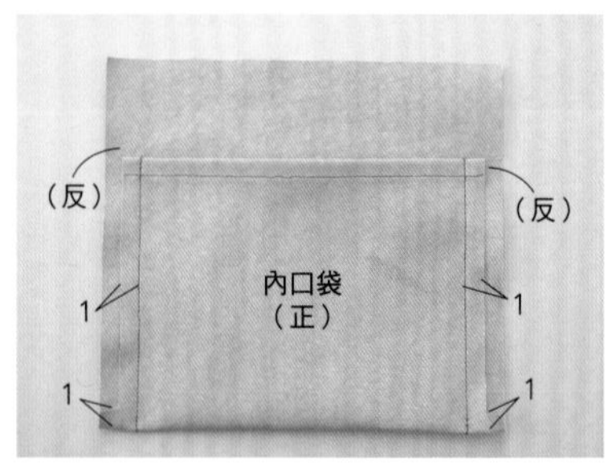

4 把正面的縫份剪掉。

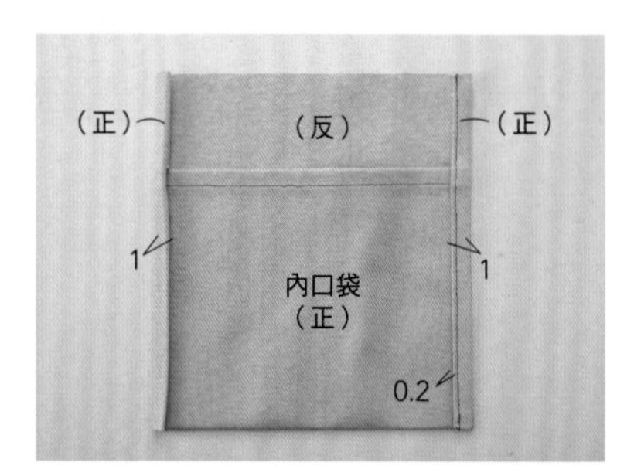

5 把兩側的縫份摺三摺，包住4剪掉的部分，在邊緣車縫固定。

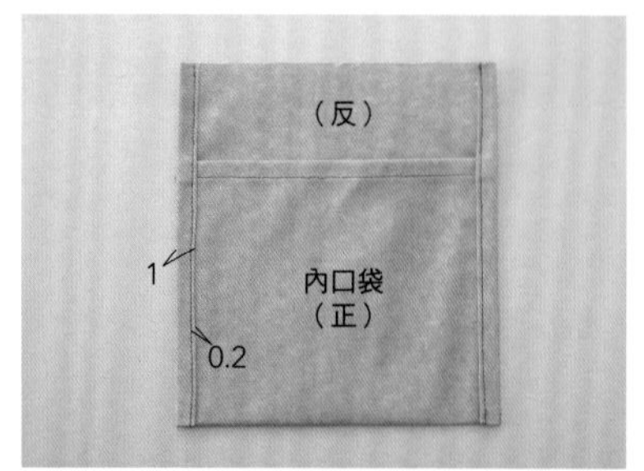

6 內口袋完成。

2 縫製本體

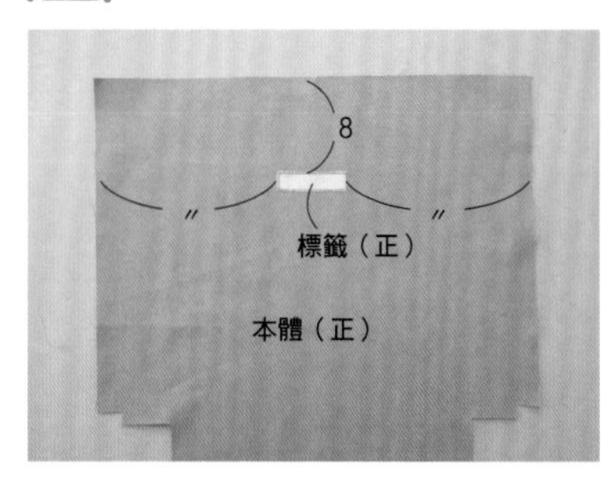

1 在本體的正面縫上標籤（P15「縫上標籤」）。這一面就是前側。

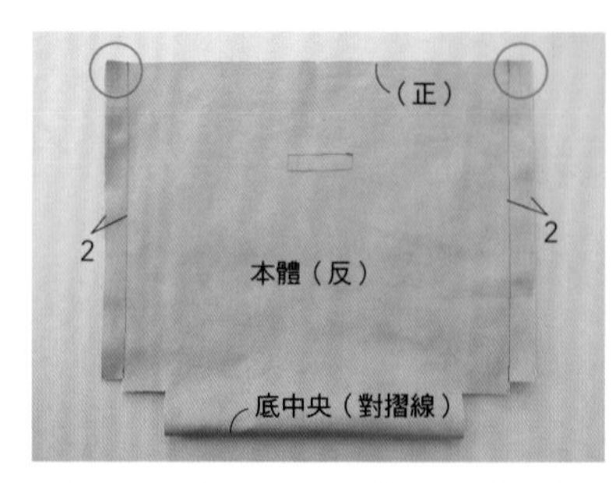

2 把本體從底中央正正相對摺好，車縫兩側。

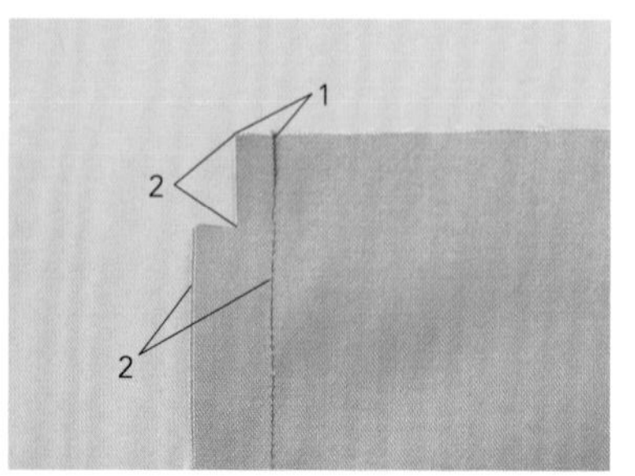

3 把2的縫份上側的角（2的照片中圈起來的部分）2片一起剪掉。

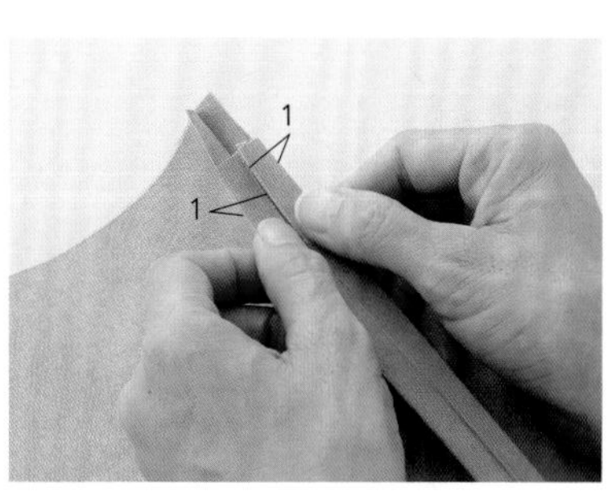

④ 把2片縫份分別摺入內側。

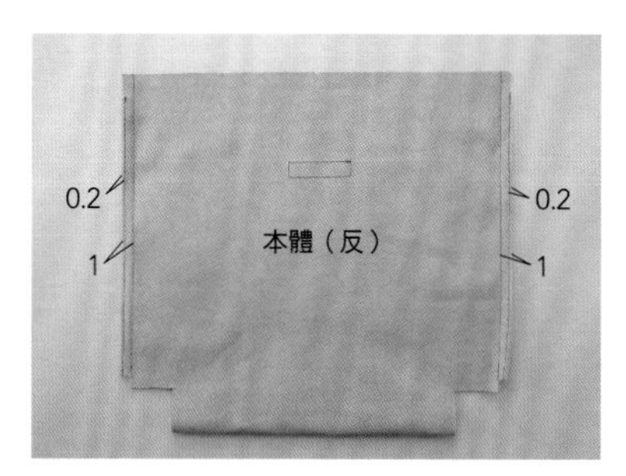

⑤ 在摺入內側的縫份的邊緣車縫固定。

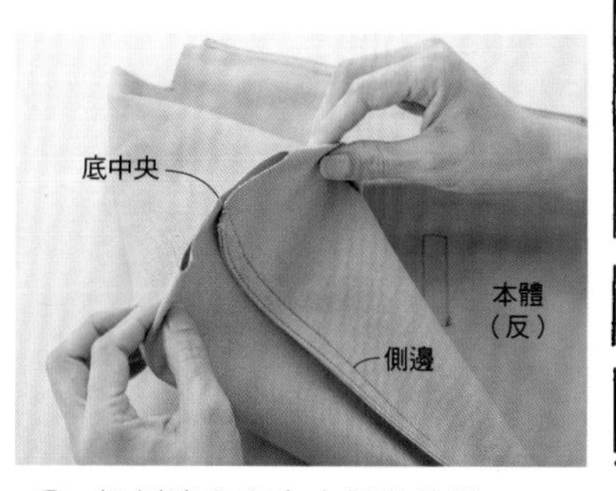

⑥ 把側邊和底中央對齊疊好。

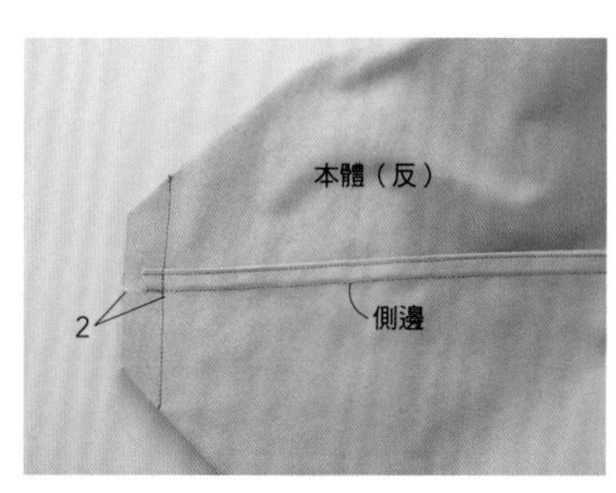

⑦ 把兩側的縫份倒向後側並車縫起來。完成側襠。

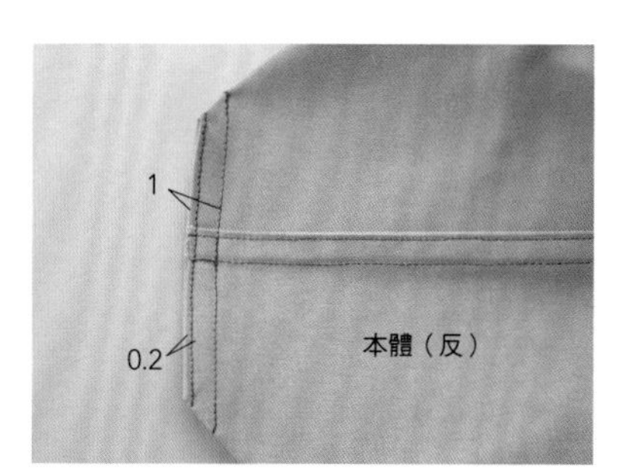

⑧ 和④同樣，把⑦的縫份摺入內側，在邊緣車縫固定。完成外袋。

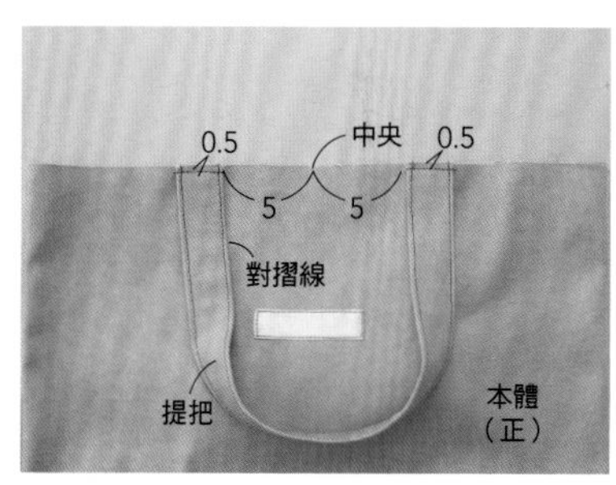

⑨ 在袋口的中央做記號，將提把假縫固定。

3 接合貼邊修飾完成

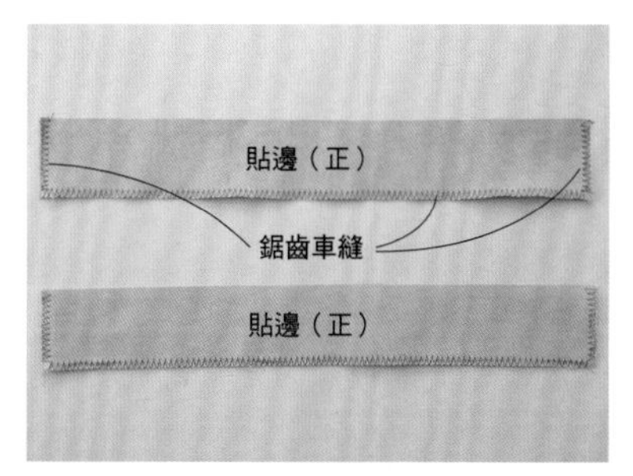

① 在貼邊的兩側和下端做鋸齒車縫。

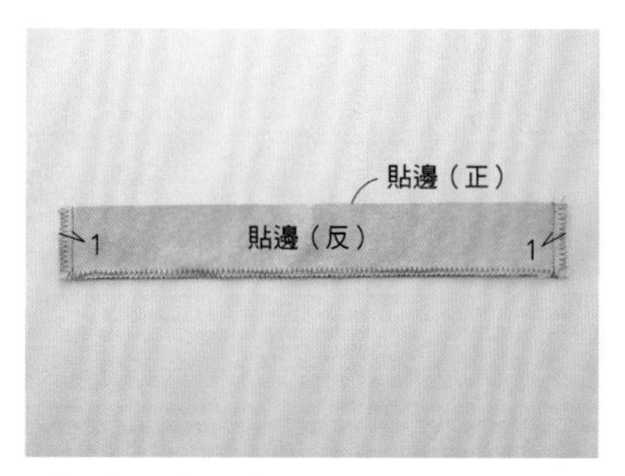

② 把2片貼邊正正相對疊好，車縫兩側。

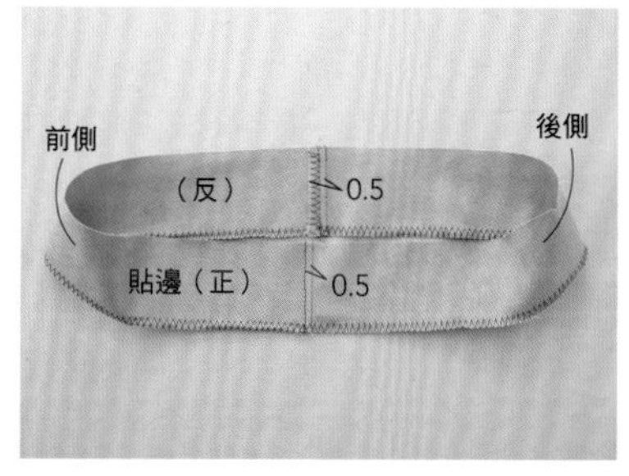

③ 把兩側的縫份倒向同一側，在接縫的兩側車縫壓線。縫份倒下的那一側就是前側。

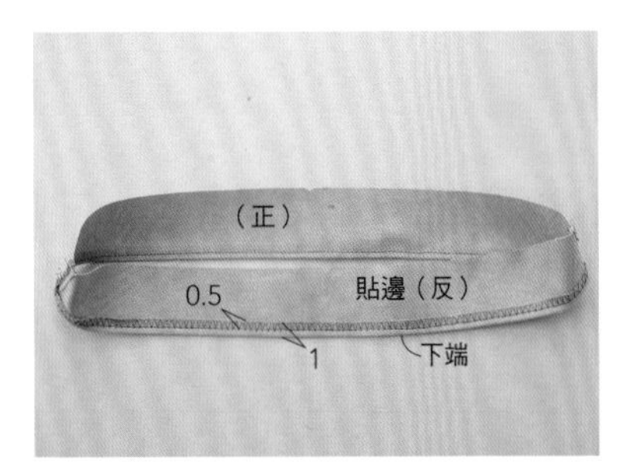

4 把貼邊的下端摺到反面，車縫1圈。完成貼邊。

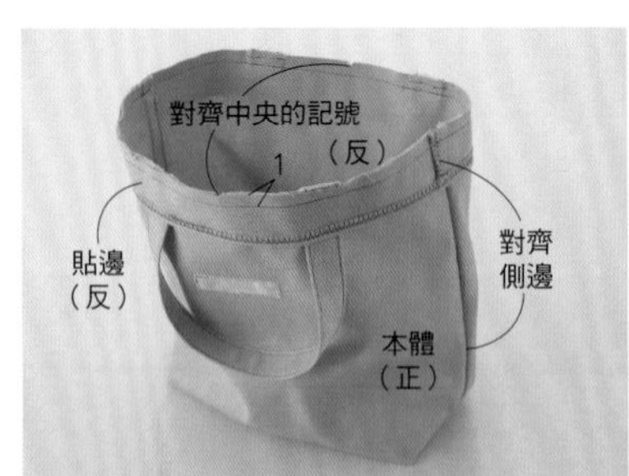

5 在本體的袋口把貼邊正正相對疊好，車縫1圈。

Point 由於本體的縫份是倒向後側，貼邊的縫份是倒向前側，所以縫份不會互相重疊。

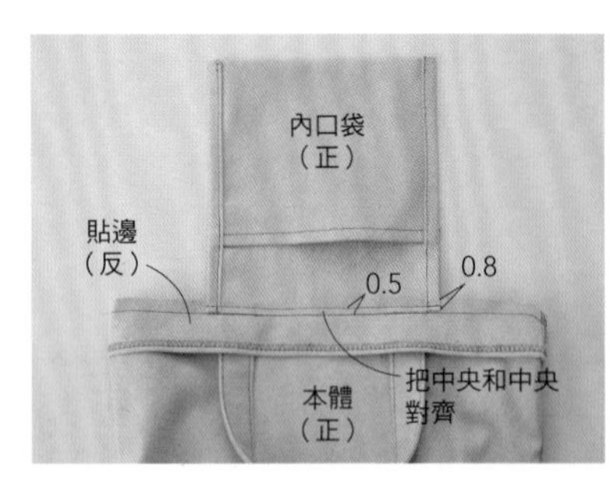

6 在4的貼邊的後側縫份上，把內口袋對齊中央疊好，車縫固定。

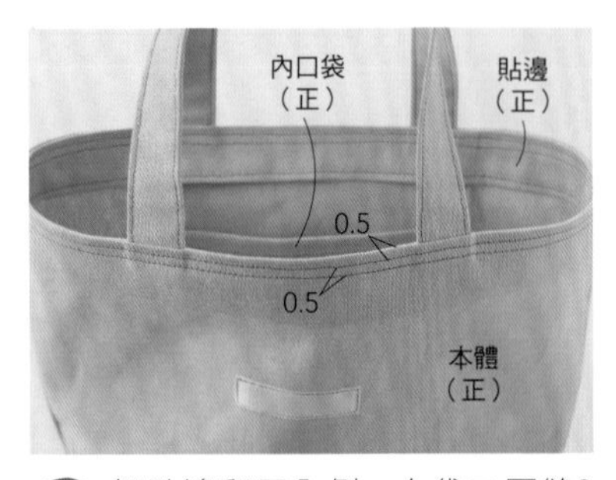

7 把貼邊翻回內側，在袋口壓縫2道線。

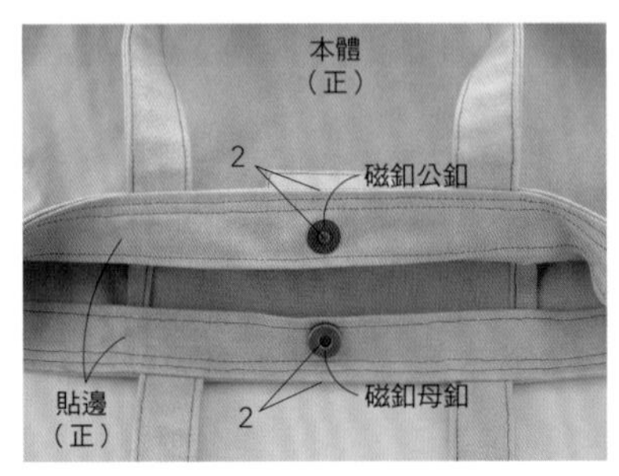

8 在前後側的貼邊的中央安裝磁釦（見下方「磁釦的安裝方法」）。

9 完成。

磁釦的安裝方法

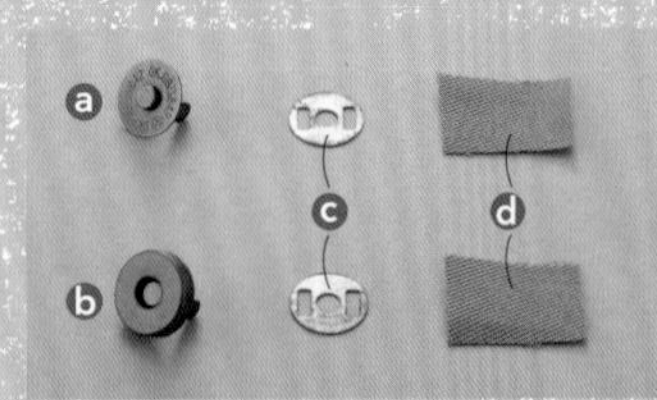

［需要的用具］

磁釦（a公釦、b母釦）、墊片（c和磁釦搭配成組）、墊布（d把多餘的布裁成比磁釦大一圈的長方形）

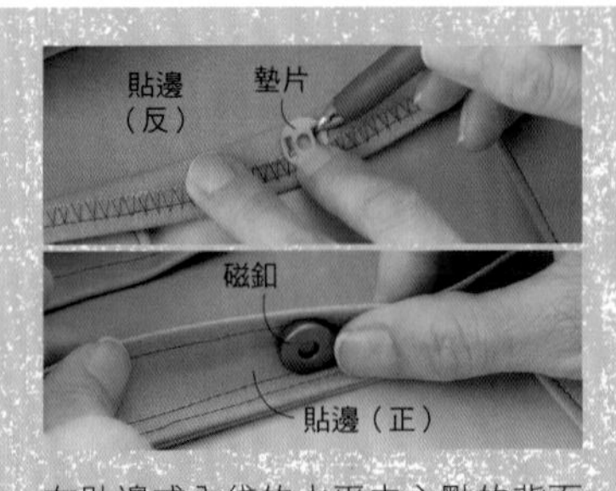

在貼邊或內袋的水平中心點的背面放上墊片，在插入的位置做記號。按記號劃出切口之後，從正面把磁釦的腳插入。

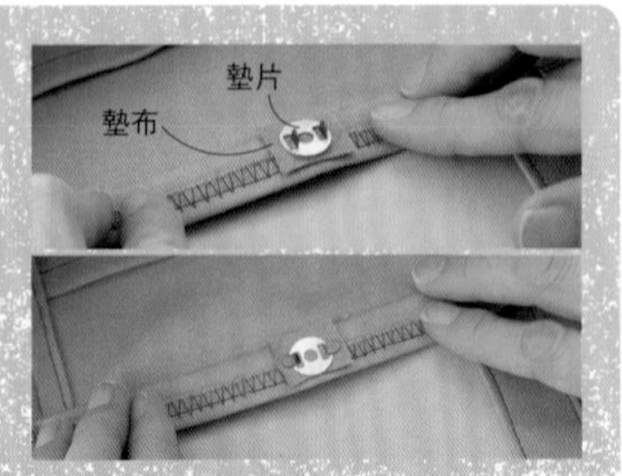

把依照同樣方式劃出切口的墊布重疊上去，插入墊片之後把腳往左右凹摺。依照同樣方式在另一側也裝上磁釦（公釦）。

※布料很薄的情況要貼布襯。

arrange 5

▶▶第24頁

帆布大托特包

難易度★★★

【成品尺寸】

橫寬35㎝×高30㎝×側襠16㎝（不含提把）

【材料】

11號帆布（原色）………106㎝×50㎝
11號帆布（綠）………90㎝×54㎝
棉絨面呢（花朵圖案）………53㎝×78㎝
壓克力織帶（米黃）
………寬3㎝×120㎝×2條
標籤（喜歡的樣式）………寬1㎝×5㎝

【裁剪方法和尺寸】 ※單位是㎝。

※把內布底中央的左右兩側，剪成四方形。

11號帆布（原色）

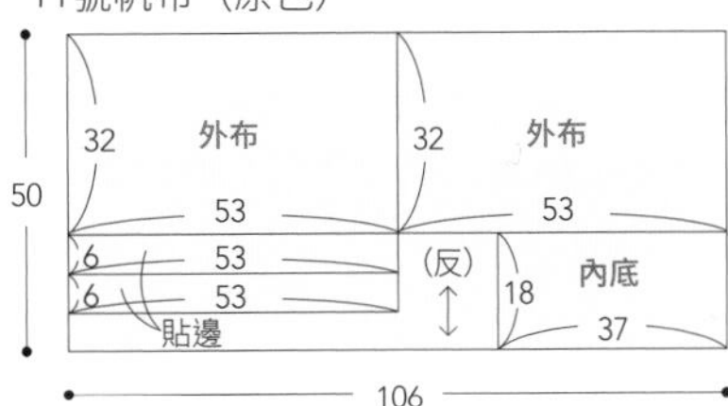

棉絨面呢（花朵圖案）

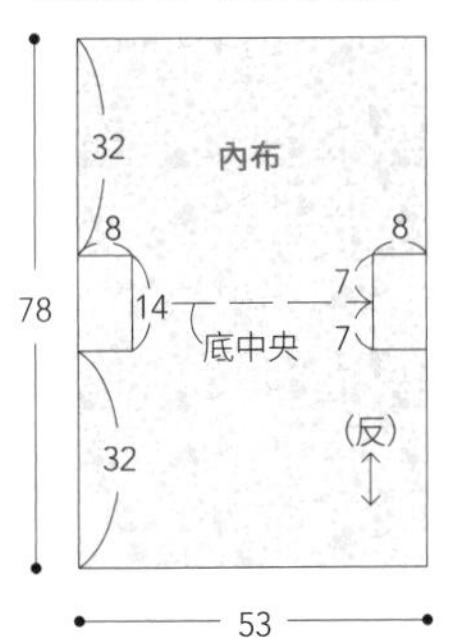

11號帆布（綠）

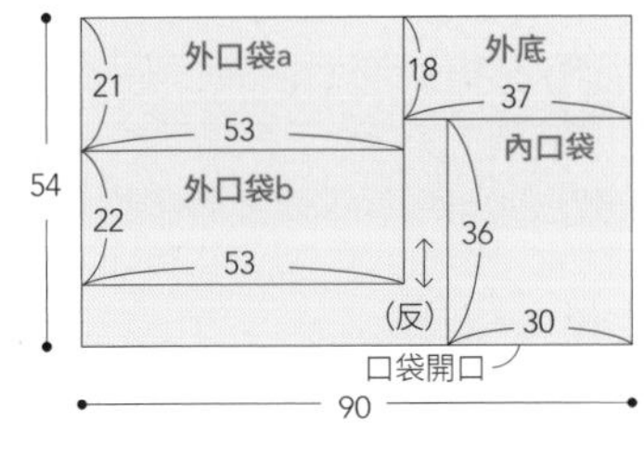

作法 ※單位是㎝。

1 在外布本體上，縫上口袋和織帶

1 把外口袋a的上端往正面摺三摺車縫起來。

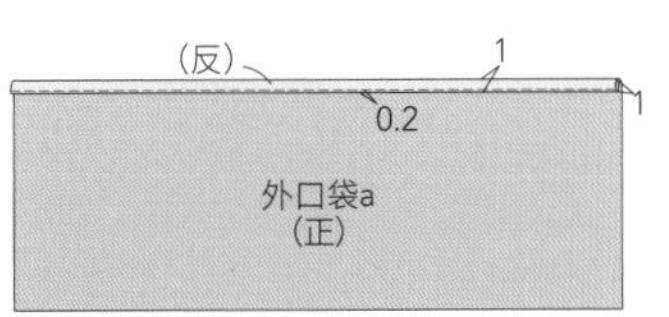

2 在1片的外布本體上把❶下端對齊疊好，假縫固定。

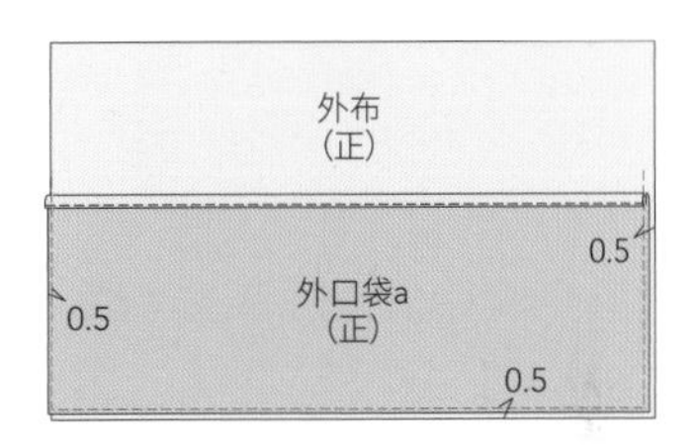

3 在❷的上面，把1條壓克力織帶如圖擺好，車縫固定。這個時候，要先把正正相對摺成兩半的標籤夾入織帶下方，一起車縫。這一面就是前側。

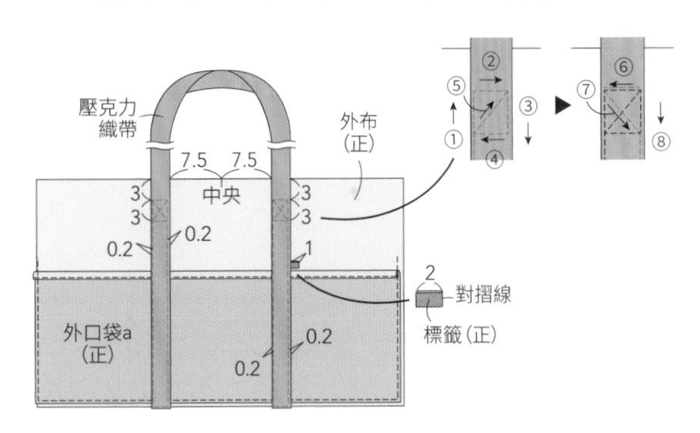

4 和❶～同樣，把外口袋b假縫固定在另1片外布本體上，再將壓克力織帶車縫固定。不必夾入標籤。

2 製作外袋

1 把外底和內底反反相對疊好，假縫固定。

❷ 把外底側對著外布本體的正面重疊擺好，車縫起來。

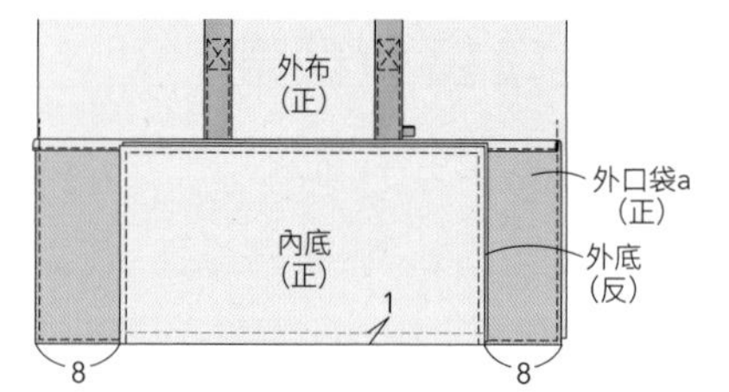

❸ 把❷攤開，縫份倒向底側之後在邊緣壓縫2道線。

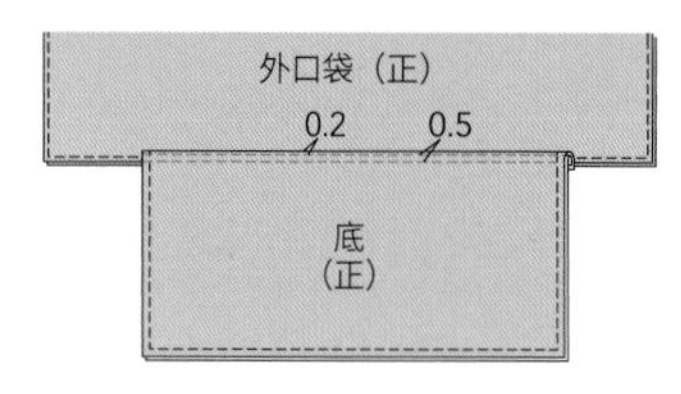

❹ 在底的另一側，把另1片外布照著❷、❸的方式車縫接合。

❺ 把外布正正相對疊好，車縫兩側。攤開縫份。

❻ 把側邊和底中央對齊疊好，車縫側襠。完成外袋。

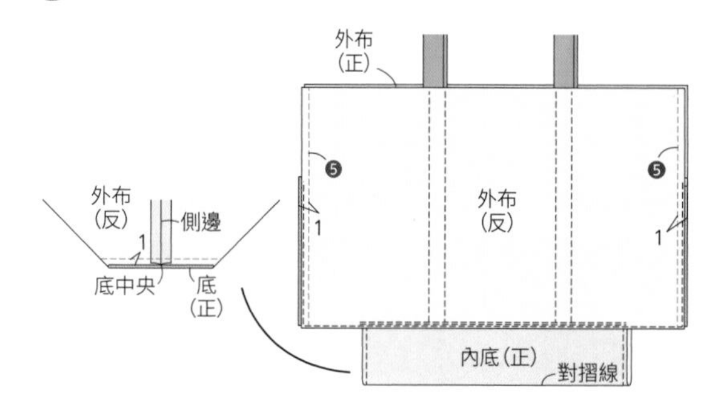

3 製作內袋

和2的❺、❻同樣，把內布從底中央正正相對摺好，車縫起來。完成內袋。

4 製作內口袋

❶ 把內口袋的口袋開口往正面摺三摺車縫，並如圖反反相對摺好。

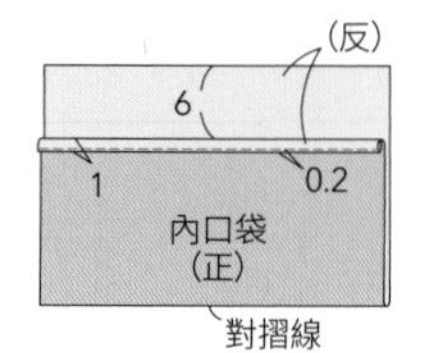

❷ 車縫兩側，剪掉縫份之後摺三摺車縫固定（P29 4 的作法1－❸～❻）。

❸ 車縫四方形，做出分隔。

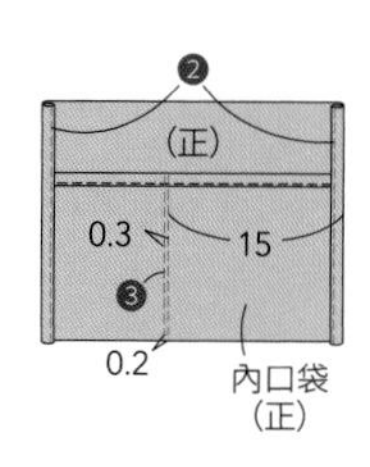

5 製作貼邊

❶ 在2片貼邊的邊緣做鋸齒車縫，接合起來（P29 4 的作法3－❶、❷）。

❷ 攤開縫份，在接縫的兩側車縫壓線。

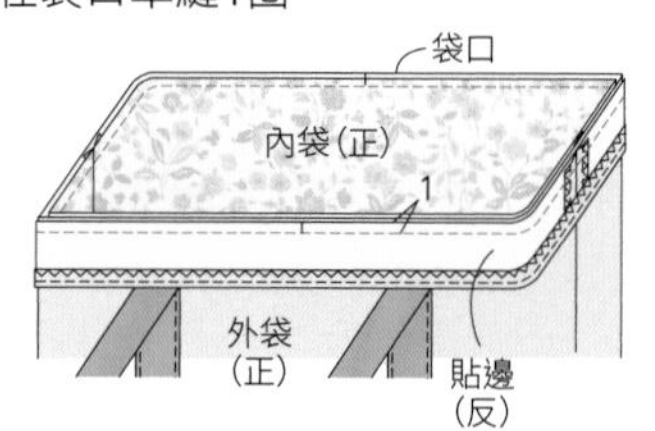

❸ 把下端摺到反面車縫起來（P29 4 的作法3－❹）。

6 把外袋、內袋、貼邊車縫接合

❶ 把外袋翻回正面，和內袋反反相對重疊套合。把貼邊正正相對疊在外袋上，對齊中央的記號和兩側之後，在袋口車縫1圈。

❷ 在貼邊的縫份上，將內口袋假縫固定（P29 4 的作法3－❻）。

❸ 把貼邊翻回內側，避開壓克力織帶在袋口車縫2圈。完成。

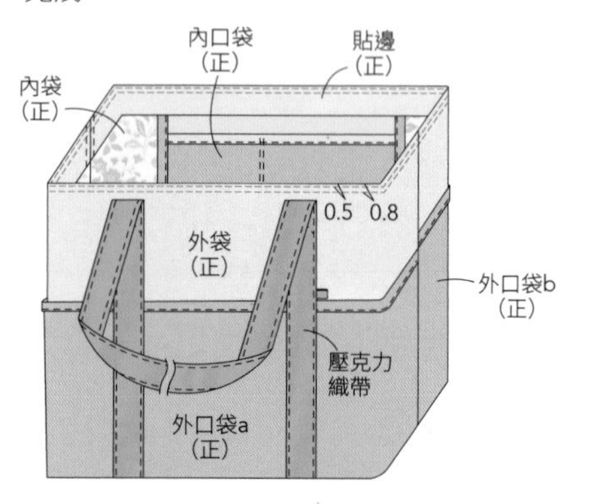

arrange 6

▶▶第25頁／實物大紙型A面

鋪棉祖母包

難易度 ★★☆

【成品尺寸】

橫寬34㎝×高27㎝×側襠14㎝（不含提把）

【材料】

鋪棉布（花朵圖案）………54㎝×70㎝
11號帆布（灰）………80㎝×70㎝
織帶（原色）
………2㎜厚・寬3㎝×25㎝×2條
2㎜厚・寬3㎝×140㎝
標籤………寬1.5㎝×6㎝
緞帶（喜歡的樣式）
………寬1㎝×10㎝×2條
皮革（咖啡）………4㎝×6.5㎝
D型環（12㎜）………1個
問號勾（32㎜）………1個

【工具】

橡膠墊板、直徑2㎜的打洞斬、木鎚

【裁剪方法和尺寸】※單位是㎝。

※外布和內布是利用紙型加上指定的縫份畫線，做出中央的記號之後進行裁剪。

鋪棉布（花朵圖案）

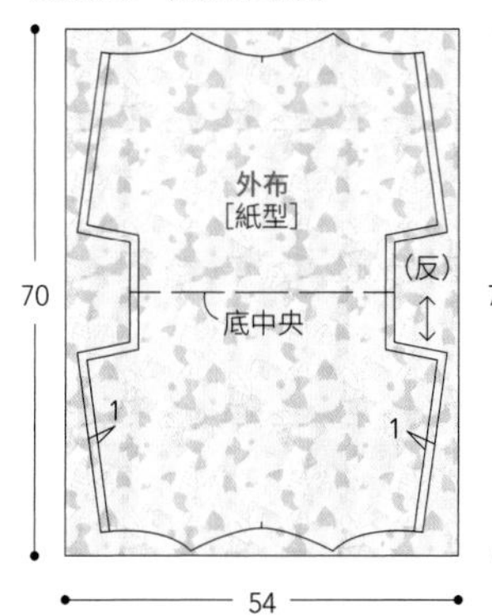

11號帆布（灰）

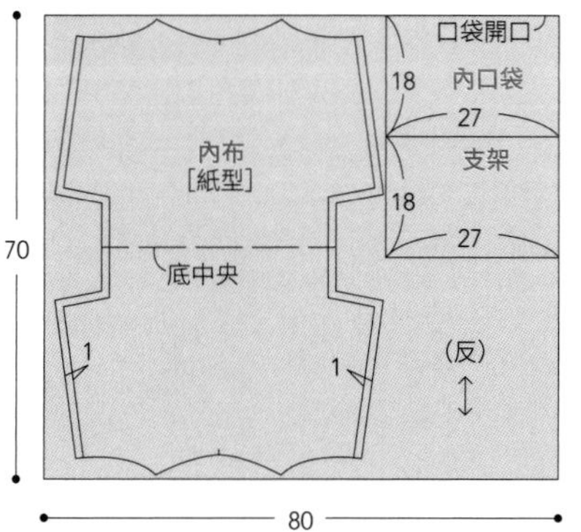

作法 ※單位是㎝。

1 製作外袋

1 在外布的正面縫上標籤。這一面就是前側。

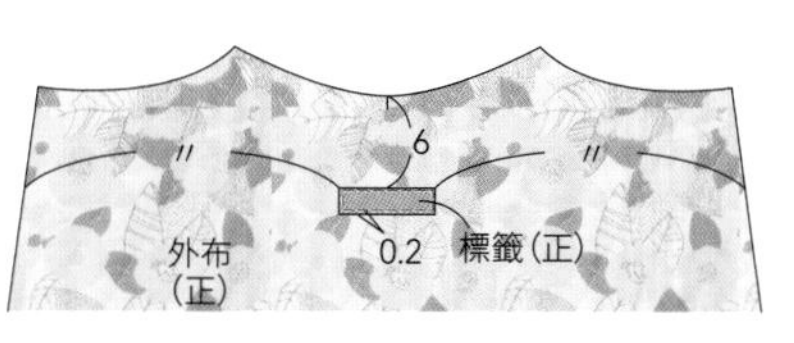

2 把外布從底中央正正相對摺好，車縫兩側。攤開縫份。

3 把側邊和底中央對齊疊好，車縫側襠。完成外袋。

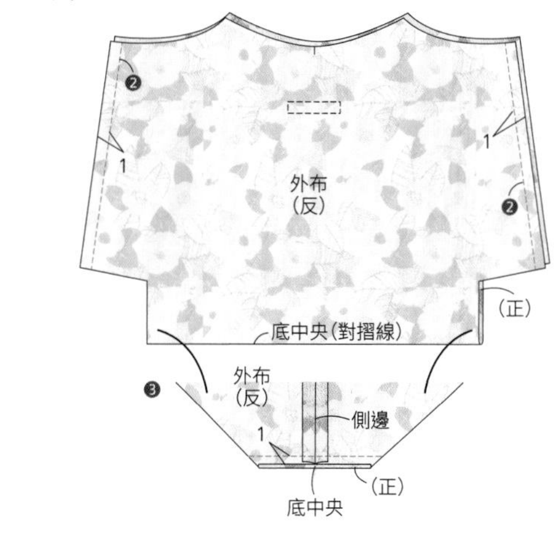

2 製作內袋

1 在內口袋的左右和下端做鋸齒車縫。把口袋開口往正面摺三摺車縫起來。

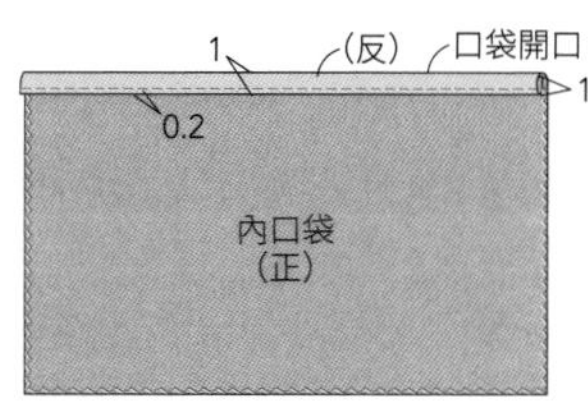

2 把左右、下端依序摺到反面。

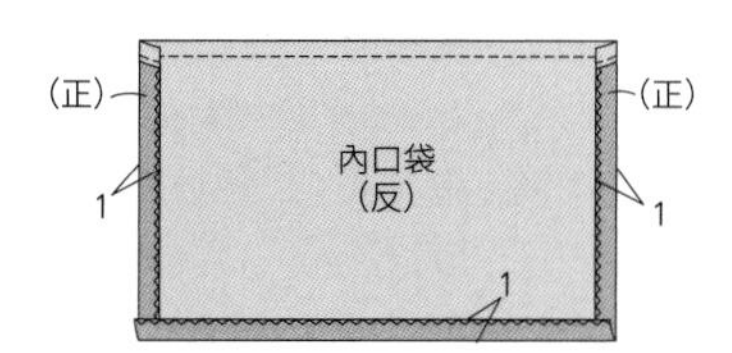

❸ 把支架的上下端分別往正面摺三摺車縫起來。

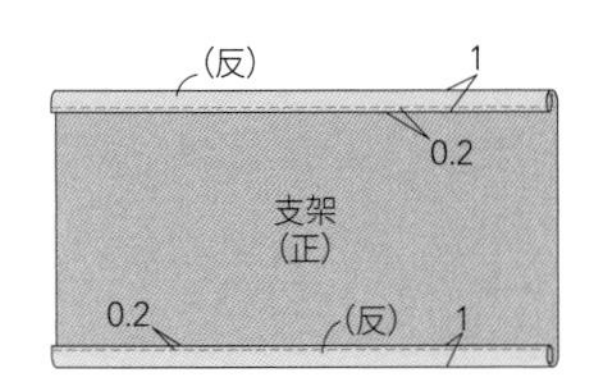

❹ 把1條緞帶穿入D型環車縫固定。另1條緞帶穿入問號勾，同樣車縫固定。

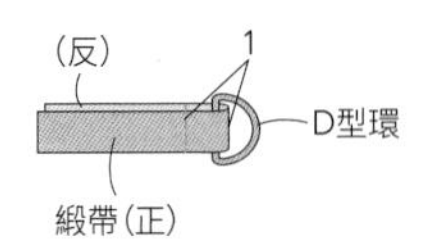

❺ 在內布的正面，將內口袋車縫固定。這一面就是後側。

❻ 車上四方形的縫線，做出內口袋的分隔。

❼ 把支架反反相對摺成兩半，在內布的正面假縫固定。

❽ 在外布的正面、後側的開口的中央，把穿入問號勾的緞帶假縫固定。

❾ 在❽的相反側的袋口中央，把穿入D型環的緞帶假縫固定。

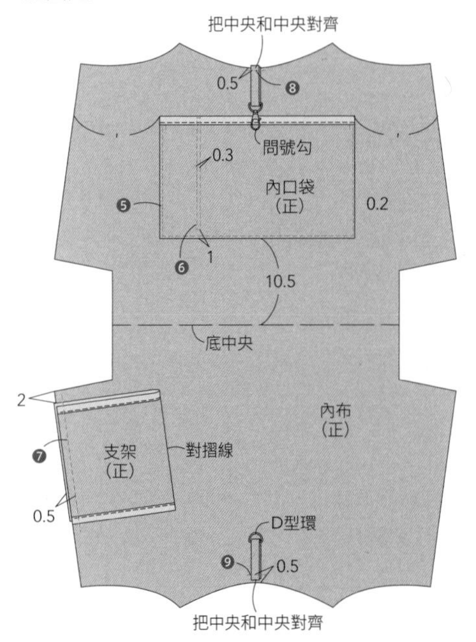

❿ 和■-❷、❸同樣，把內布從底中央正正相對摺好，車縫兩側，攤開縫份後車縫側襠。完成內袋。

3 把外袋和內袋縫合，安裝提把

❶ 把外袋翻回正面，將內袋反反相對套入疊合，在袋口車縫1圈。

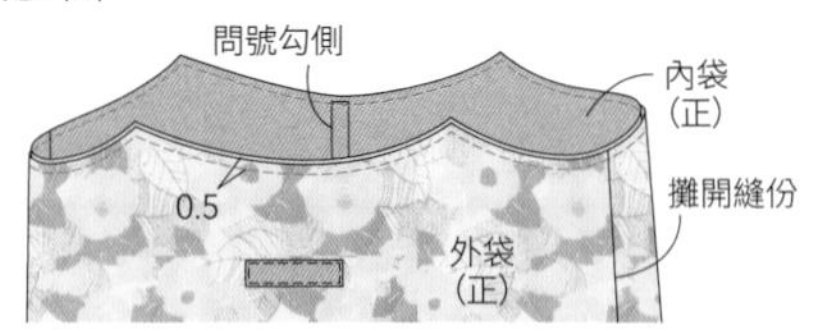

❷ 把25㎝的織帶對摺，分別夾住❶的袋口車縫固定。多餘的部分沿著弧度剪掉。

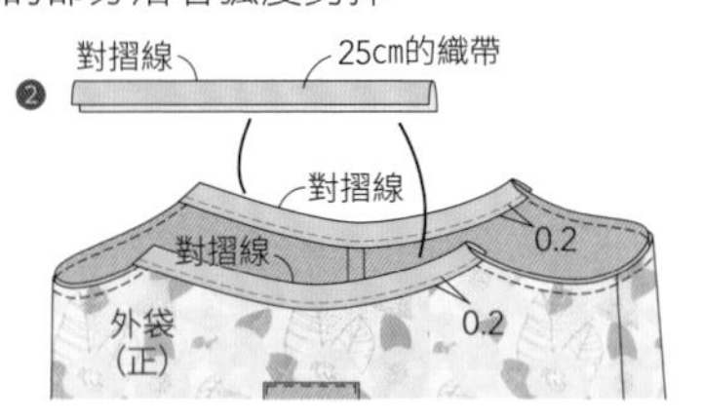

❸ 把140㎝的織帶對摺，在中央做記號。將織帶的中央（☆）對準❶的右側的側邊接縫夾好，疏縫固定（以布用夾子固定也行）。在左側的側邊接縫把織帶的兩端（★）對齊接合夾好，疏縫固定。提把部分的織帶保持對摺狀態，車縫1圈。

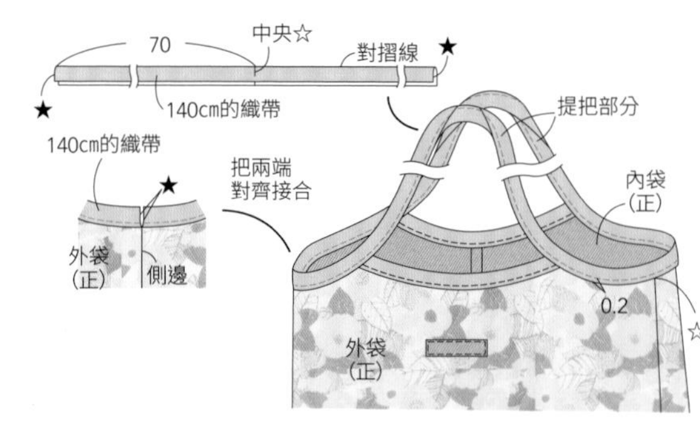

❹ 在皮革的四個角落打洞（P76「打洞的方法」）。夾在❸的織帶的對齊接合部分，以手縫方式縫合固定。完成。

0.8
皮革(正)
0.8
0.8
0.8
▼
對摺線
皮革(正)
外袋
(正)
側邊
內袋
(正)
外袋
(正)

arrange 7

▶▶第26頁

三角布袋風手提包

難易度 ★☆☆

〖成品尺寸〗

橫寬36cm×高42cm×側襠12cm（不含提把）

〖材料〗

薄棉布（花朵圖案、碎花圖案）………各107cm×37cm
棉牛津布（灰）………36cm×16cm
緞帶………寬1cm×25cm×2條

〖裁剪方法和尺寸〗 ※單位是cm。

薄棉布（外布：花朵圖案、內布：碎花圖案）

棉牛津布（灰）

作法 ※單位是cm。

1 縫製提把和緞帶

1 把提把摺成四摺，車縫邊緣（P18 1 的作法 1）。將緞帶的其中一端往反面摺三摺車縫，共製作2條。

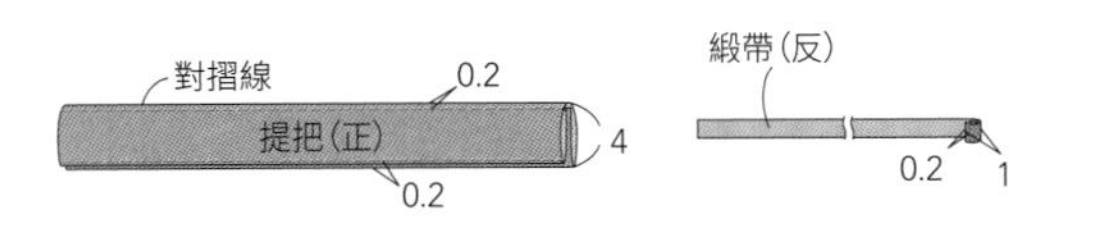

2 製作外袋

1 把外布的左側如圖正正相對摺好，車縫下端。

2 把左下的角斜斜地車縫起來，製作側襠。

3 把❶的摺疊部分的右上角斜斜地剪掉。

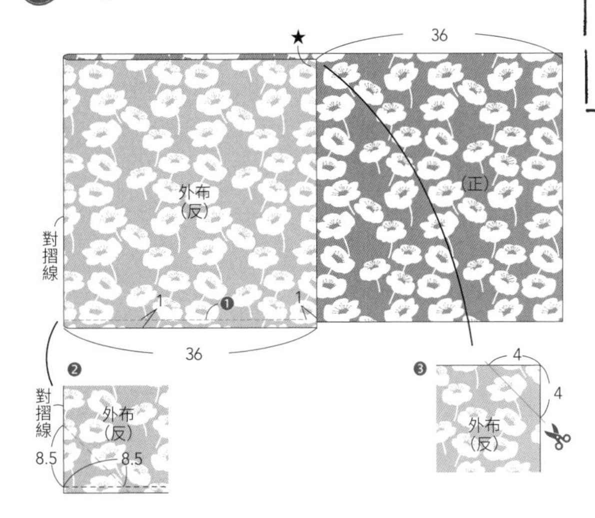

4 避開❶的摺疊部分，把右側如圖正正相對摺好，車縫上端。

5 把右上角斜斜地車縫起來，製作側襠。

6 把❹的摺疊部分的左下角斜斜地剪掉。完成外袋。

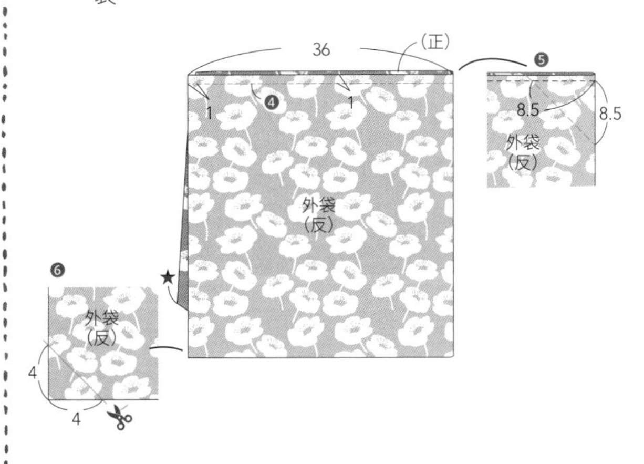

3 製作內袋

和2同樣，把內布摺好車縫起來。完成內袋。

4 把外袋和內袋縫合，製作提把

1. 把外袋翻回正面，在2-❸和❻剪掉的部分將提把接合，假縫固定。
2. 在外袋的V字部分，把緞帶分別假縫固定上去。
3. 在內袋之中把外袋正正相對套入疊合，預留返口之後把袋口縫合。

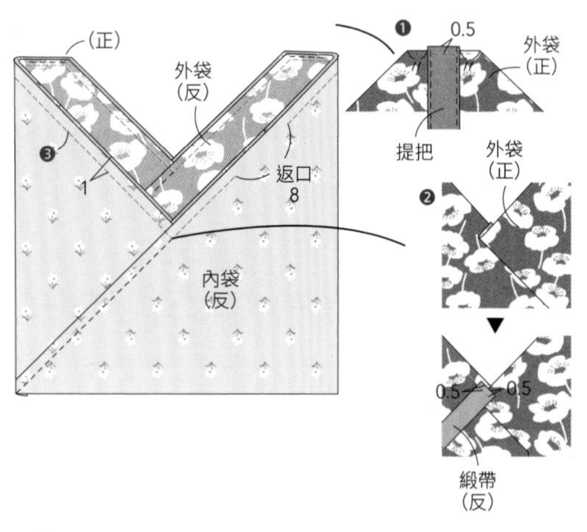

4. 從返口翻回正面，在袋口邊緣車縫1圈。完成。

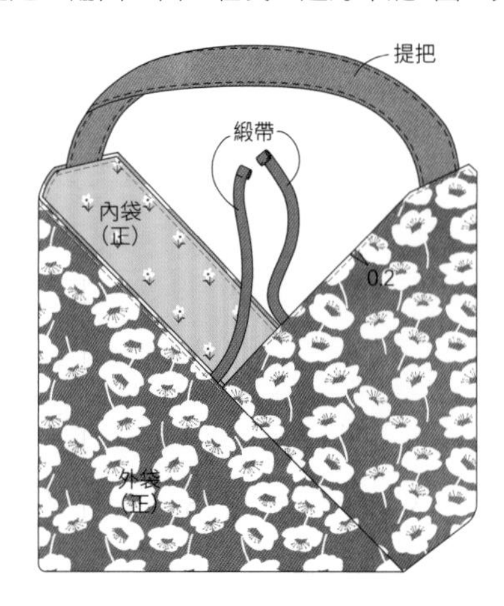

arrange 8

►► 第27頁

竹節托特包

難易度 ★★☆

【成品尺寸】

橫寬38㎝×高27㎝×側襠10㎝
（不含提把）

【材料】

棉布（花朵圖案）、亞麻布（芥末色）
………各50㎝×76㎝
竹節環（外徑17.5㎝）………1組（2個）

【裁剪方法和尺寸】 ※單位是㎝。

※外布、內布分別在左右邊緣的4個位置剪牙口。
※外布、內布分別把底中央的左右兩側剪成四方形。

外布：棉布（花朵圖案）
內布：亞麻布（芥末色）

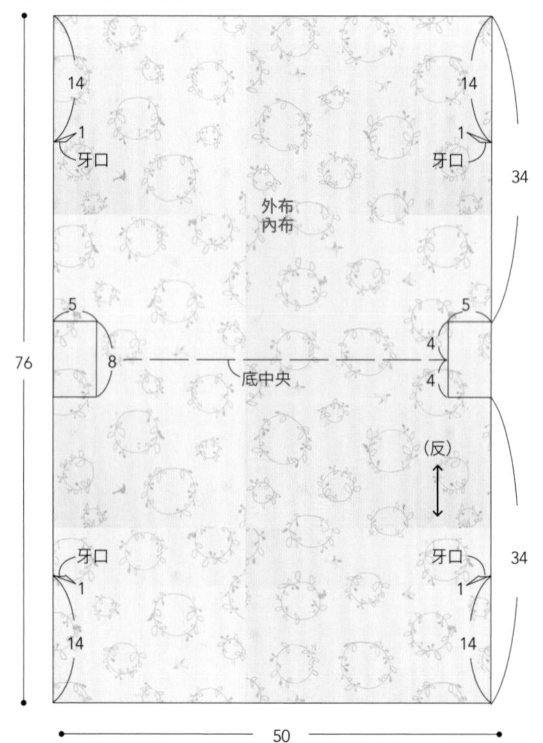

作法　※單位是cm。

1 製作外袋和內袋

1 把外布和內布分別從底中央正正相對摺好，重疊對齊之後從兩側的牙口往下，4片一起車縫起來。

2 避開內側的1片外布和1片內布，把外側的外布和內布正正相對疊好，從牙口往上車縫起來。

3 把外布和內布各自的側邊和底中央對齊疊好，一起車縫側襠。

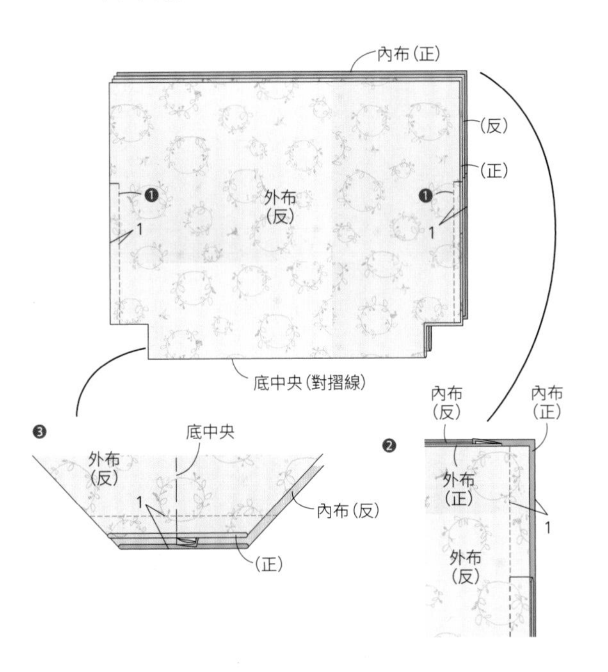

4 把❷避開的外布和內布向外翻出作為外側，把避開的外布和內布正正相疊，從牙口往上車縫起來。完成外袋和內袋。

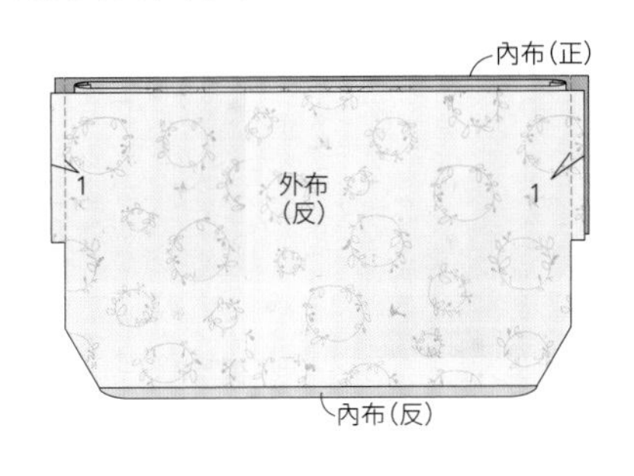

2 安裝提把

1 把外袋翻回正面作為外側，調整形狀。

2 在兩側牙口的上方部分邊緣車縫V字。

3 把外袋和內袋套合，在上端做鋸齒縫。

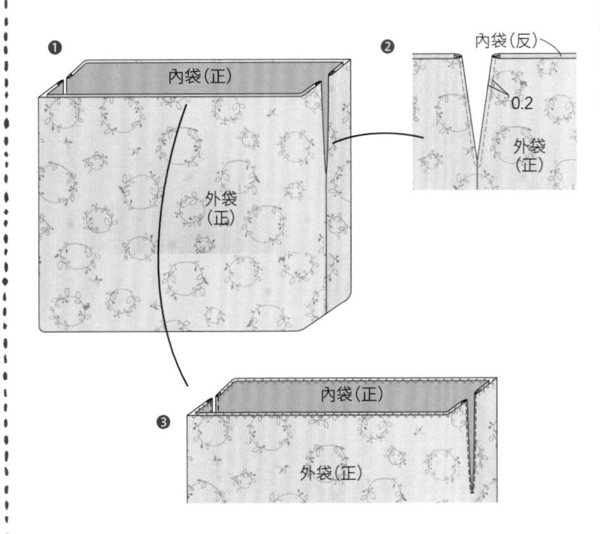

4 把上端往外袋側摺疊，用熨斗燙出摺痕。

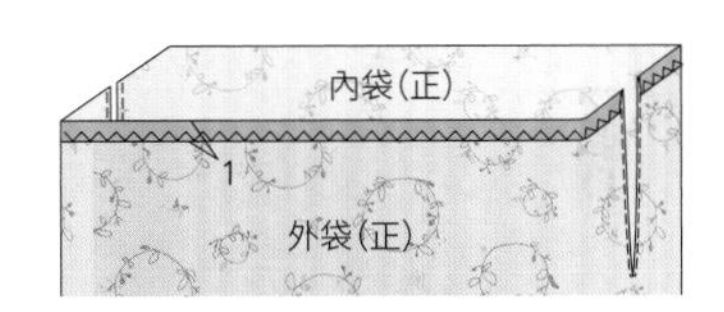

5 夾入竹節環之後往外袋側摺疊，在邊緣車縫固定。完成。

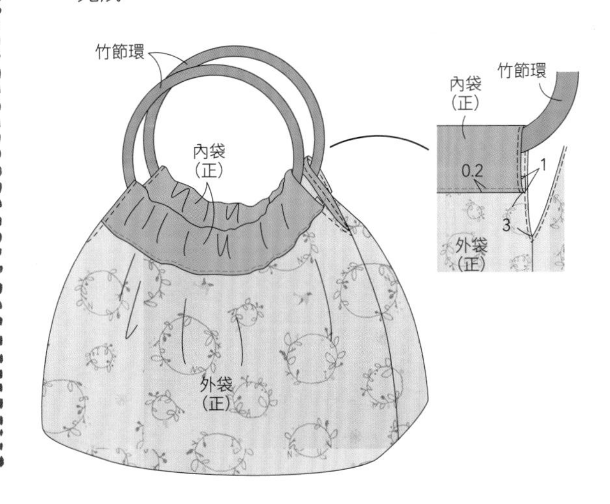

▶▶第27頁

木提把托特包

難易度 ★★☆

【成品尺寸】

橫寬38cm×高23cm×側襠10cm（不含提把）

【材料】

棉麻帆布（花朵圖案）、亞麻布（紫）
………各50cm×70cm
木提把（寬30cm）………1組（2個）

【裁剪方法和尺寸】 ※單位是cm。

※外布、內布分別在左右邊緣的4個位置剪牙口。
※外布、內布分別把底中央的左右兩側剪成四方形。

棉麻帆布（花朵圖案）、亞麻布（紫）

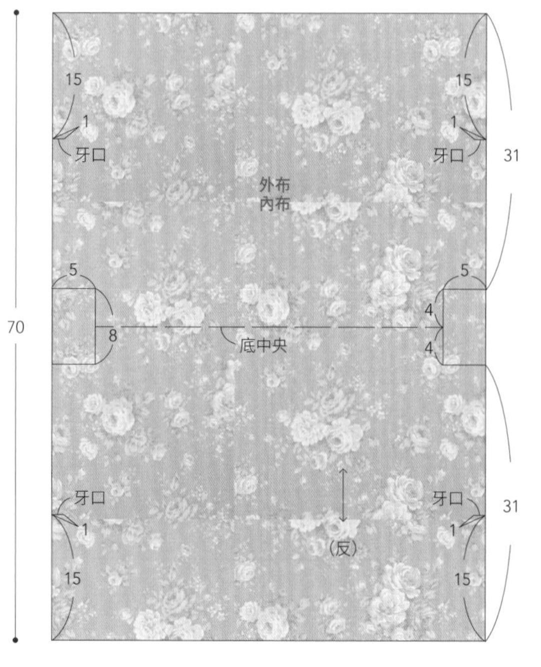

作法 ※單位是cm。

1 製作外袋和內袋

把外布和內布分別正正相對疊合車縫起來，製作外袋和內袋（P38 8 的作法1）。

2 安裝提把

1. 翻回正面，在側邊牙口的上方部分車縫V字（P38 8 的作法2－❶、❷）。
2. 在內袋上如圖所示用消失型的粉土筆畫線。※斜線可以不畫。

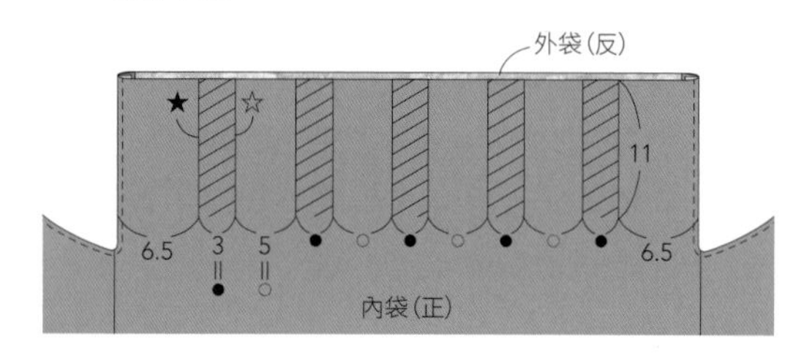

3. 把❷畫好的線（★和☆）互相對齊，將斜線部分摺疊起來，在線上車縫。
4. 把❸縫合的部分如圖剪開0.5cm。
5. 把剪開的部分的縫份攤開。

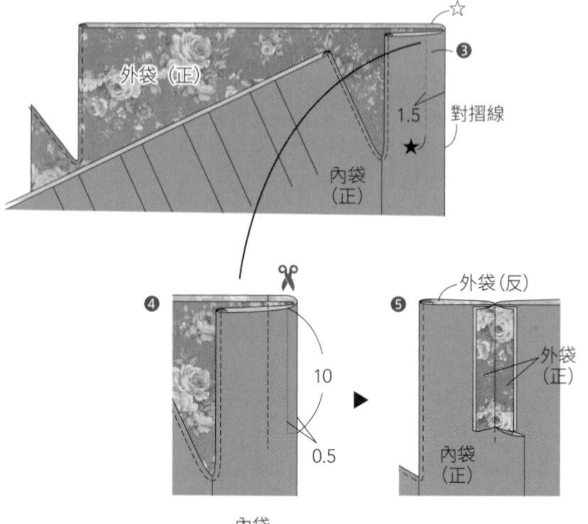

❻ 和❸～❺同樣，把所有的線車縫起來，剪開之後用熨斗燙開縫份。

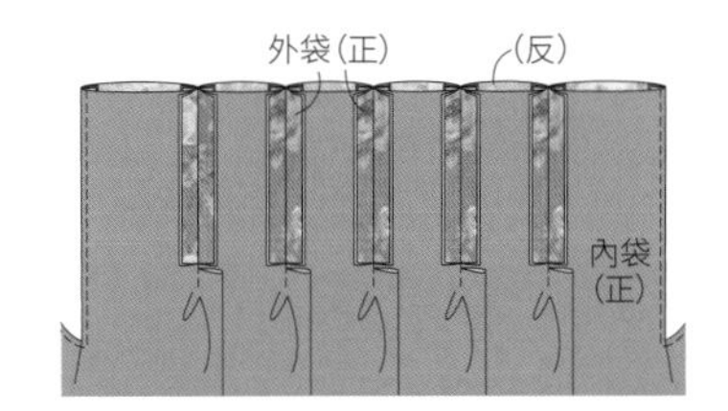

❼ 在邊緣做鋸齒車縫（P38 8 的作法❷－❸）。

❽ 穿過木提把，在內袋側摺三摺車縫固定。完成。

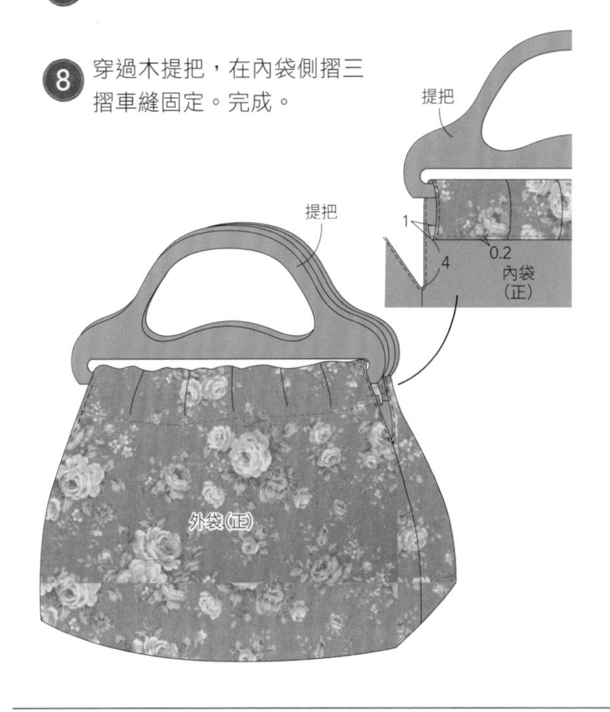

▶▶第28頁

大口袋背包

難易度 ★★★

〖成品尺寸〗
橫寬24㎝×高約35㎝×側襠10㎝

〖材料〗
棉麻帆布（酒紅）………98㎝×55㎝
棉牛津布（北歐主題圖案）………72㎝×106㎝
薄布襯………約85㎝×55㎝
PP織帶（原色）………寬3㎝×37㎝、寬3㎝×42㎝
背包配件（咖啡色系）………1組
插扣（黑・30㎜）………1組
日型環（黑・30㎜）………1個

〖裁剪方法和尺寸〗※單位是㎝。
※把內布底中央的左右兩側剪成四方形。
※在外布和底的反面、距離周圍0.5㎝的內側貼上薄布襯。

棉麻帆布（酒紅）

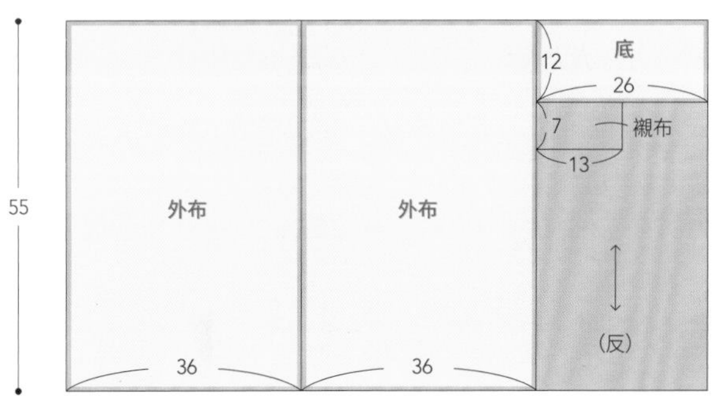

棉牛津布（北歐主題圖案）

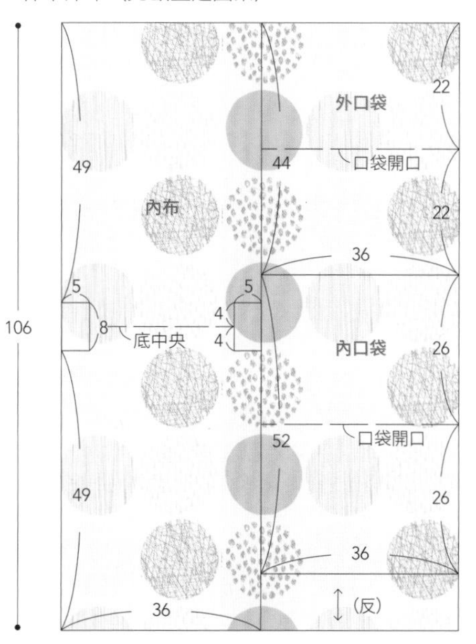

作法

※單位是cm。

1 在PP織帶上安裝插扣和日型環

❶ 把37 cm的PP織帶穿過插扣的公扣，邊端摺三摺車縫固定。

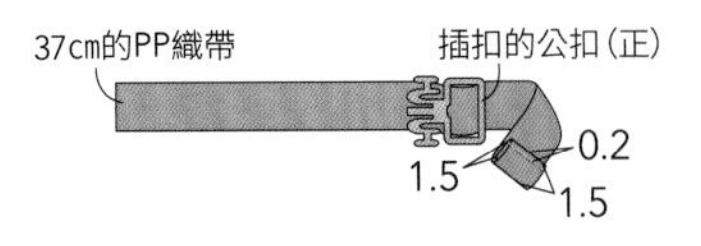

❷ 把42 cm的PP織帶穿過日型環，如圖將邊端摺三摺車縫固定。接著穿過插扣的母扣，再穿過日型環。

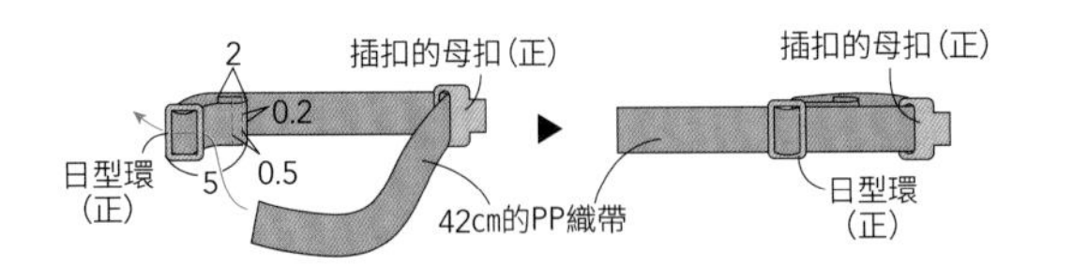

2 製作外袋

❶ 把外口袋從口袋開口反反相對摺好。把口袋開口摺疊起來車縫固定。這一面就是外側。

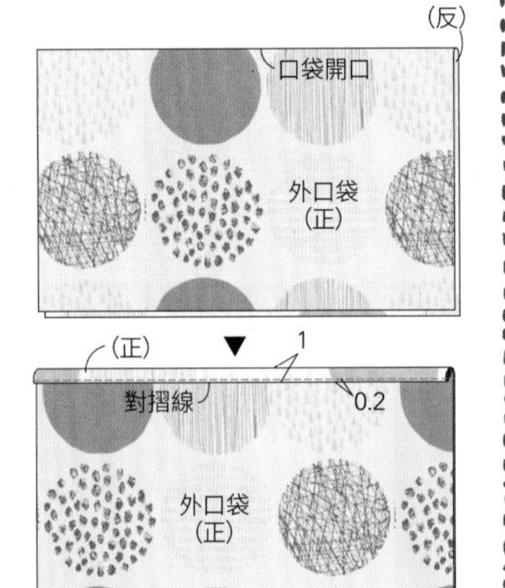

❷ 把❶對著1片外布的正面疊好，在兩側假縫固定。

❸ 在外口袋的中央把37cm的PP織帶對齊疊好，車縫固定。

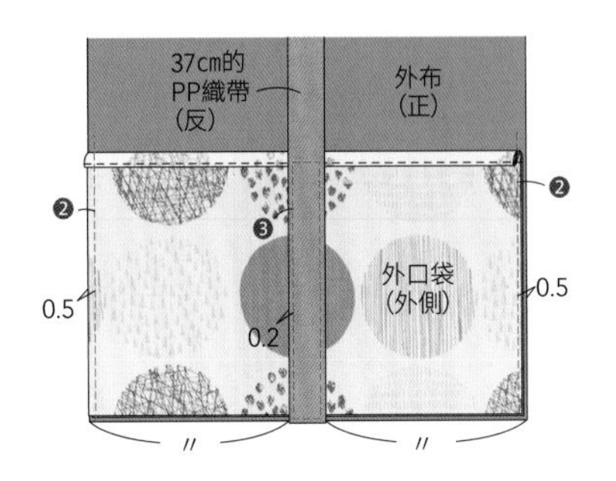

❹ 在另1片外布的正面，把背包配件的合成皮擺好。在當中夾入42cm的PP織帶，在外布的反面放上襯布，將合成皮部分縫合固定。

❺ 把背包配件的織帶在下端的2個位置假縫固定。

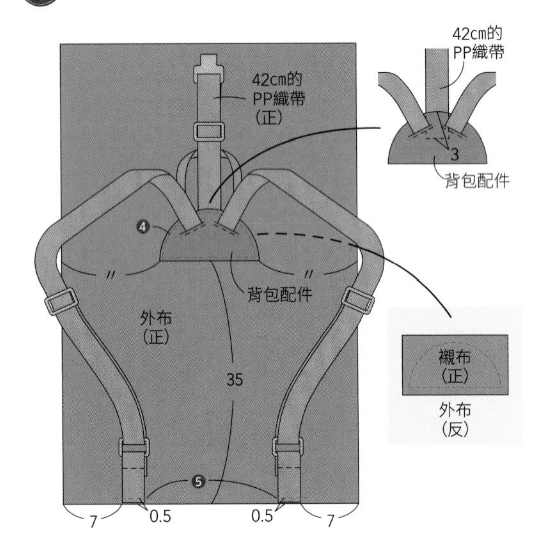

❻ 在❺的下側把底部正正相疊車縫起來。

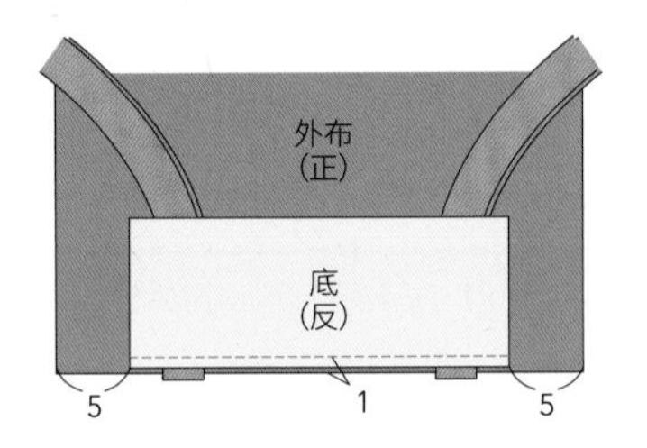

❼ 把另1片外布也同樣地車縫起來。

❽ 把❻和❼的布攤開，在底部的邊緣車縫壓線。

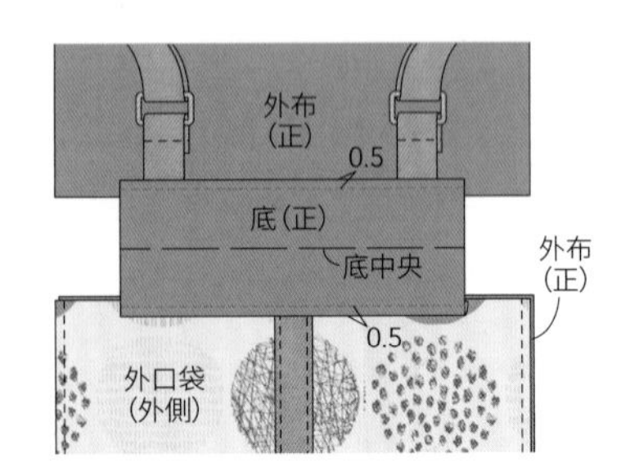

❾ 把❽從底中央正正相對摺好，車縫兩側。縫份倒向後側。

❿ 把側邊和底中央對齊疊好，車縫側襠。完成外袋。

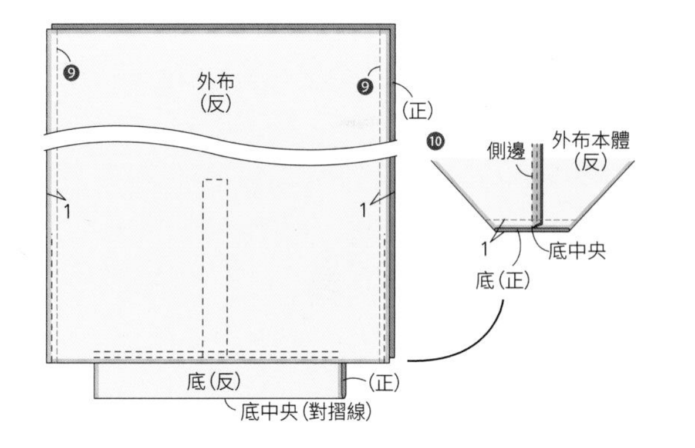

❹ 把內布從底中央正正相對摺好，預留返口之後車縫兩側。縫份倒向前側。

❺ 把側邊和底中央對齊疊好，車縫側襠。完成內袋。

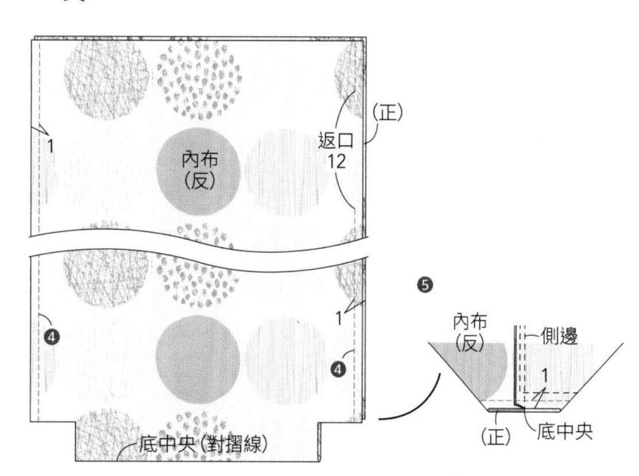

3 製作內袋

❶ 和2-❶同樣地縫製內口袋。

❷ 在內布本體的正面，如圖重疊車縫。

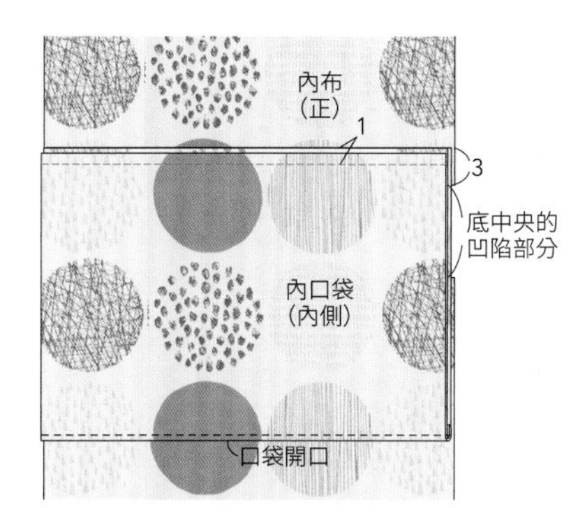

❸ 把❷翻起，車縫3邊。這一面就是後側（背部側）。

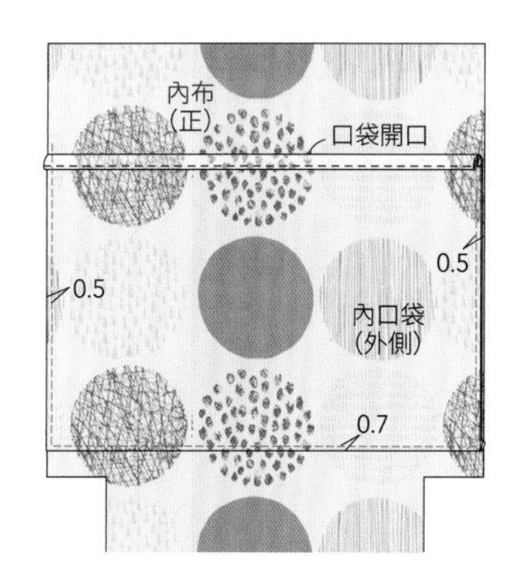

4 把外袋和內袋縫合

❶ 把外袋和內袋正正相對套合，拉齊上端之後車縫1圈。縫份倒向外袋側，從返口翻回正面（P18 1 的作法4－❶～❸）。

❷ 把❶的接縫在內側錯開之後，將袋子的上端如圖摺入，在邊緣車縫1圈。以ㄇ字形縫法將返口縫合。完成。

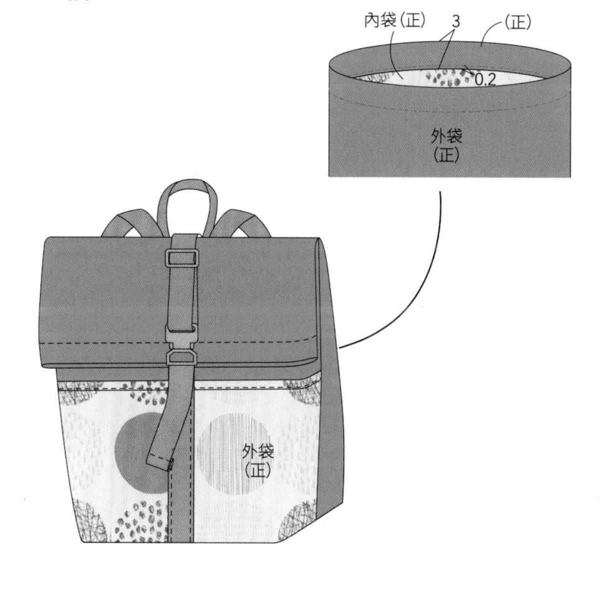

三角側襠包款

底部以風琴摺的摺法車縫的話，兩側就會自然形成三角形的側襠。是一款充滿設計感的可愛包款。

basic 11

2way肩背包

內口袋、背帶內側以及兩側的縫份收尾都使用同樣的花布，讓素色的包包更具特色。

作法…第46頁

郵差包

可斜背的掀蓋式大包包。不經意展現掀蓋的背面和內袋使用的黃色布料是重點所在。

作法…第51頁

包中包

口袋眾多的迷你小包，最適合用來收納包包裡的零碎物品。也可當作大型的化妝包使用。

作法…第53頁

HOW TO MAKE

basic 11

▶▶第44頁

2way肩背包

難易度 ★★☆

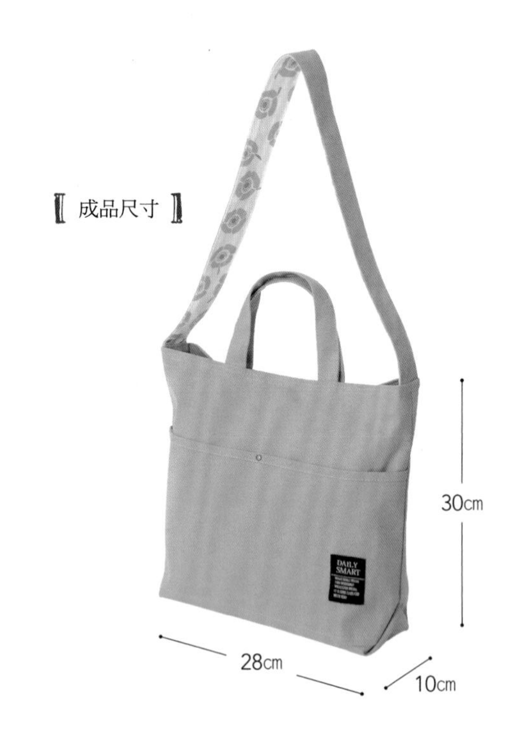

【材料】
11號帆布（芥末色）………86cm×80cm
棉牛津布（花朵圖案）………29cm×80cm
標籤………寬5cm×3.8cm
磁釦（直徑1.4cm）………1組
雙面固定釦（中・腳長6mm）………1組

【工具】 橡膠墊板、座台、固定釦斬、錐子、鐵鎚

【裁剪方法和尺寸】 ※單位是cm。

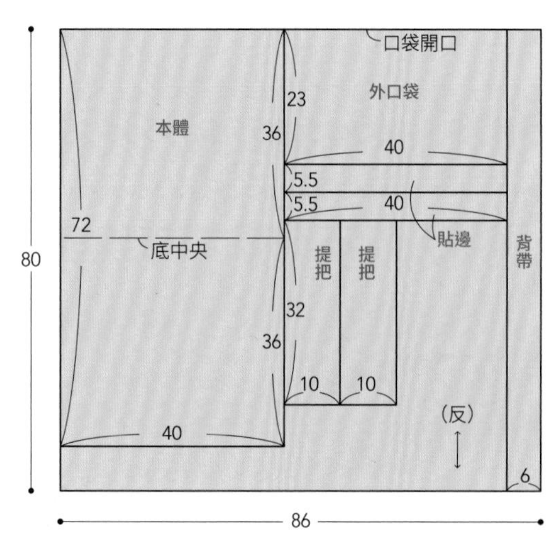

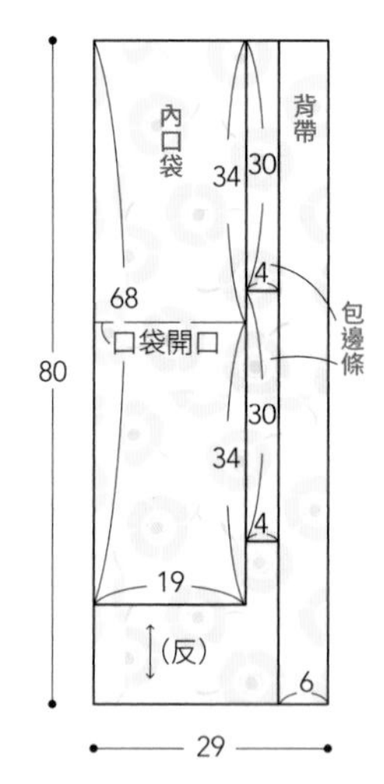

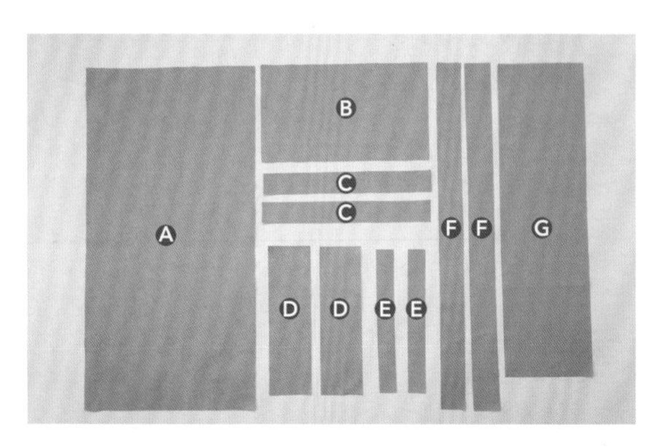

Ⓐ本體、Ⓑ外口袋、Ⓒ貼邊2片、Ⓓ提把2片、Ⓔ包邊條2片、Ⓕ背帶2片、Ⓖ內口袋

作法　※單位是cm。

1 製作提把、背帶、貼邊、包邊條

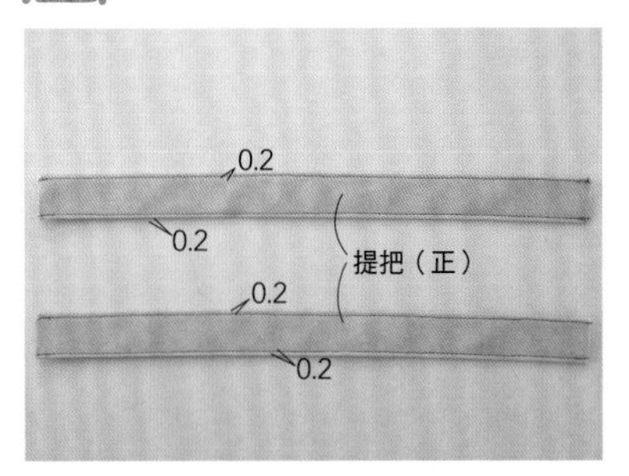

❶ 把提把摺成四摺，車縫上下邊緣，共製作2條（P18 1 的作法 1）。

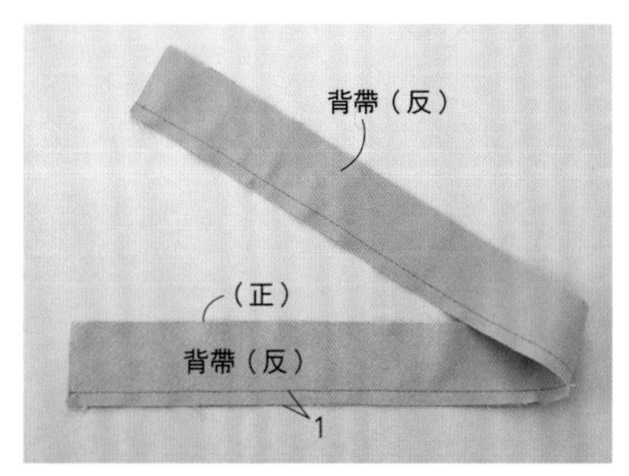

❷ 把2片背帶正正相對疊好，車縫下端。

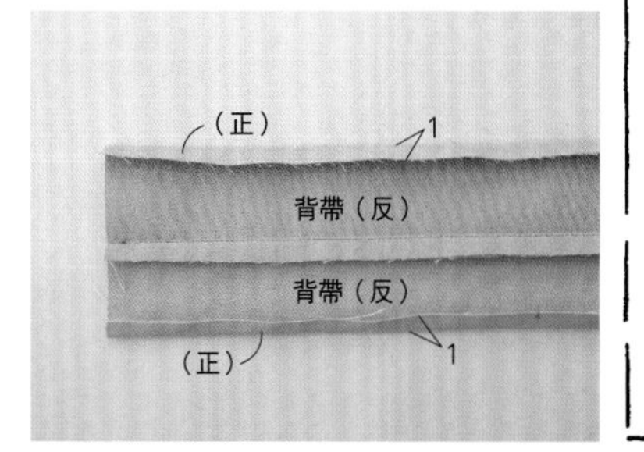

❸ 把❷翻開，攤開縫份，將上下的邊端往內側摺疊1cm。

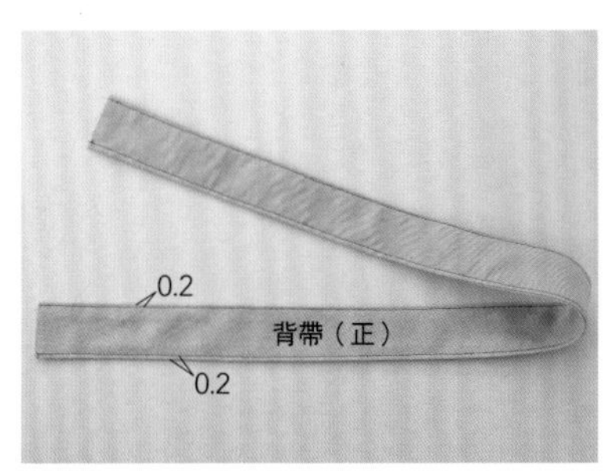

❹ 反反相對摺好，車縫上下的邊緣。完成背帶。

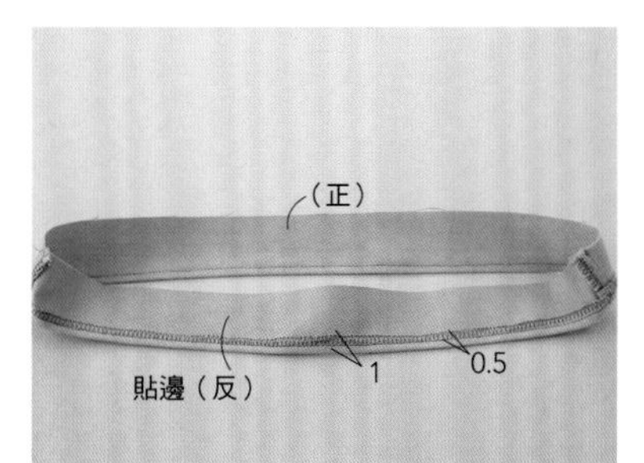

❺ 製作貼邊（P29 4 的作法 3 －❶～❹）。

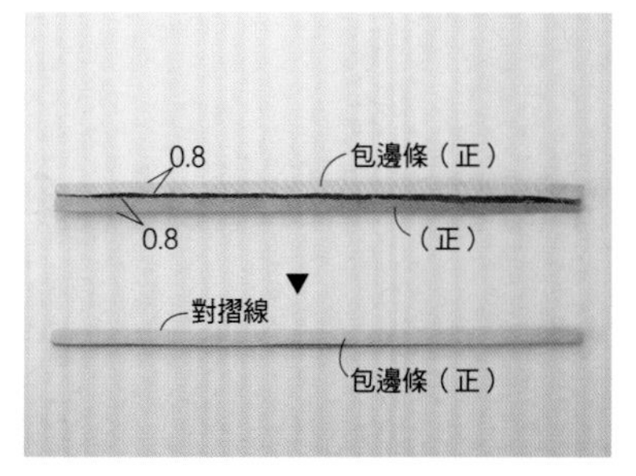

❻ 用熨斗把包邊條的上下往反面摺疊之後，再摺成兩半。

2 製作內口袋

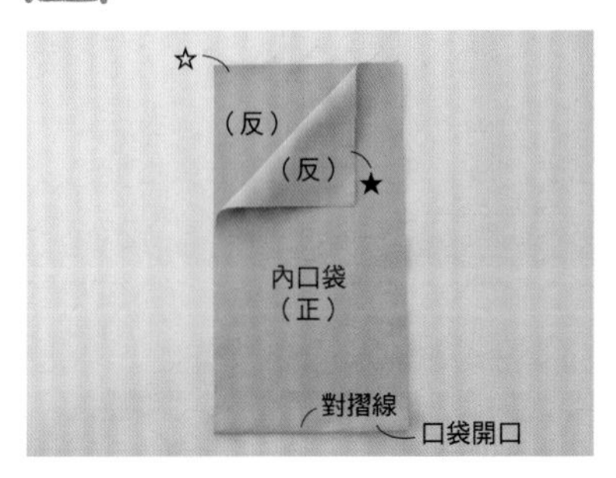

❶ 把內口袋從口袋開口反反相對摺好。

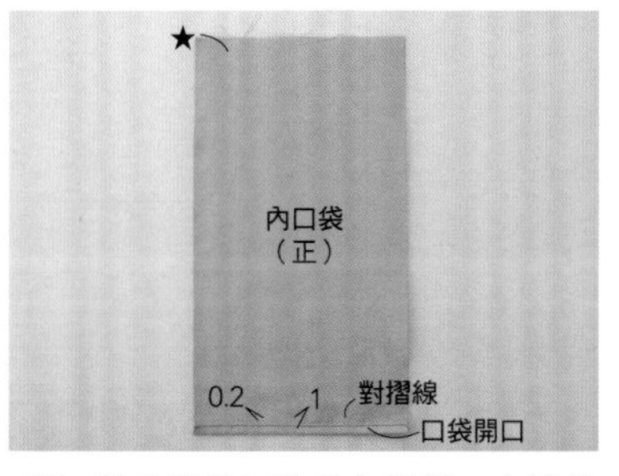

❷ 把口袋開口往前方摺疊，在邊緣車縫壓線。

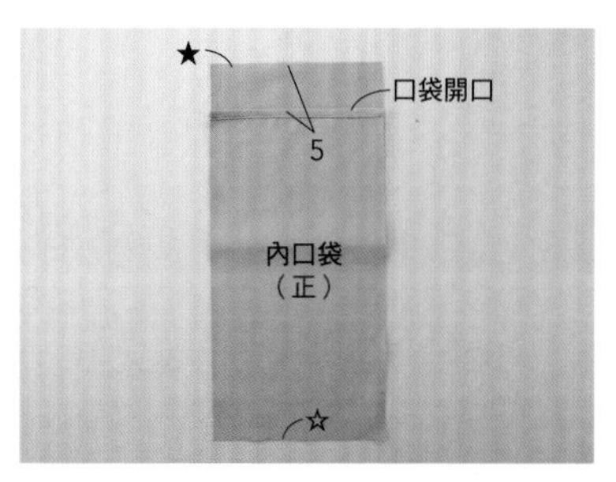

❸ 把口袋開口向上摺起，將底下那1片往前方拉出。

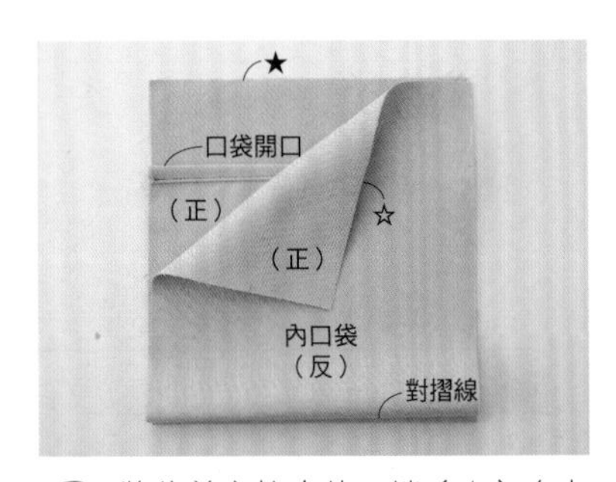

4 將往前方拉出的一端（☆）向上摺起，和後側端（★）對齊疊好。

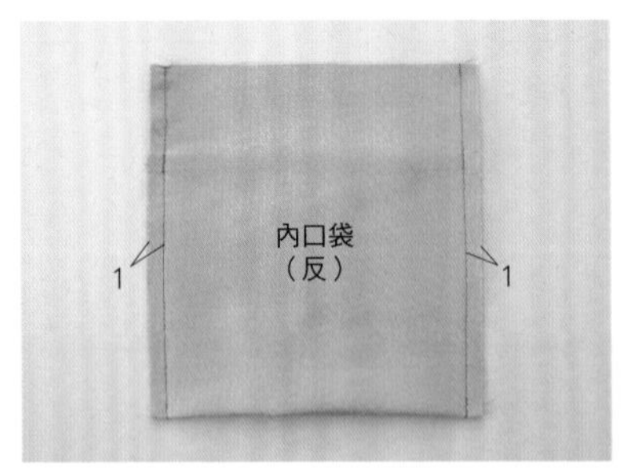

5 車縫兩側。

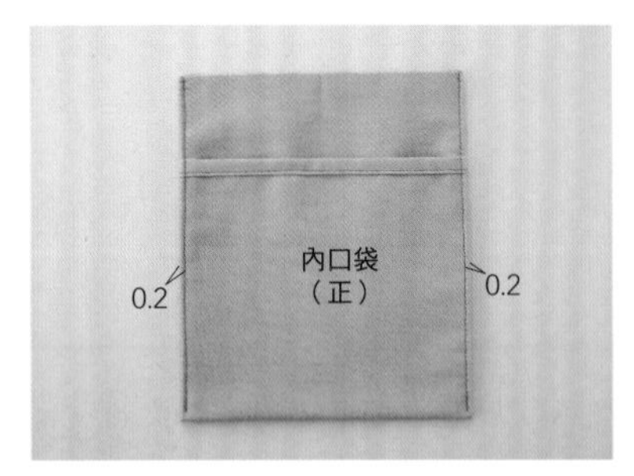

6 翻回正面，讓口袋開口位在外側，在邊緣車縫壓線。完成內口袋。

3 縫上外口袋

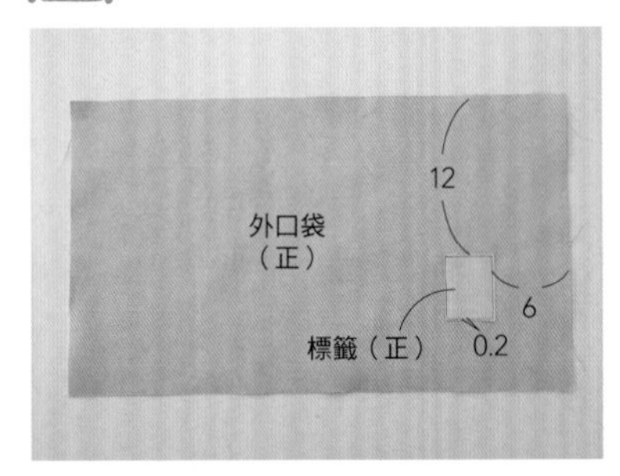

1 在外口袋的正面縫上標籤。

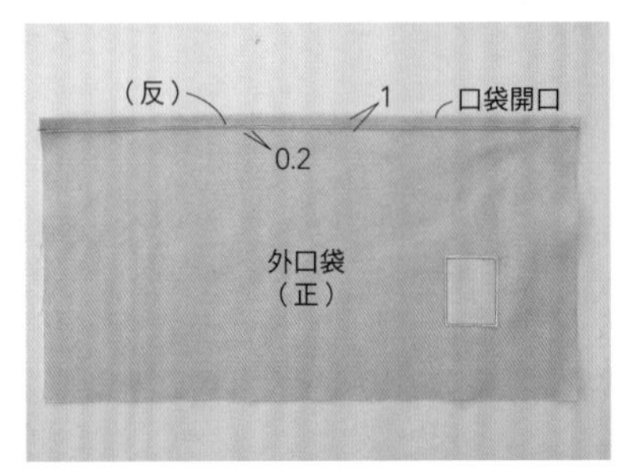

2 把口袋開口往正面摺三摺，在邊緣車縫固定。

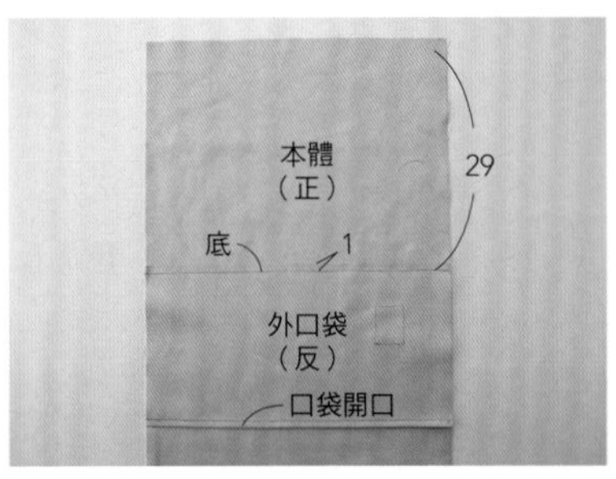

3 把本體正正相對疊好，車縫底側。

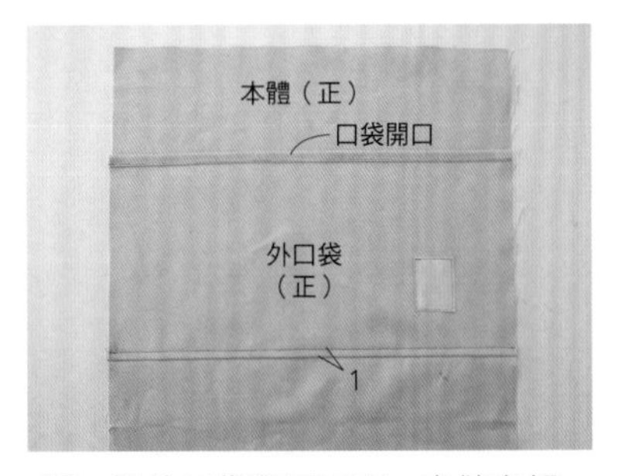

4 把外口袋翻回正面，車縫底部。

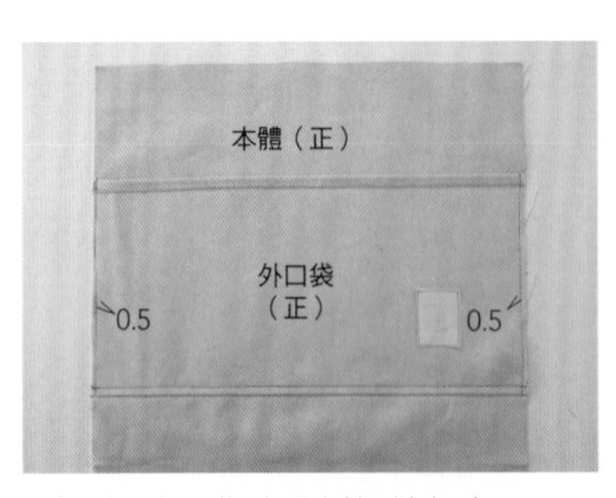

5 把外口袋的兩側假縫起來。

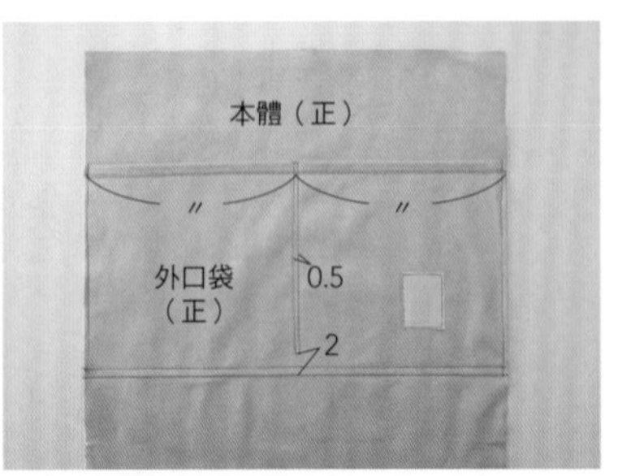

6 接著車縫中央的分隔部分。這一面就是前側。

4 縫製本體

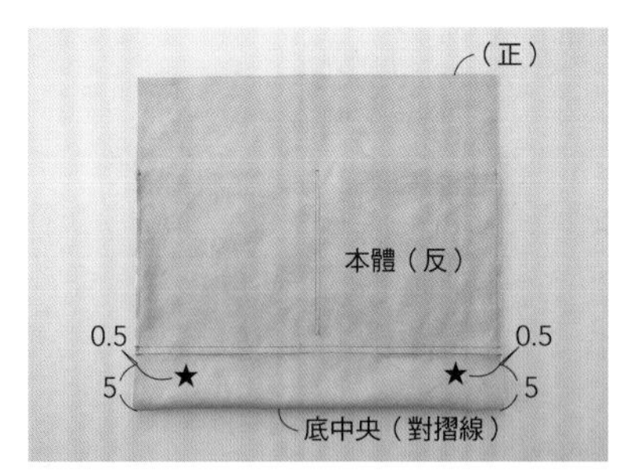

❶ 把本體正正相對摺成兩半。在距離底中央5㎝處，2片一起剪出0.5㎝的牙口。

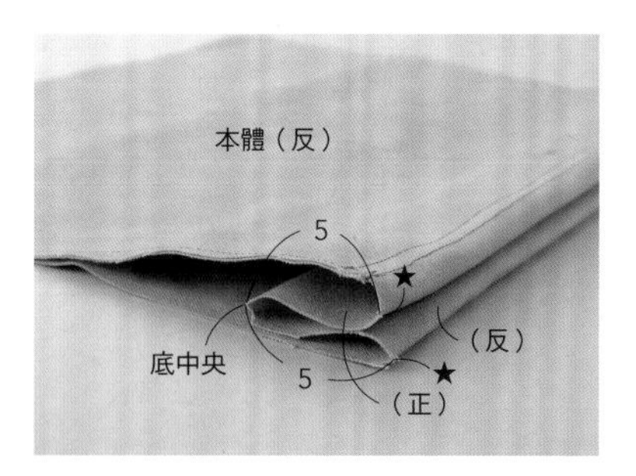

❷ 從底中央把5㎝摺進內側，摺疊成風琴狀。❶的牙口(★)之間的部分就是底部。

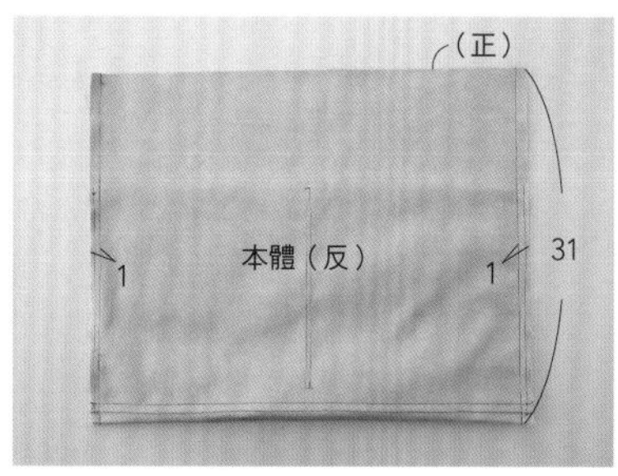

❸ 車縫兩側。

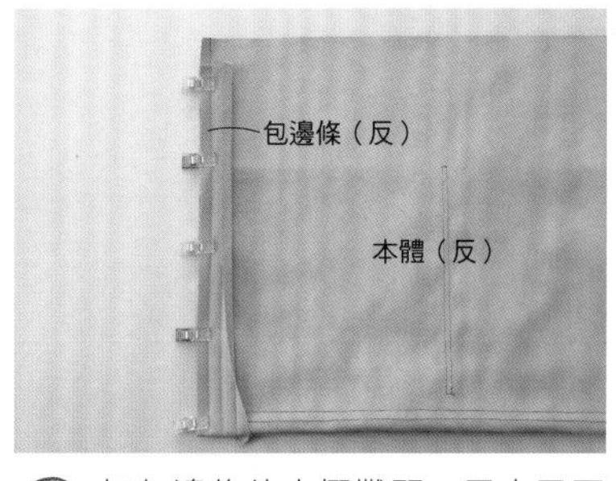

❹ 把包邊條的山摺攤開，用夾子固定。下端摺到另一側去。

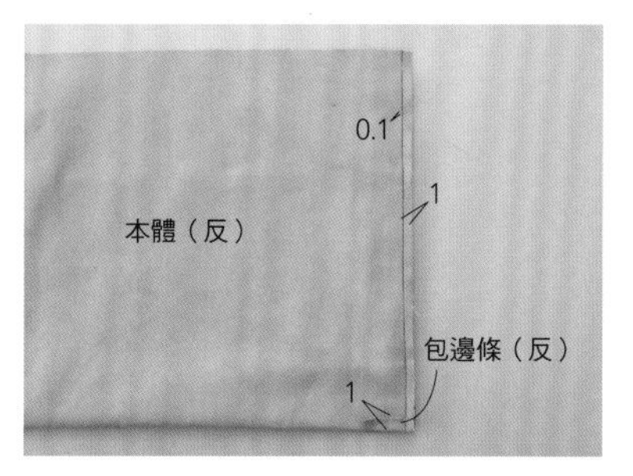

❺ 翻到另一側，在❸的縫線外側的0.1㎝處車縫壓線。

Point 以側邊的縫線為基準車縫的話，線跡就不會超出包邊條，看起來更美觀。

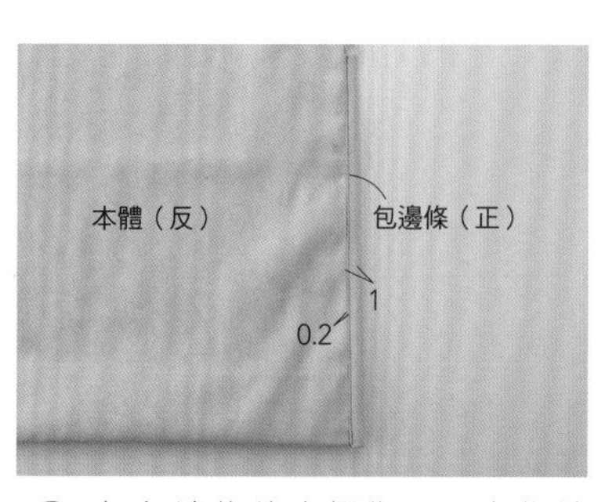

❻ 把包邊條的山摺復原，夾住縫份，在❺的縫線上重疊沿邊車縫壓線。完成袋身。

5 接合貼邊修飾完成

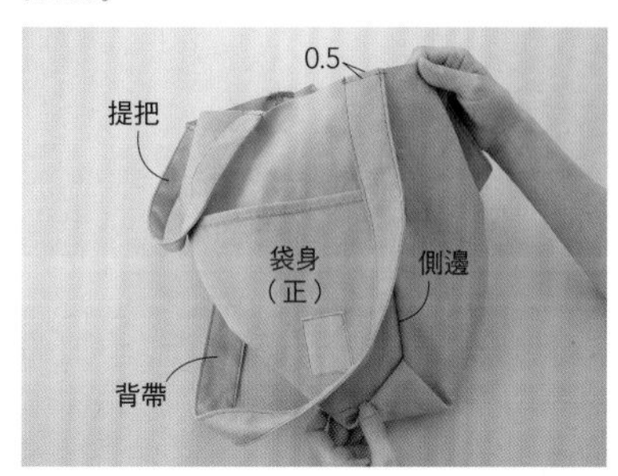

❶ 把袋身翻回正面後，在袋口將提把假縫固定(P18 1 的作法 2 - ❻)。在兩側，把背帶的中央分別對齊疊好，假縫固定。

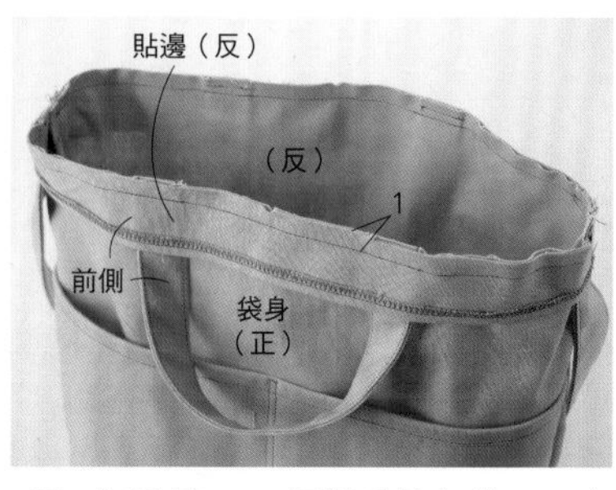

❷ 把貼邊正正相對重疊在袋口，車縫1圈。

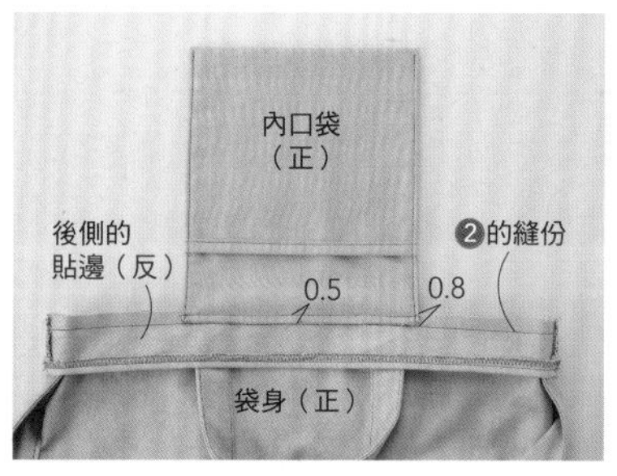

❸ 在後側的貼邊的❷的縫份上把內口袋的中央對齊疊好，假縫固定。

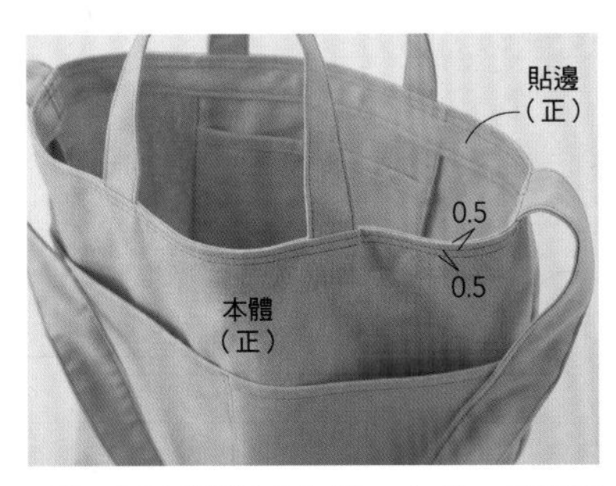

4 把貼邊翻回內側，在袋口車縫2圈。

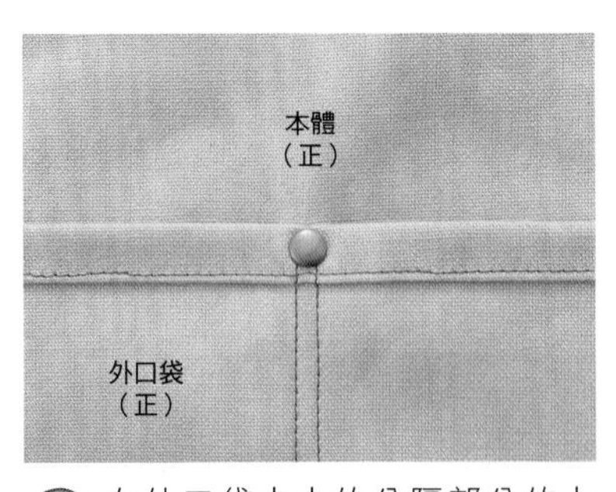

5 在外口袋中央的分隔部分的上方，安裝固定釦（見下方「固定釦的安裝方法」）。

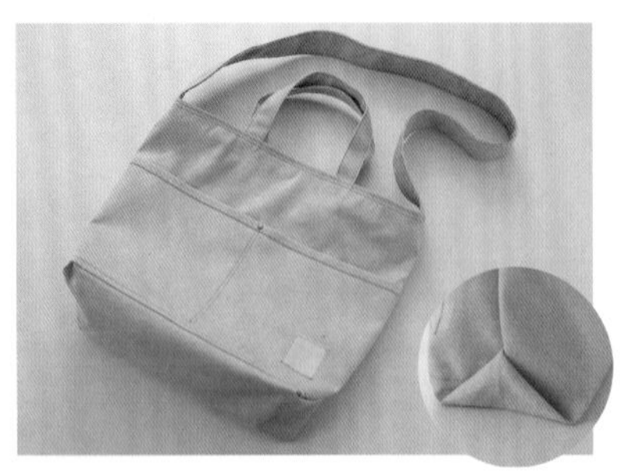

6 安裝磁釦（P32「磁釦的安裝方法」）。完成。

固定釦的安裝方法

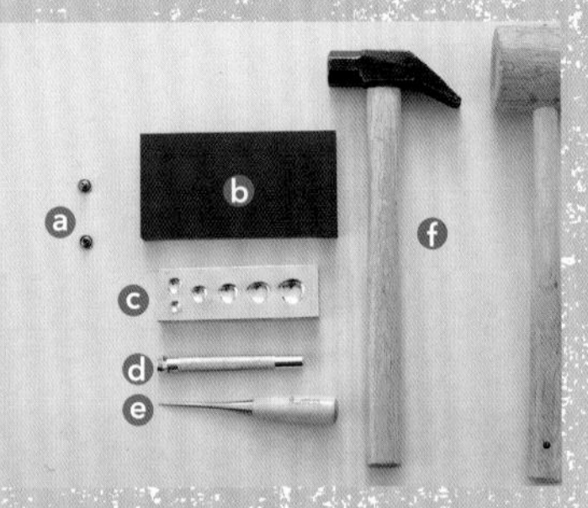

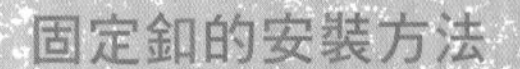

[需要的用具]

ⓐ固定釦（上／公釦、下／母釦）、ⓑ橡膠墊板、ⓒ座台、ⓓ固定釦斬、ⓔ錐子、ⓕ鐵鎚

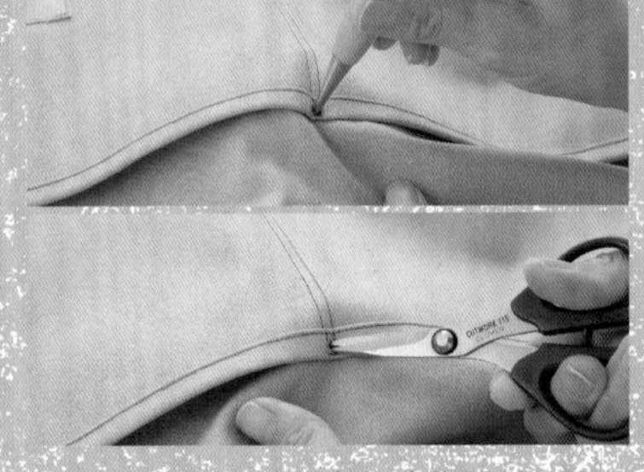

1 在想要安裝固定釦的位置從正面用錐子鑽洞。把鑽洞部分的布料織線用剪刀剪斷。

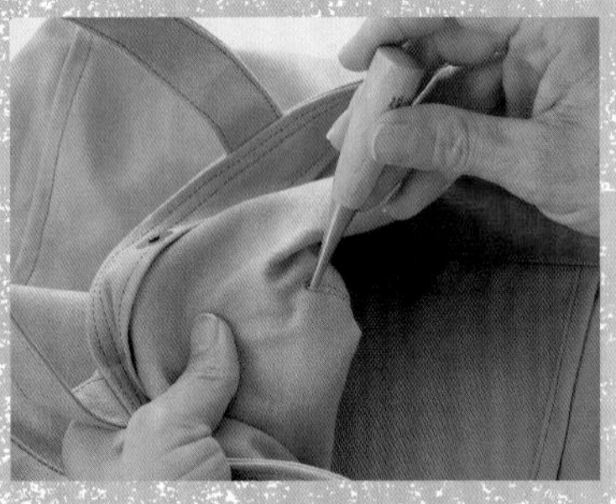

2 從反面用錐子鑽洞。

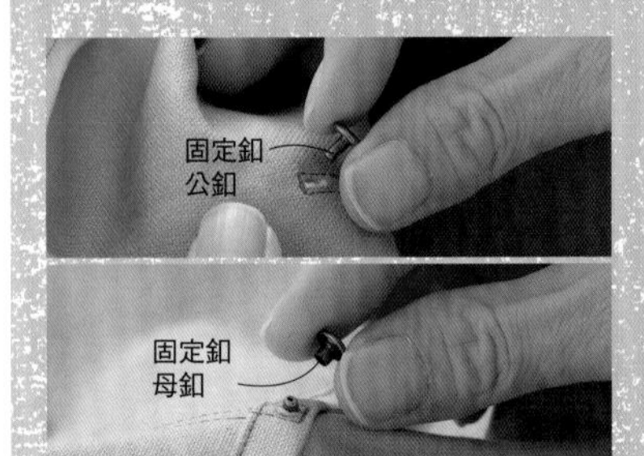

3 從洞的反面把固定釦公釦（腳比較長的那個）的釦腳插入。從正面把母釦（面蓋）蓋好。

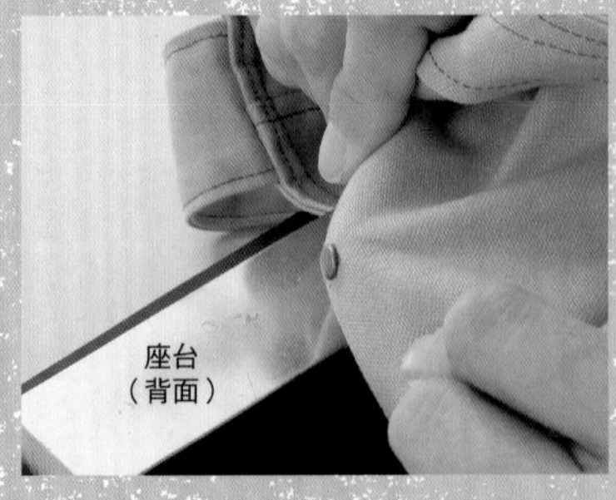

4 把座台背面朝上放在橡膠墊板上，將固定釦的背面（公釦）貼著座台擺好。

Point 使用座台背面的平坦面，是為了讓固定釦的背面變平。

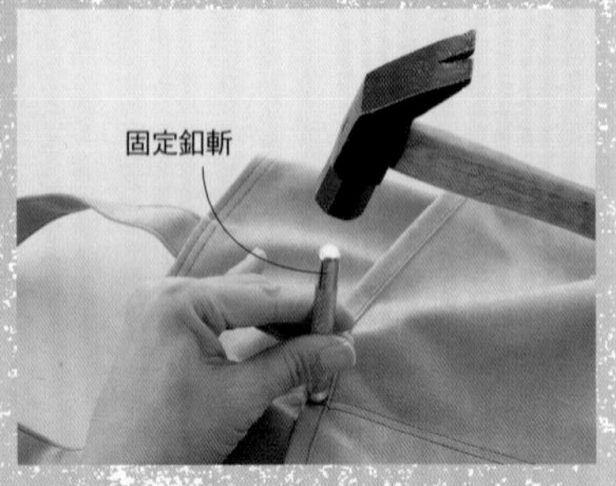

5 把固定釦斬垂直擺好，從上方用鐵鎚敲打。

▶▶第45頁／實物大紙型A面

arrange 12

郵差包

難易度 ★★☆

【成品尺寸】
橫寬30cm×高30cm×側襠10cm
（不含背帶）

【材料】
亞麻混紡牛仔布（海軍藍）
………58cm×112cm
棉絨面呢（芥末色）………80cm×72cm
棉牛津布（直條紋圖案）………38cm×6cm
標籤（喜愛的樣式）………寬1.3cm×4.3cm
皮革（咖啡）………5cm×3cm

TYPE 3 三角側襠包款

【裁剪方法和尺寸】※單位是cm。

亞麻混紡牛仔布（海軍藍）

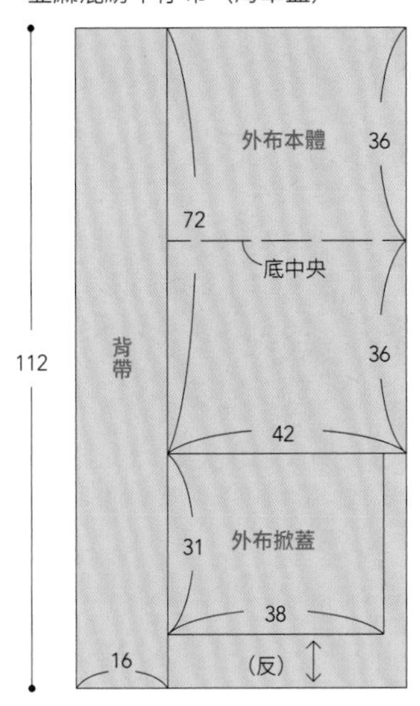

棉牛津布（直條紋圖案）

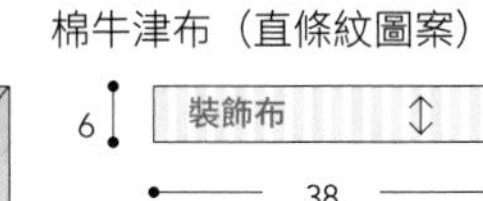

棉絨面呢（芥末色）

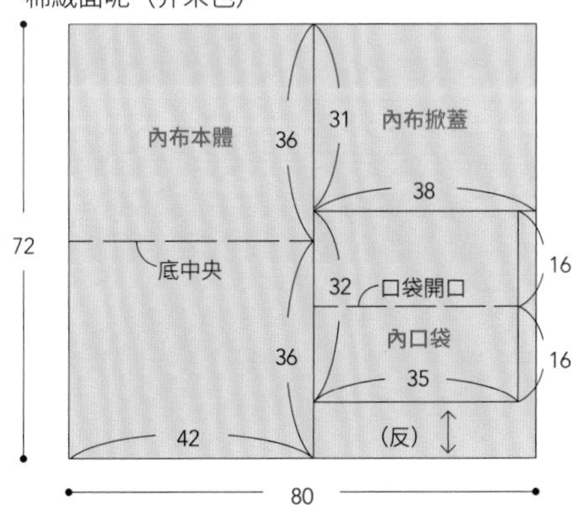

作法 ※單位是cm。

1 製作背帶

1. 把背帶摺成四摺（P18 1 的作法 1－❶）。
2. 在兩邊各車縫2道線。

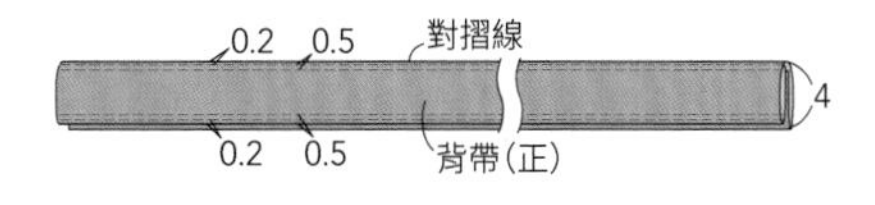

2 製作掀蓋

1. 在外布掀蓋的左下角和右下角放上部分紙型，畫線。沿線裁剪。

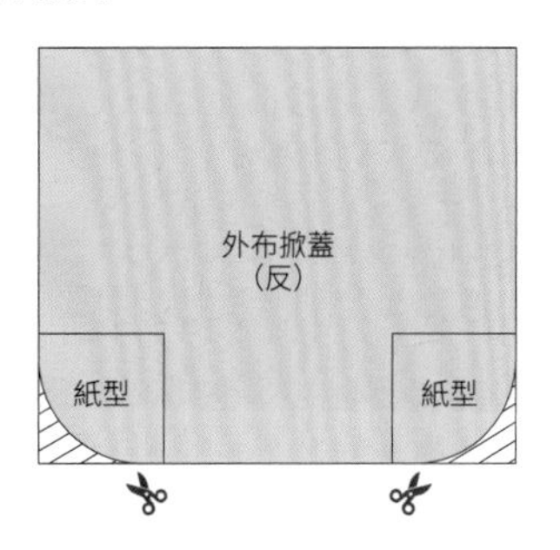

2. 把內布掀蓋也同樣地裁剪好。
3. 把裝飾布的上下端摺到反面，用熨斗燙出摺痕。

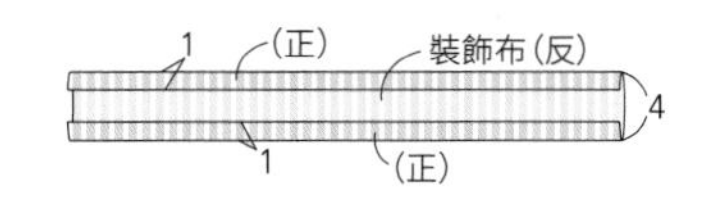

❹ 在外布掀蓋的正面疊上裝飾布，車縫上下的邊緣。

❺ 把皮革反反相對摺成兩半，假縫固定在裝飾布上。

❻ 在裝飾布上縫上標籤。

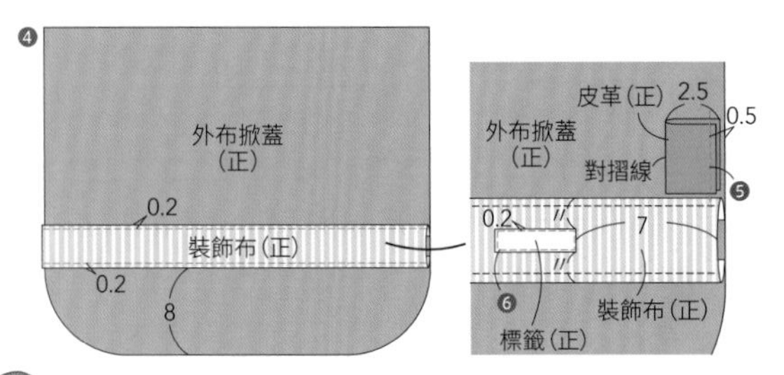

❼ 把外布掀蓋和內布掀蓋正正相對車縫。

❽ 在曲線部分的縫份剪出牙口。

❾ 把曲線部分的縫份剪掉0.5cm。

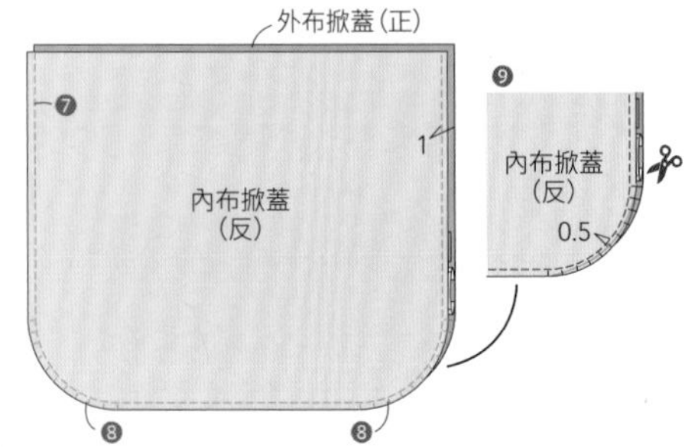

❿ 翻回正面，在邊緣車縫壓線。

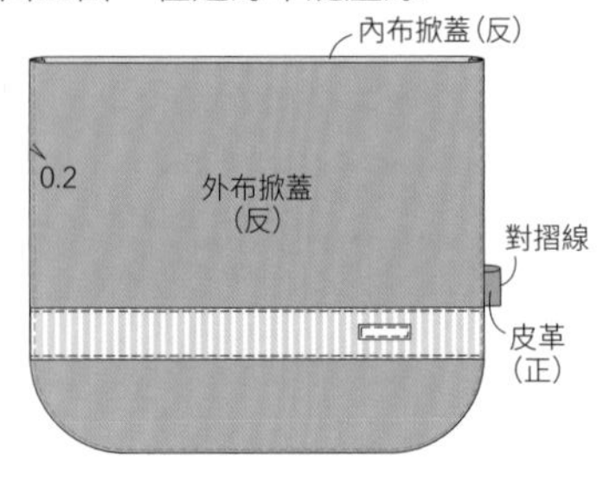

3 製作口袋

❶ 把內口袋正正相對疊好，預留返口之後車縫（P58 14 的作法 3－❶）。翻回正面，把口袋開口往前方摺疊，在邊緣車縫壓線。這一面就是正面。

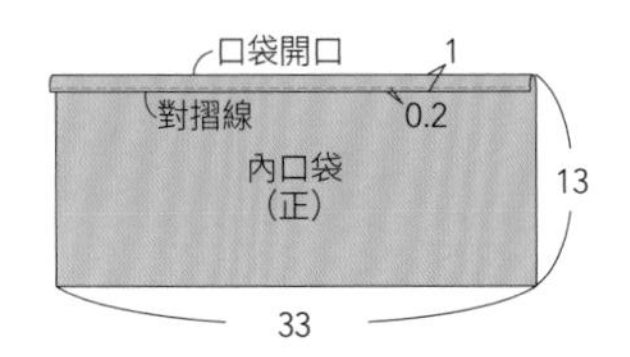

❷ 把內口袋的左側摺到背面，車縫邊緣。

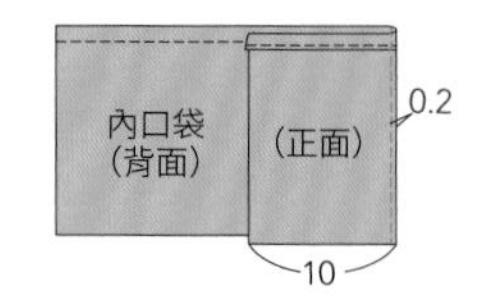

❸ 如圖摺疊之後，用熨斗燙平。

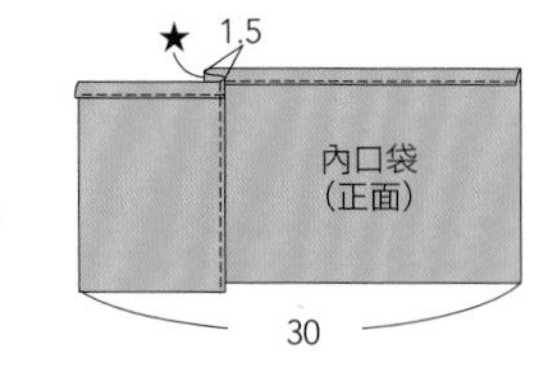

❹ 把❸的摺痕打開，疊放在內布本體的正面車縫起來。

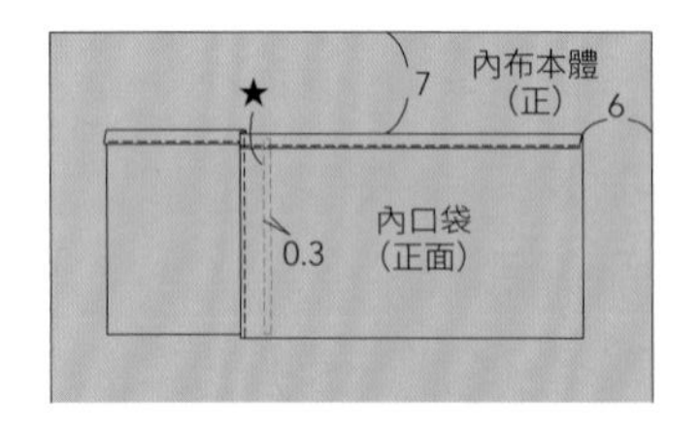

❺ 依摺痕摺好，車縫3邊（P58 14 的作法 3－❸）。

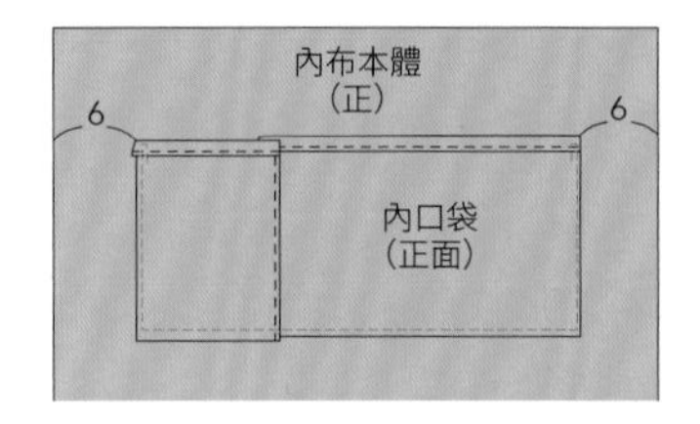

4 製作外袋和內袋

❶ 把外布本體正正相對疊好，底部摺疊成風琴狀，車縫兩側（P46 11 的作法 4－❶～❸）。完成外袋。

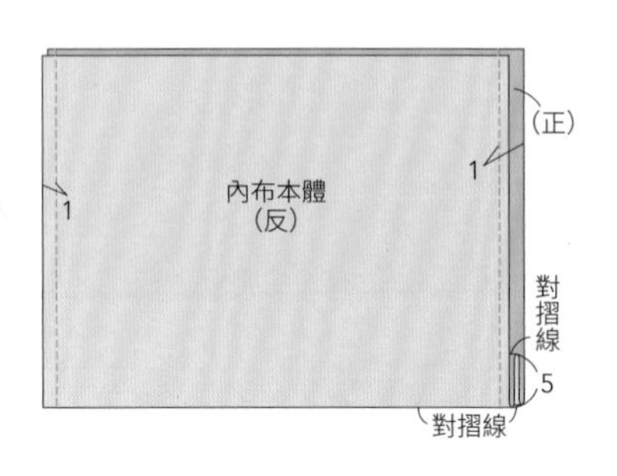

2 把內布本體正正相對疊好，將底中央往前方摺疊。預留返口之後車縫兩側。完成內袋。

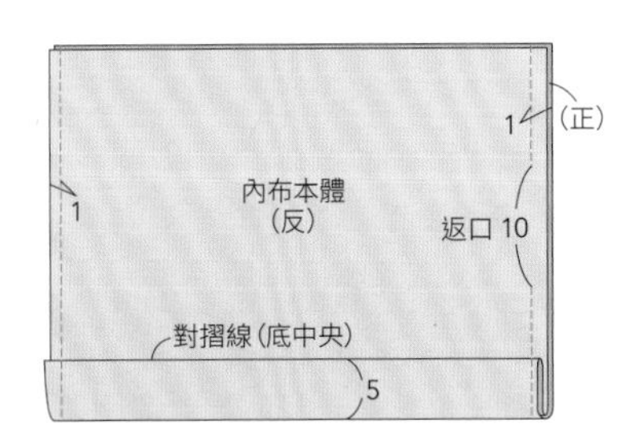

5 把外袋和內袋縫合

1 把外袋翻回正面，將外布掀蓋側對著正面疊好，對齊中央之後假縫固定。

2 在外袋正面的兩側，把背帶的兩端分別假縫固定。

3 把外袋和內袋正正相對套合，對齊中央之後在袋口車縫1圈，從返口翻回正面（P18 1 的作法 4 －❶～❸）。

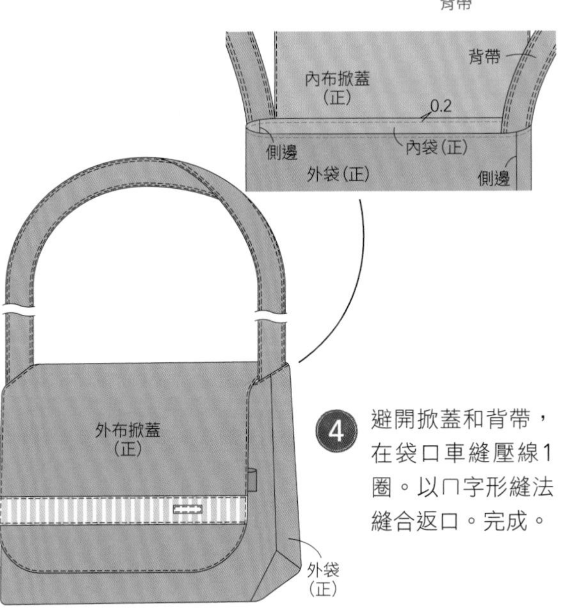

4 避開掀蓋和背帶，在袋口車縫壓線1圈。以ㄇ字形縫法縫合返口。完成。

arrange 13

▶▶第45頁

包中包

難易度 ★★☆

【成品尺寸】

橫寬21㎝×高15㎝×側襠6㎝

【材料】

棉牛津布（直條紋圖案）………58㎝×17㎝
棉牛津布（花朵圖案）………87㎝×30㎝
亞麻布（藍）………58㎝×38㎝
織帶（原色）………寬2㎝×63㎝
蕾絲緞帶（原色）………寬1.8㎝×63㎝、寬1.8㎝×5㎝

【裁剪方法和尺寸】※單位是㎝。

※把內布本體和內口袋的底中央的左右兩側分別剪成四方形。

棉牛津布（直條紋圖案）

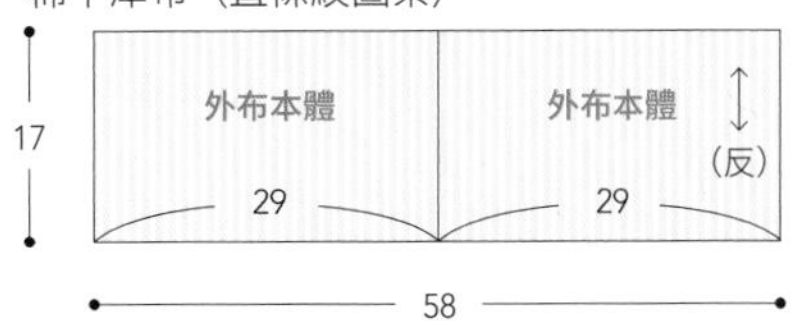

棉牛津布（花朵圖案）

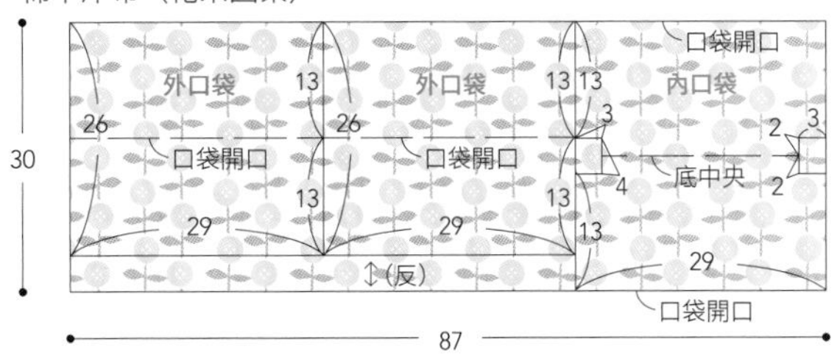

亞麻布（藍）

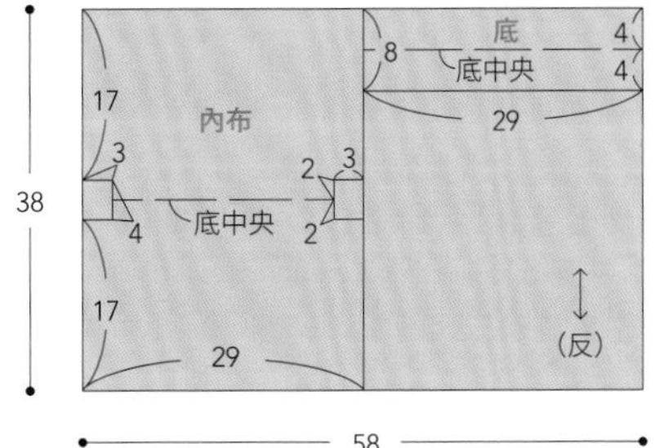

作法

※單位是㎝。

1 製作外袋

❶ 把1片外口袋從口袋開口反反相對摺好，把口袋開口往前方摺疊，在邊緣車縫固定。這一面就是正面。另1片也以同樣方式縫製。

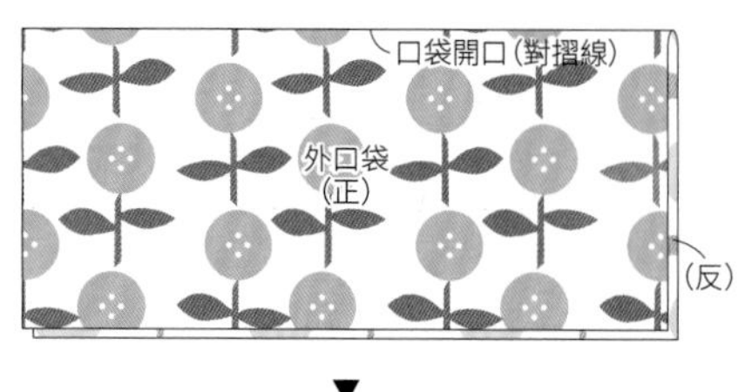

▼

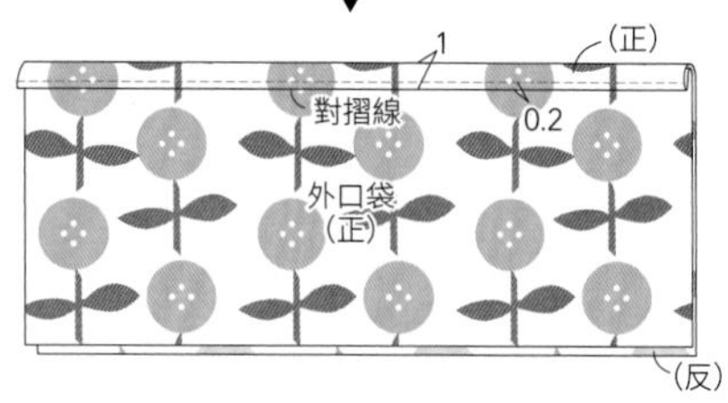

❷ 把1片外口袋正面朝上疊放於1片外布本體的正面，再將5㎝的蕾絲緞帶對摺放好，在兩側假縫固定。接著車縫2處的分隔部分。

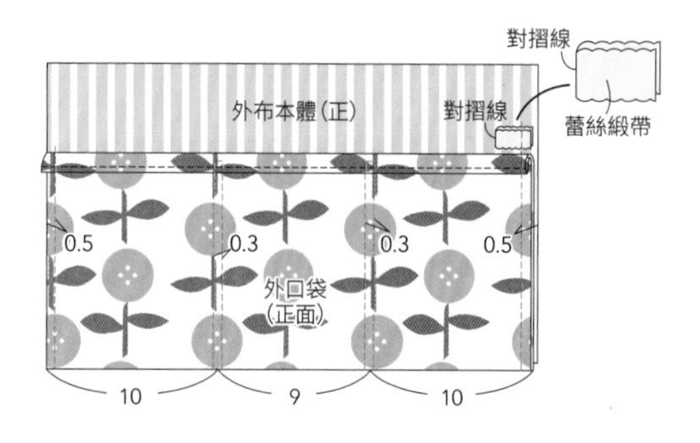

❸ 另1片的外布本體也疊放上外口袋假縫固定，車縫分隔部分。

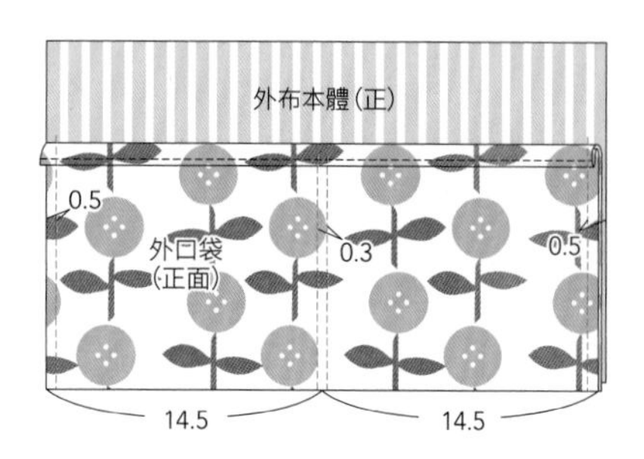

❹ 把1片外布本體從底部正正相對車縫起來。

❺ 在底的另一側，另1片外布本體也同樣地車縫。

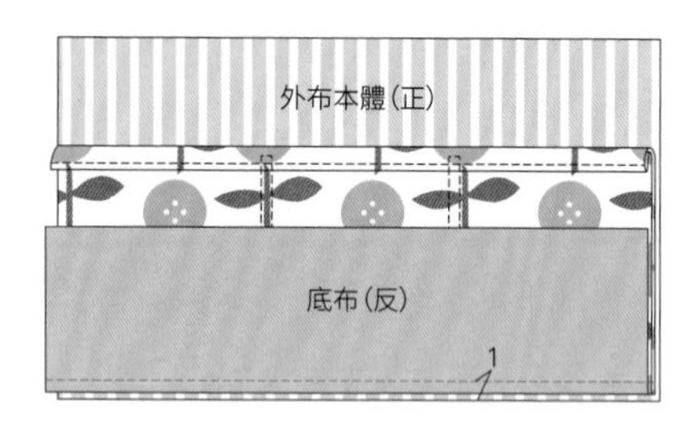

❻ 把外布本體正正相對疊好，底部摺疊成風琴狀，車縫兩側（P46 11的作法1－❶～❸）。攤開縫份。完成外袋。

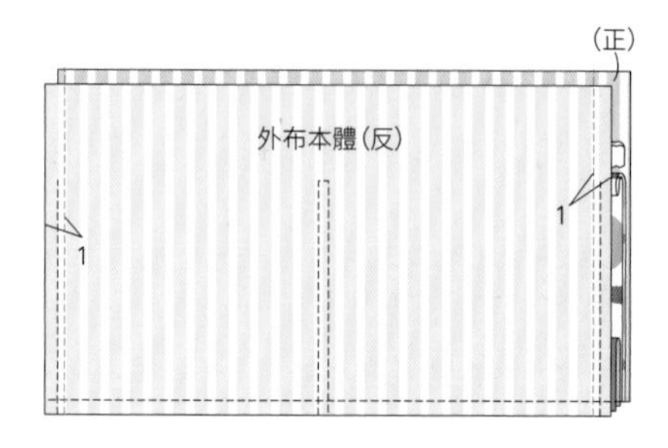

2 製作內袋

❶ 把內口袋上下的口袋開口分別往反面摺三摺，在邊緣車縫固定。

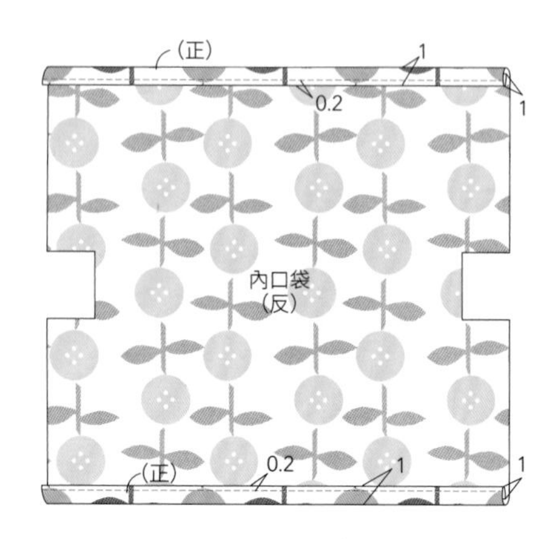

❷ 把內口袋正面朝上疊放在內布的正面，如圖車縫邊緣和分隔部分。

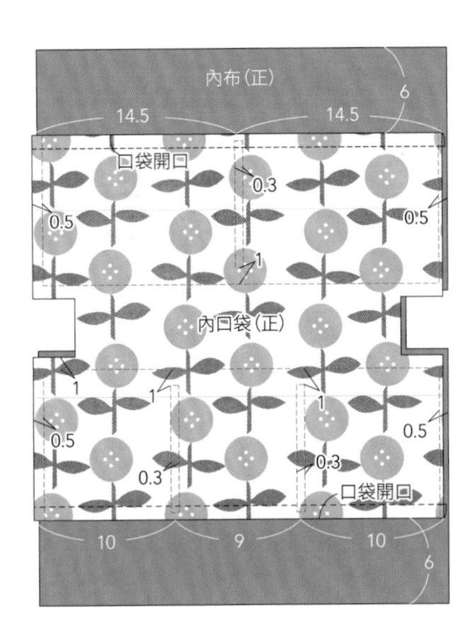

❸ 把內布從底中央正正相對摺好，預留返口之後車縫兩側。攤開縫份。

❹ 把側邊和底中央對齊疊好，車縫側襠。完成內袋。

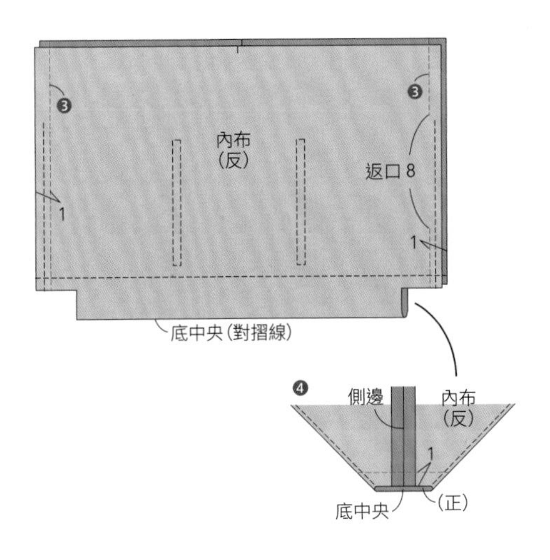

3 把外袋和內袋縫合，安裝提把

❶ 把外袋和內袋正正相對套合，拉齊袋口之後車縫1圈，再從返口翻回正面（P18 1 的作法 4－❶～❸）。

❷ 在織帶的中央疊上63cm的蕾絲緞帶，車縫兩邊。

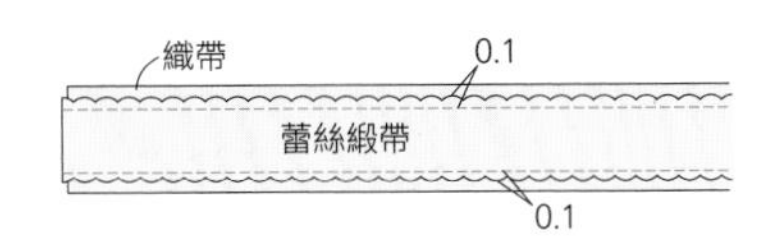

❸ 把❷正正相對摺成兩半，將織帶接合起來。攤開縫份。

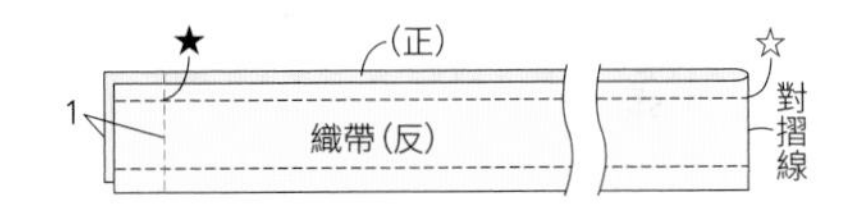

❹ 在外袋的兩側，把❸的接縫（★）和中央（☆）互相對齊，如圖車縫接合。

❺ 透過返口，在內袋上安裝磁釦（P32「磁釦的安裝方法」）。

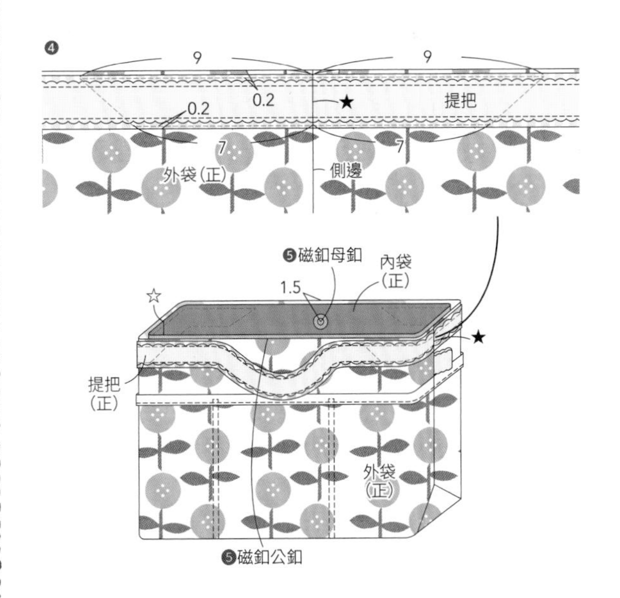

❻ 以ㄇ字形縫法將返口縫合。完成。

TYPE 4

側面接襠包款

把前後兩面和側襠所在的側面，用不同的表材製作之後
拼接縫合。還可以學習到曲線部分的車縫方法。

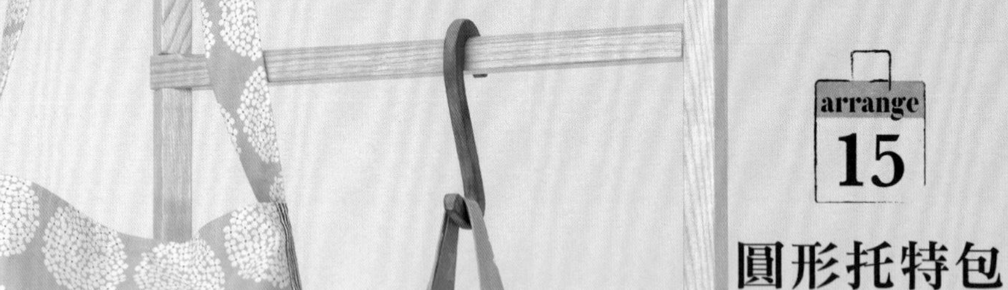

arrange 15

圓形托特包

在圓形的面上縫上側襠的可愛包包。加長的提把設計，可以肩背也可以手提。

作法…第62頁

basic 14

斜背包

沿著前後面的曲線邊緣，把側面車縫接合。加寬的背帶，在中央壓了裝飾線。

作法…第58頁

arrange 16

方形包

方塊造型的包包，看起來輕巧卻擁有強大的收納力。兩側方便的口袋是這款包包的特色所在。

作法…第64頁

掀蓋
橫長托特包

以掀蓋和皮革提把為重點特色的時尚托特包，是利用含膠襯棉來展現蓬鬆感。

作法…第66頁

掀蓋斜背包

由粗花呢、仿皮草、皮革三種截然不同的素材組合而成。最適合秋冬攜帶的包包。

作法…第68頁

HOW TO MAKE

▶▶第56頁／實物大紙型A面

斜背包

難易度 ★★☆

【成品尺寸】

25cm
22cm
10cm

【材料】
棉帆布（花朵主題圖案）………98cm×56cm
棉牛津布（直條紋圖案）………24cm×42cm
棉麻先染斯貝克（藏青）………92cm×66cm
標籤（喜愛的樣式）………寬1.3cm×4.3cm

【裁剪方法和尺寸】※單位是cm。
※外布本體和內布本體是利用紙型加上指定的縫份，
做出中央的記號之後進行裁剪。

棉帆布（花朵主題圖案）

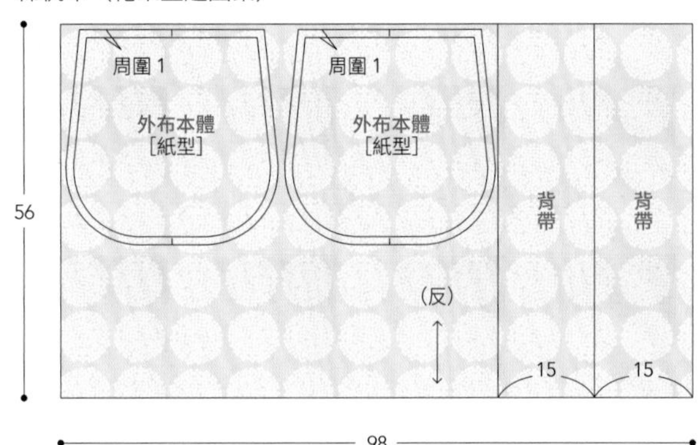

棉麻先染斯貝克（藏青）

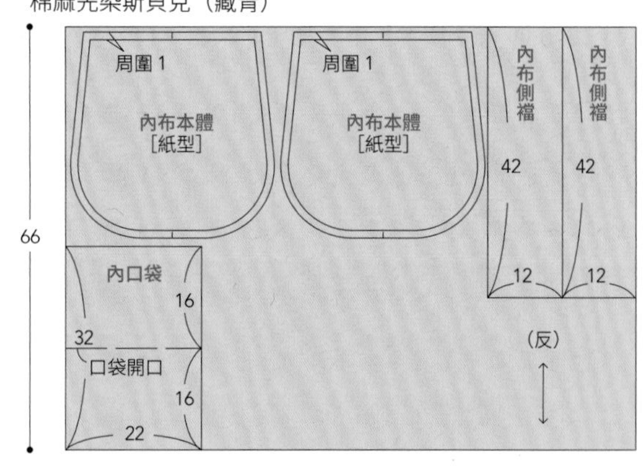

棉牛津布
（直條紋圖案）

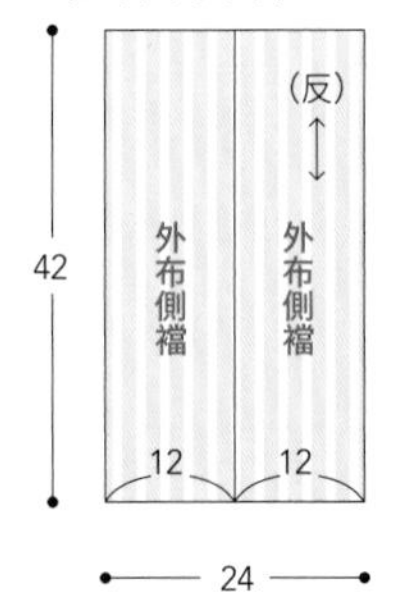

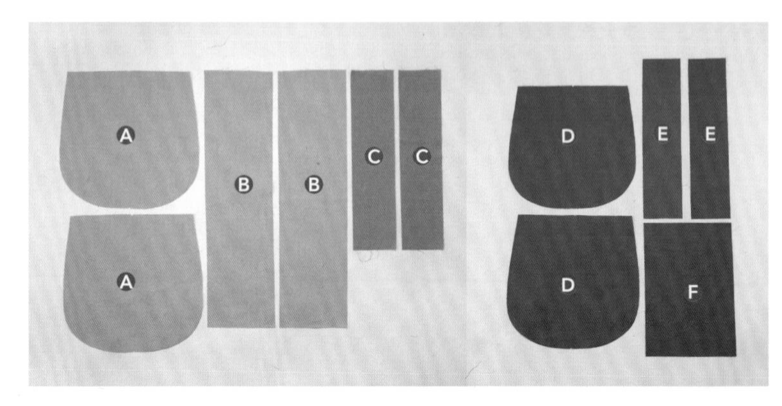

Ⓐ外布本體2片、Ⓑ背帶2片、Ⓒ外布側襠2片、Ⓓ內布本體2片、Ⓔ內布側襠2片、Ⓕ內口袋

作法 ※單位是cm。

1 製作背帶

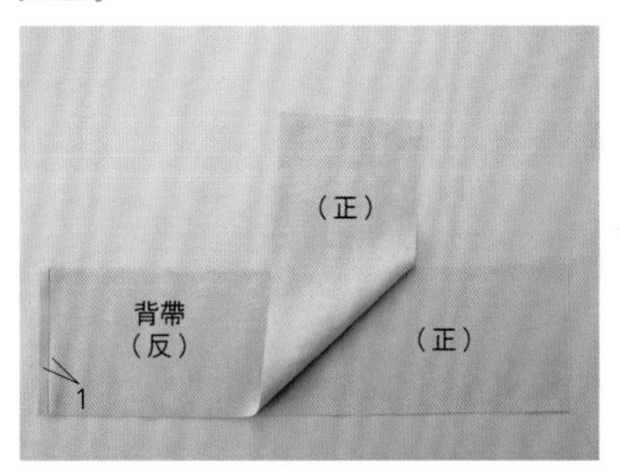

1 把2片背帶正正相對疊好，車縫邊端。

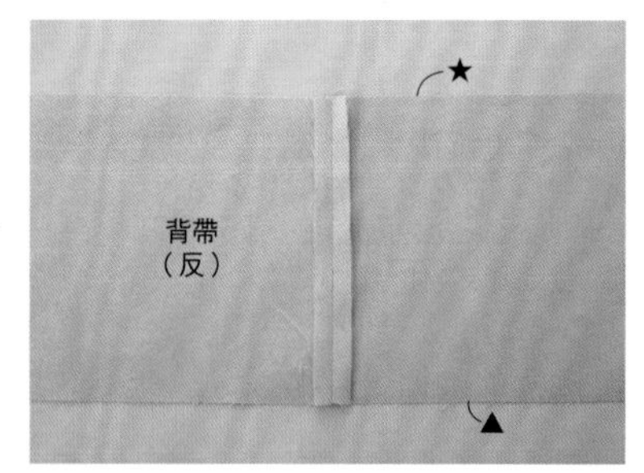

2 攤開縫份。

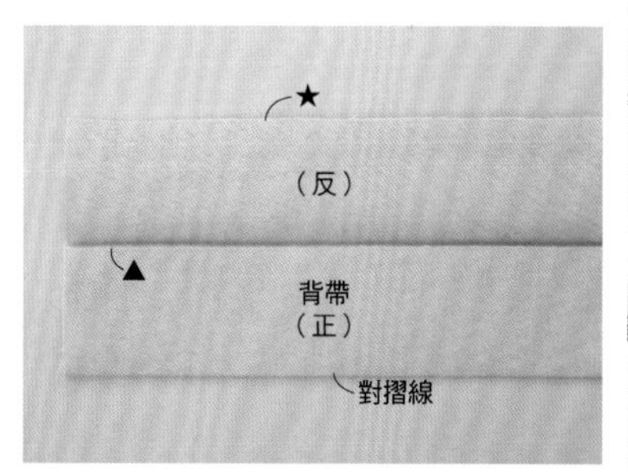

3 把背帶下側的1/3往反面摺疊。

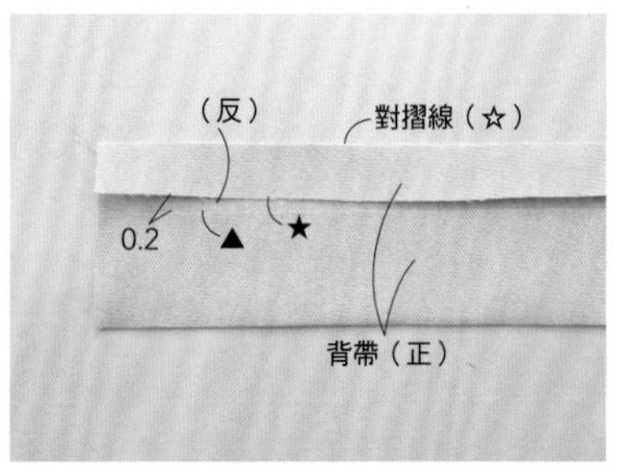

4 把上側的邊端往下摺，對齊3的摺起部分的邊端(▲)上方0.2cm的位置。

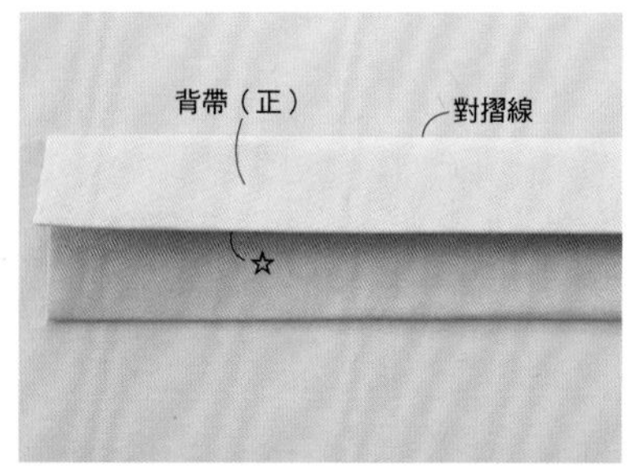

5 以3摺起的邊端作為摺線，把上端再次摺疊。這一面就是正面。

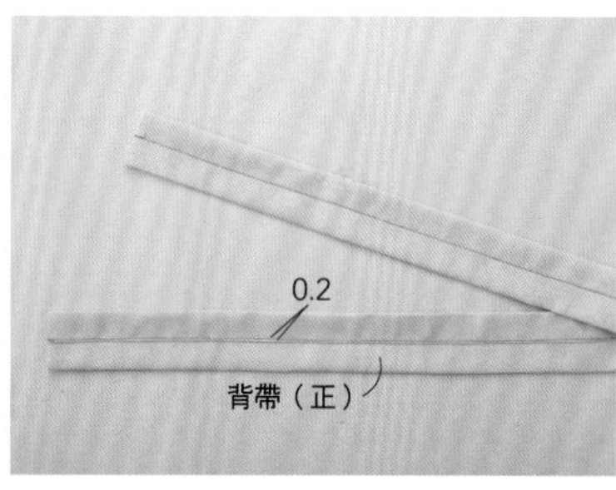

6 在摺疊部分的邊緣車縫壓線。完成背帶。

2 製作外袋

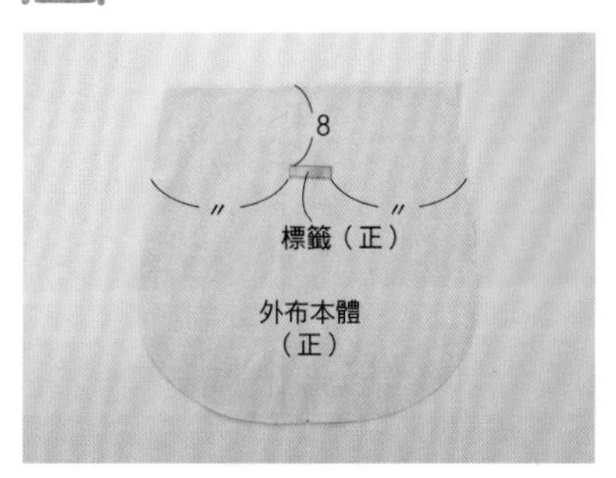

1 在1片外布本體的正面縫上標籤。這一面就是前側。

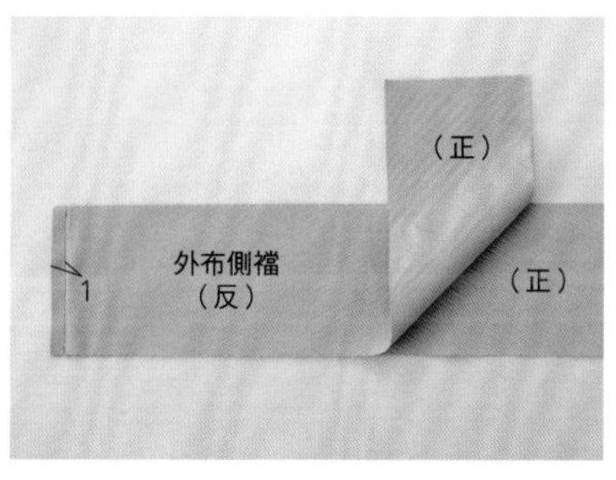

2 把2片外布側襠正正相對疊好，車縫邊端。

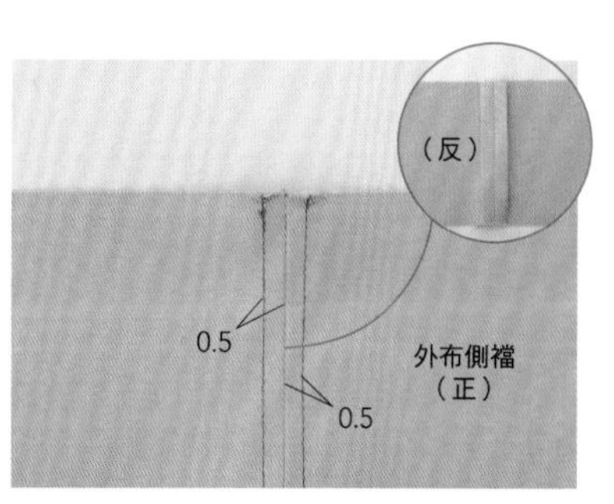

3 攤開縫份，在接縫的兩側車縫壓線。

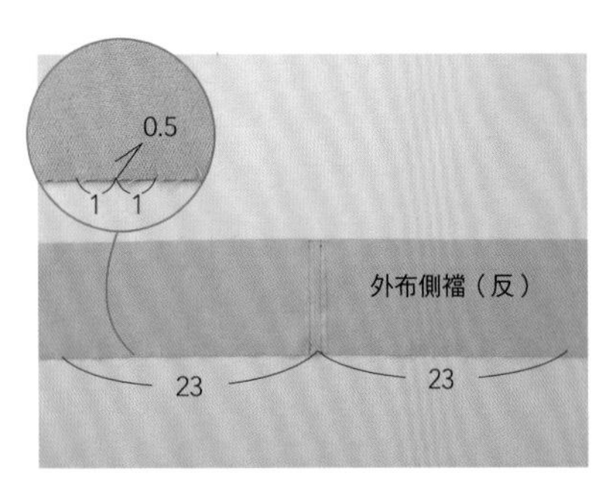

❹ 在❸的接縫的左右，以1㎝為間隔在上下分別剪出0.5㎝的牙口。

Point 和本體的曲線部分接合的位置，要先剪出牙口才能漂亮地縫合起來。

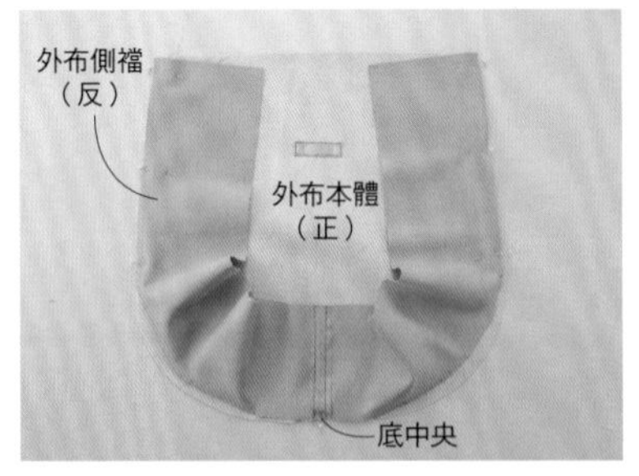

❺ 把1片外布本體和外布側襠正正相對疊好，將底中央和袋口開始的直線部分（沒有剪牙口的部分）對齊，用珠針固定。

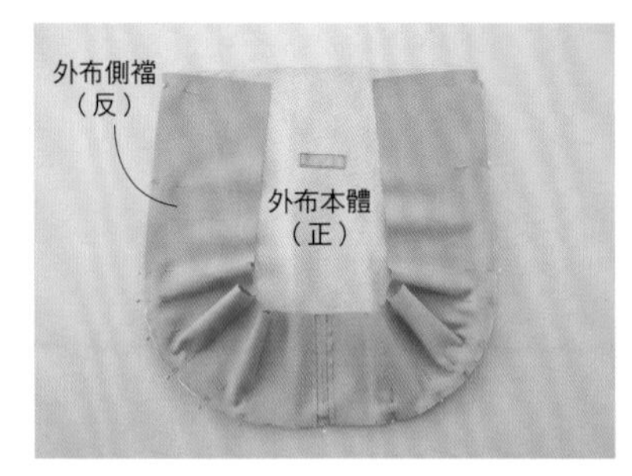

❻ 在曲線的部分，仔細地用珠針固定。

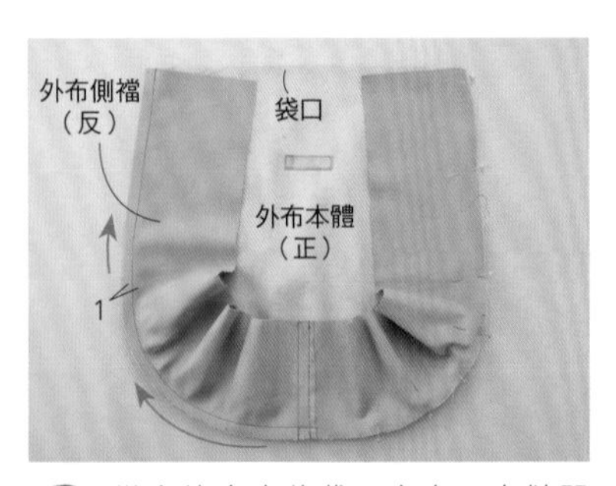

❼ 從底的中央往袋口方向，車縫單側。

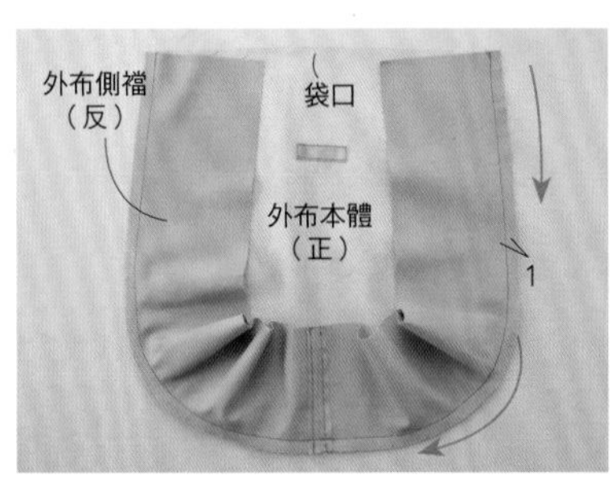

❽ 從另一側的袋口往中央方向車縫。車縫終點的針目要和❼的起點重疊。

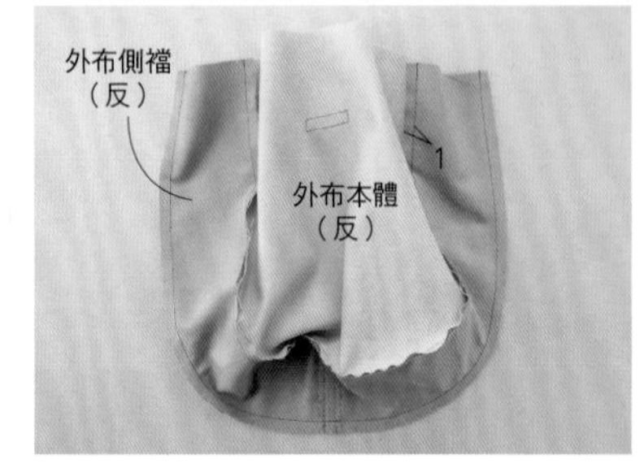

❾ 把另1片外布本體和另一側的外布側襠，照著❺～❽的方式車縫接合。

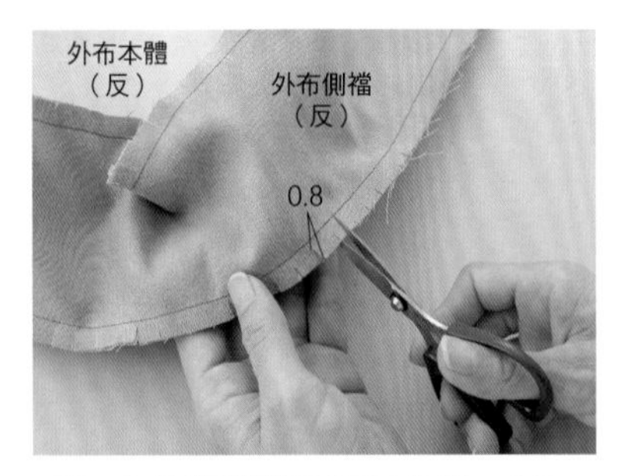

❿ 在外布側襠的牙口位置，2片一起剪出0.8㎝的牙口。

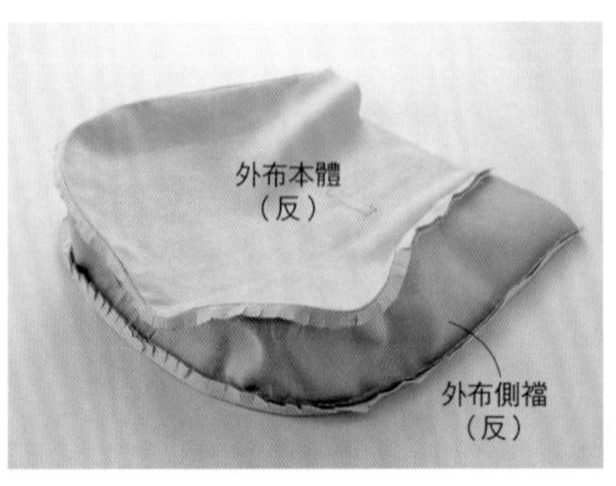

⓫ 把縫份倒向側襠側，用熨斗燙平。

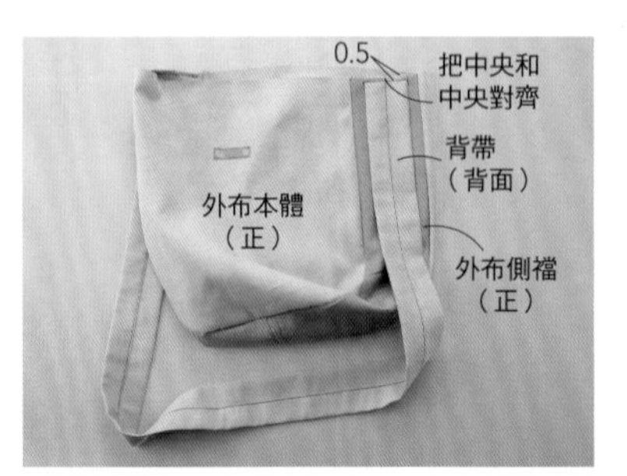

⓬ 翻回正面。完成外袋。把側襠和背帶的中央正正相對假縫固定。

3 製作內口袋

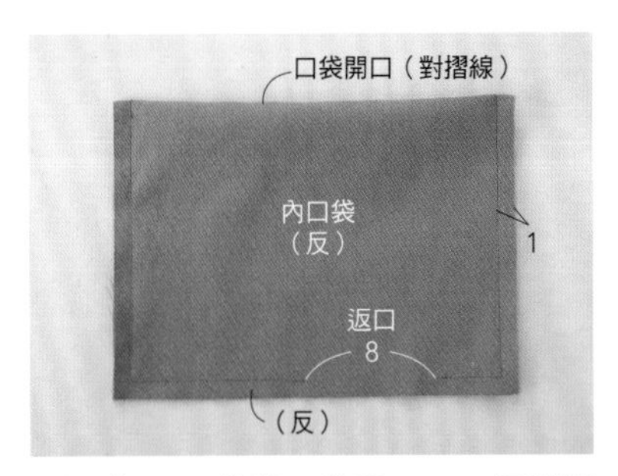

1 把內口袋從口袋開口正正相對摺好，預留返口之後車縫。

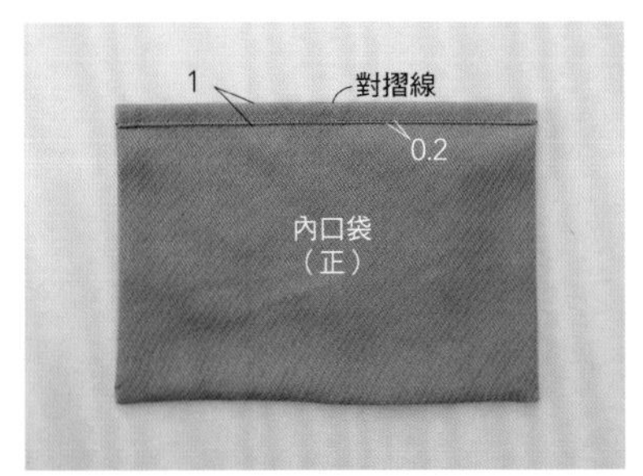

2 從返口翻回正面，把口袋開口往前方摺疊，在邊緣車縫固定。

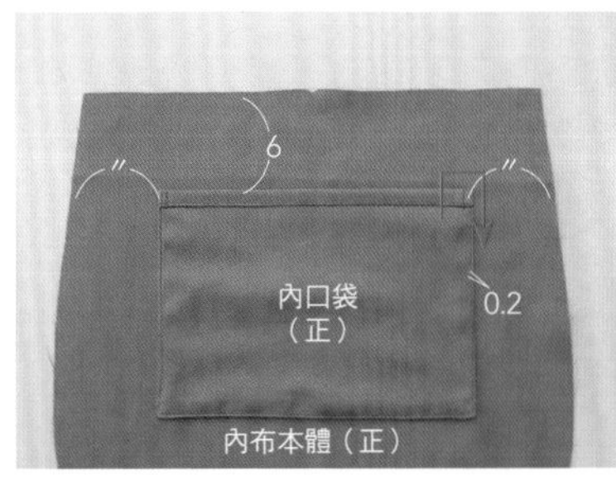

3 在1片內布本體的正面疊上❷，車縫3邊。這一面就是後側（P15「車縫口袋」）。

4 製作內袋，和外袋縫合

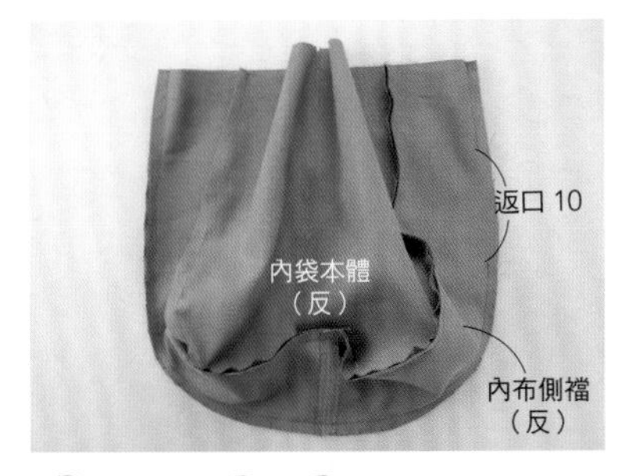

1 和2－❷～⓫同樣，把內布本體和內布側襠車縫接合，製作內袋。但是，在後側（內口袋側）的直線部分要預留返口。把縫份倒向本體側。

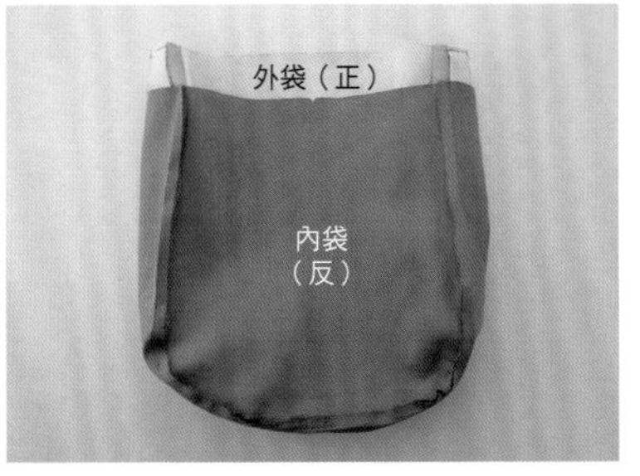

2 把外袋正正相對套入內袋之中。

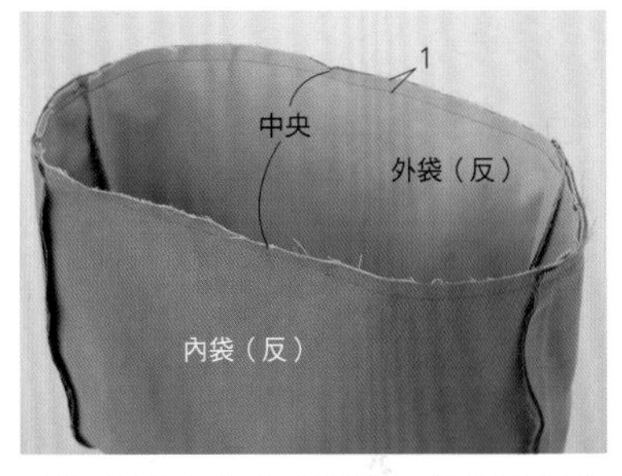

3 把中央和中央對齊，準確重疊之後，在袋口車縫1圈。

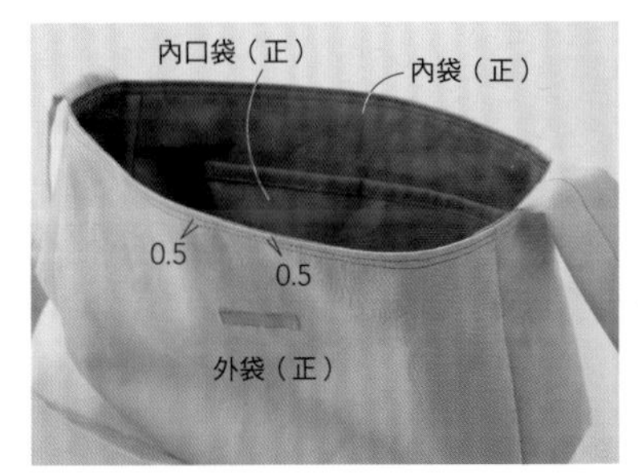

4 從返口翻回正面，在袋口邊緣車縫2圈。

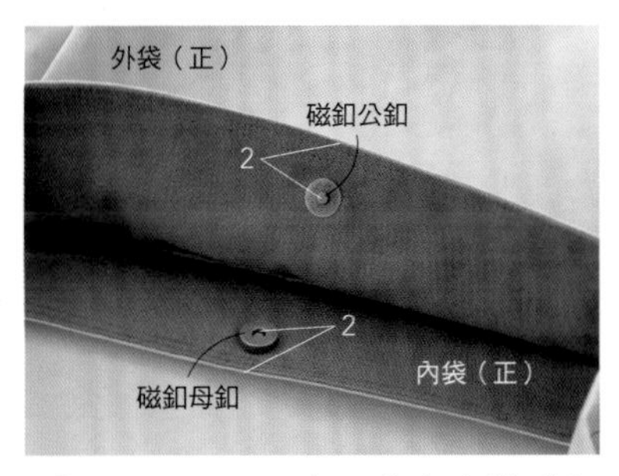

5 透過返口，在內袋上安裝磁釦（P32「磁釦的安裝方法」）。

Point 從返口把手伸進去進行作業，在內袋上安裝磁釦。

6 以ㄇ字形縫法將返口縫合。完成。

▶▶第56頁／實物大紙型A面

圓形托特包

難易度★★★

〖成品尺寸〗

橫寬32㎝×高32㎝×側襠10㎝
（不含提把）

〖材料〗

棉麻帆布（蝴蝶結圖案）………106㎝×75㎝
棉麻鋪棉布（原色）………97㎝×40㎝
磁釦（直徑1.4㎝）………1組

〖裁剪方法和尺寸〗※單位是㎝。

※內口袋b和提把以外是利用紙型加上指定的縫份畫線，做出中央的記號之後進行裁剪。
※在外布本體和內布本體上做出止縫記號，剪出1㎝的牙口。

棉麻帆布（蝴蝶結圖案）

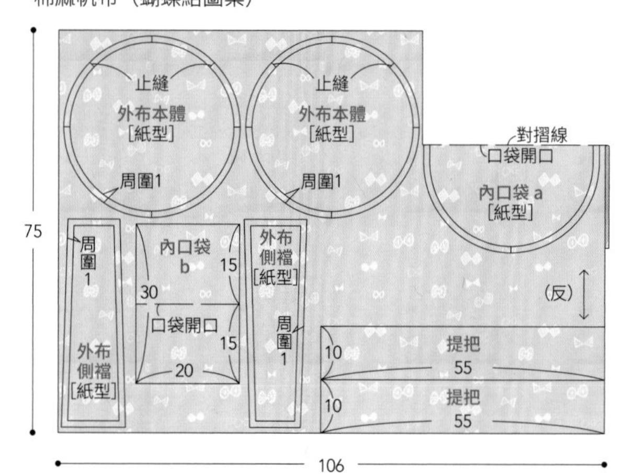

棉麻鋪棉布（原色）

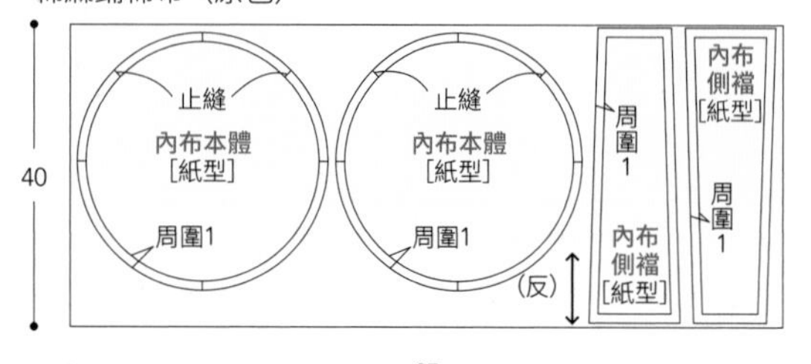

作法 ※單位是㎝。

1 製作提把

把提把摺成四摺車縫邊緣，製作2條提把（P18 1 的作法 1 ）。

2 在內布本體縫上內口袋

❶ 把內口袋a從口袋開口反反相對摺好，將開口往前方摺疊，在邊緣車縫固定。

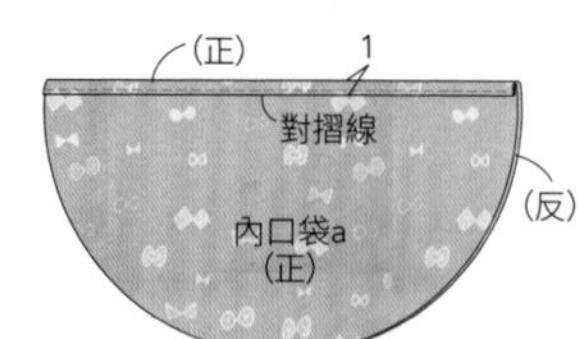

❷ 在1片內布本體的正面疊上❶，假縫固定之後再車縫分隔部分。這一面就是後側。

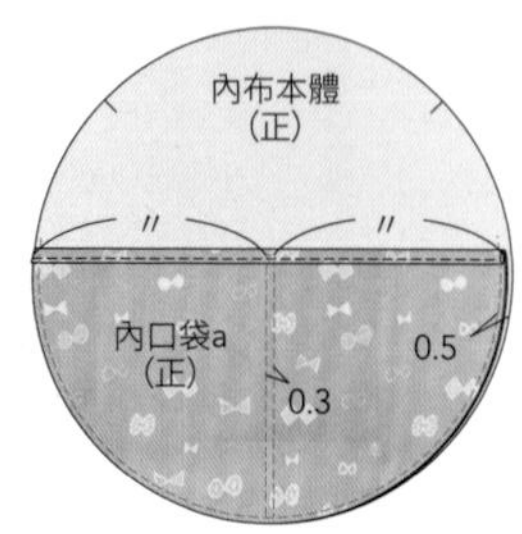

❸ 把內口袋b從口袋開口正正相對摺好，預留返口之後車縫起來，翻回正面，將口袋開口往前方摺疊車縫（P58 14 的作法 3 －❶、❷）。

❹ 在內布本體的正面疊上內口袋b，車縫3邊。

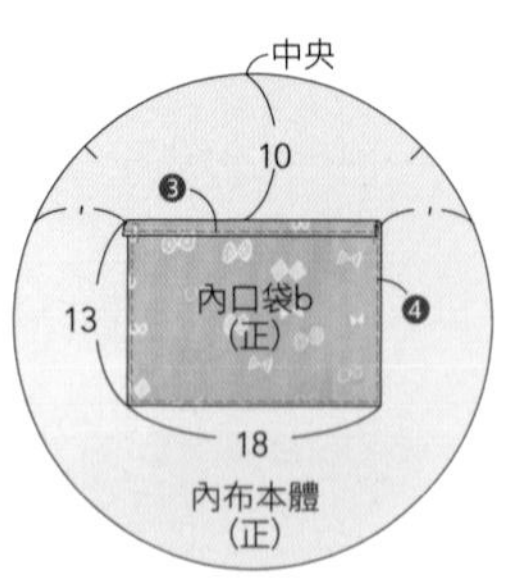

3 製作內袋

❶ 把2片內布側襠正正相對車縫，攤開縫份之後在邊緣車縫壓線（P58 14 的作法 2 －❷、❸）。

❷ 把❶的4個角剪掉。

❸ 在❶的上下以1cm為間隔剪出牙口。

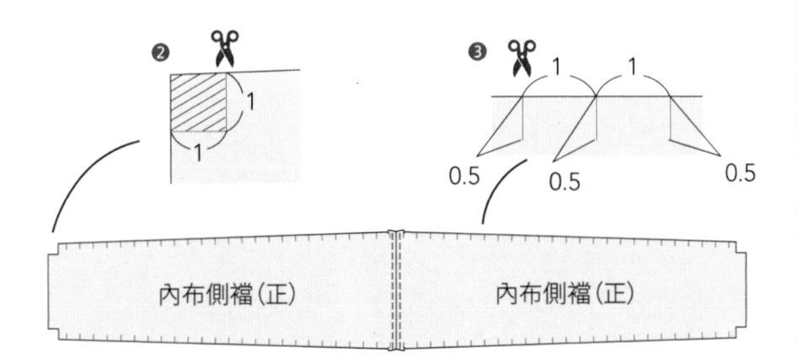

❹ 把1片內布本體和內布側襠正正相對，對齊止縫記號重疊，預留返口之後從底中央開始車縫（P58 14 的作法 2 －❼、❽）。

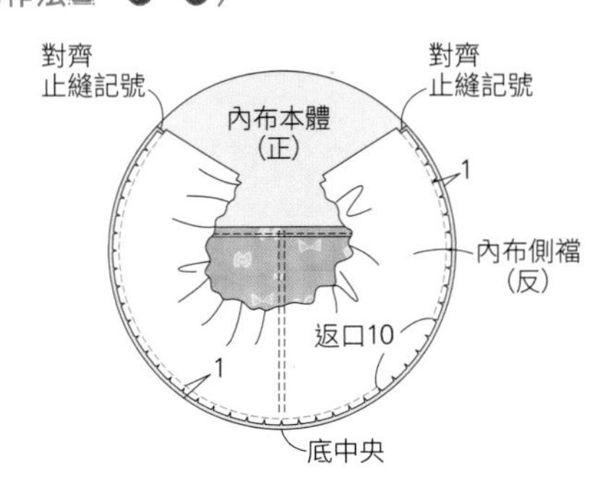

❺ 另1片內布本體也以同樣的方式，不留返口從底中央開始車縫接合。

❻ 在❹和❺的縫份剪出牙口（P74 19 的作法 1 －❻），剪掉0.5cm。完成內袋。

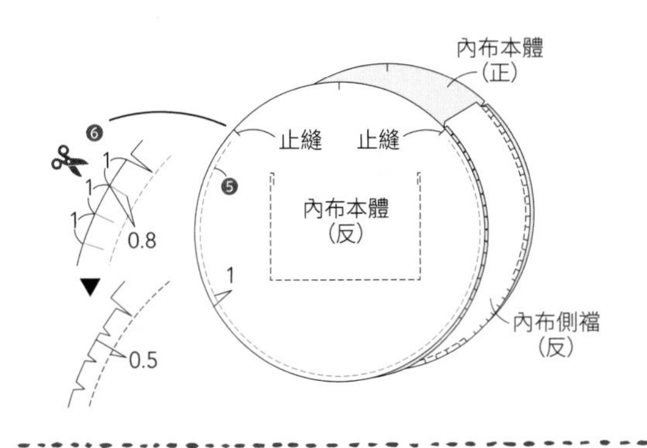

4 製作外袋

❶ 和 3 同樣，把外布本體和外布側襠車縫接合。但是，不需要預留返口。

❷ 翻回正面，在外布本體正面提把安裝位置的記號處，將提把假縫固定。完成外袋。

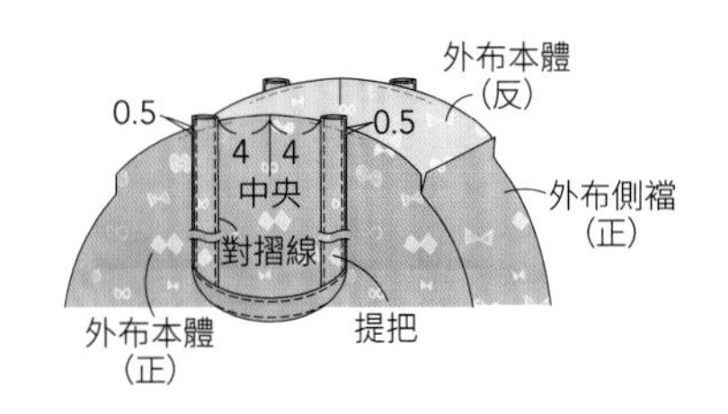

5 把外袋和內袋縫合

❶ 把外袋正正相對套入內袋之中，車縫側襠。

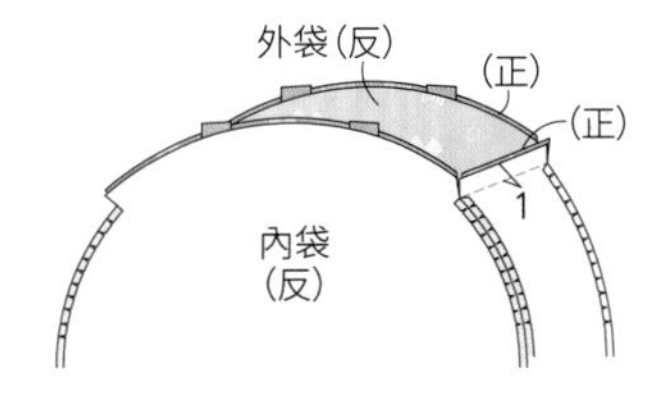

❷ 把外袋和內袋止縫間的部分車縫起來，小心不要超出範圍。在縫份上剪出牙口。

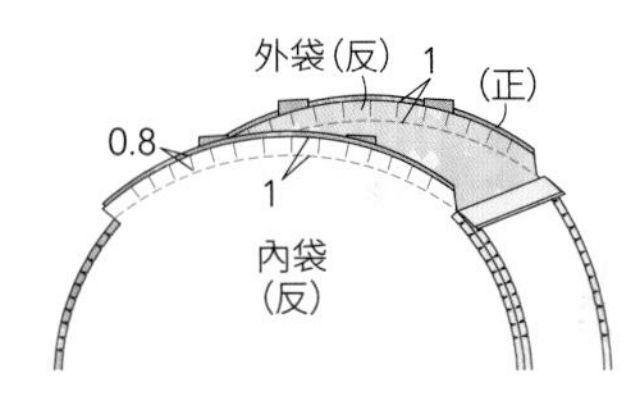

❸ 從返口翻回正面，在袋口車縫1圈。

❹ 從返口安裝磁釦（P32「磁釦的安裝方法」）。以ㄇ字形縫法將返口縫合。完成。

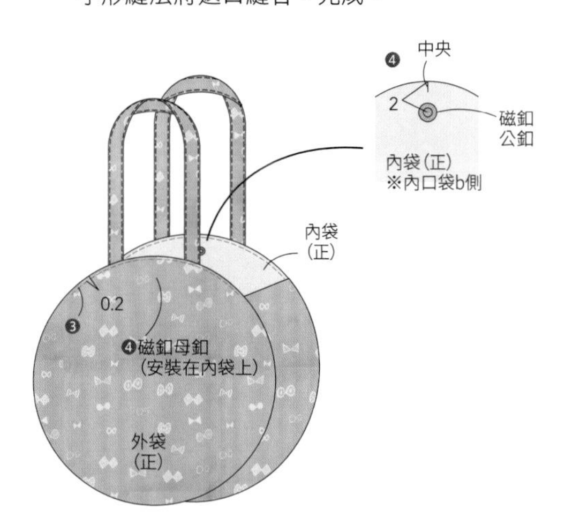

arrange 16

▶▶第56頁

方形包

難易度 ★★★

【成品尺寸】

橫寬22cm×高23cm×側襠16cm
（不含提把）

【材料】

仿丹寧棉牛津布（水藍）………94cm×36cm
斜紋棉布（花朵圖案）………73cm×32cm
棉麻鋪棉布（原色）………40cm×62cm
厚布襯………84cm×40cm
薄布襯………36cm×36cm
皮帶條（米黃）
………寬3.8cm×42cm×2條
D型環（10mm）………1個
問號勾（10mm）………1個
磁釦（直徑1.4cm）………1組

【裁剪方法和尺寸】 ※單位是cm。

※把內布本體底中央的左右兩側剪成四方形。
※在外布本體、側襠、底的反面貼上厚布襯，在外口袋的反面貼上薄布襯，都要貼在距離周圍0.5cm的內側。

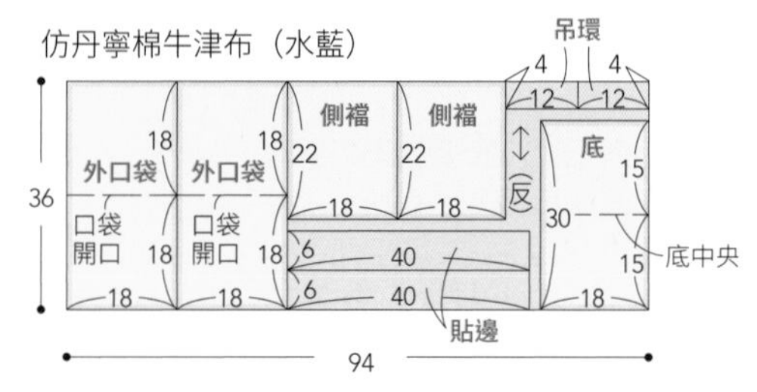

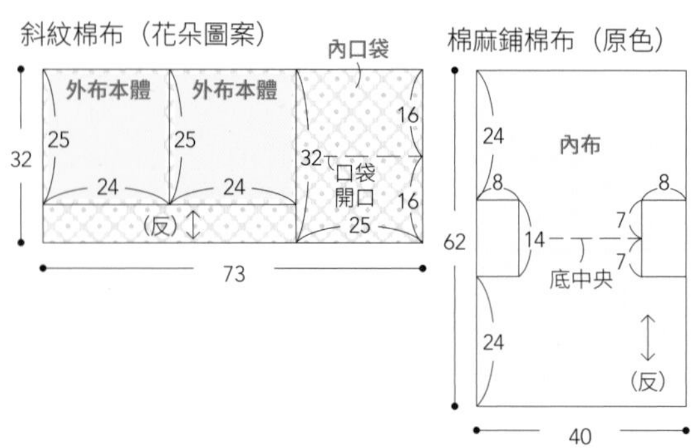

作法 ※單位是cm。

1 製作外袋

1 把1片外口袋從口袋開口反反相對摺好，將口袋開口往前方摺疊，在邊緣車縫固定。這一面就是正面。另1片也同樣地縫製。

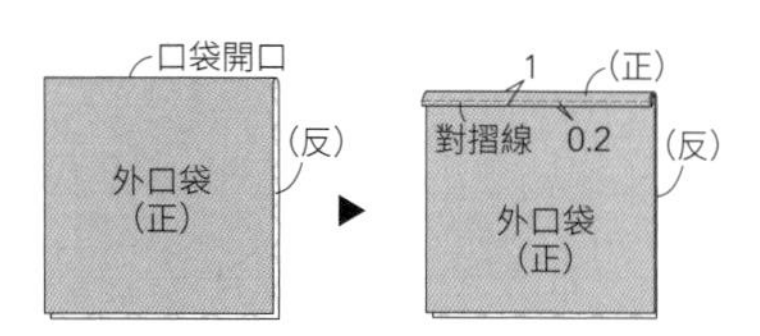

2 把1片外口袋正面朝上疊放在1片側襠的正面，在兩側假縫固定。另1片也同樣地縫製。

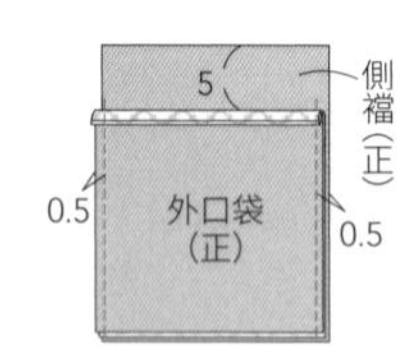

3 把1片側襠和底正正相對車縫起來。

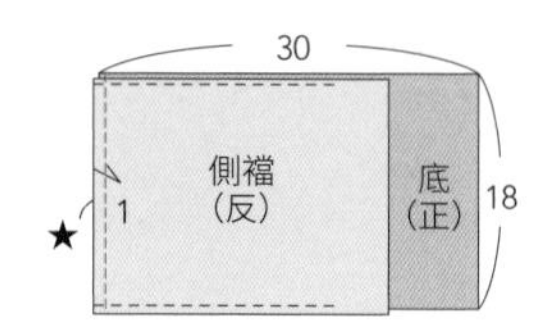

4 把❸攤開，縫份倒向底側，在邊緣車縫壓線。把底的另一側和另1片側襠同樣地車縫接合。

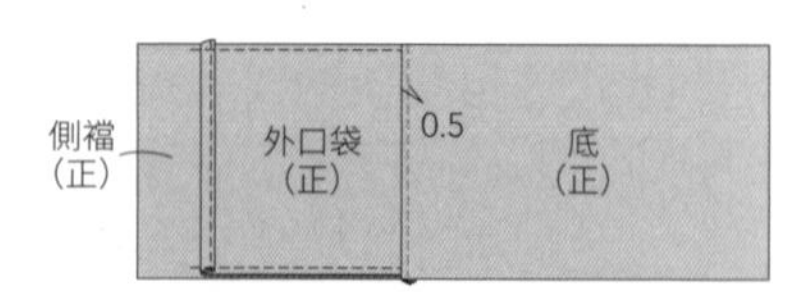

5 在底的4個位置，剪出1cm的牙口。

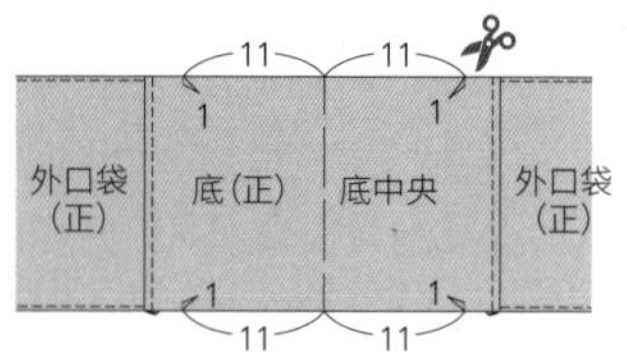

6 把外布本體左下和右下2個位置的角剪掉。

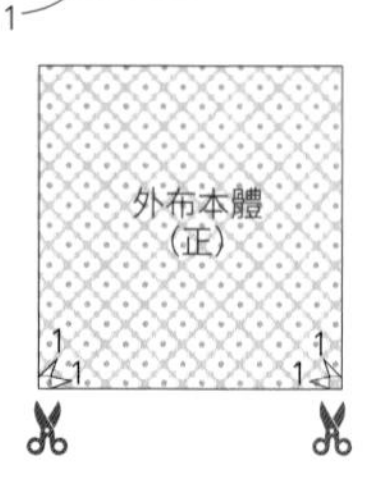

7 把1片外布本體的下端對齊底的牙口之間，正正相對重疊並車縫。

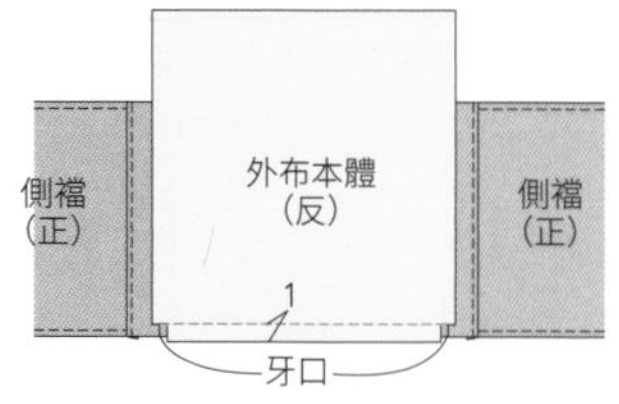

8 在外布本體的兩側，把側襠正正相對車縫起來。縫份倒向本體側。

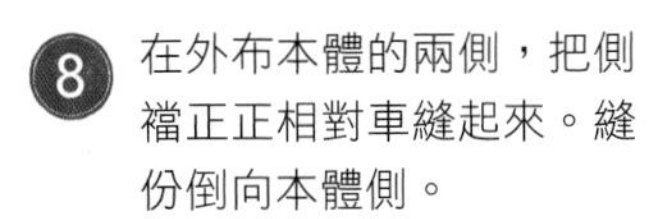

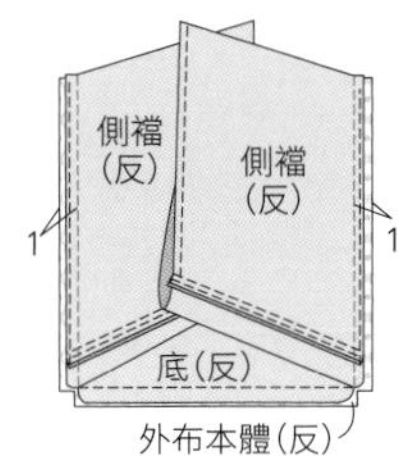

9 把另1片外布本體也照著❻～❽的方式車縫接合。

10 把皮帶條對摺，車縫邊緣。

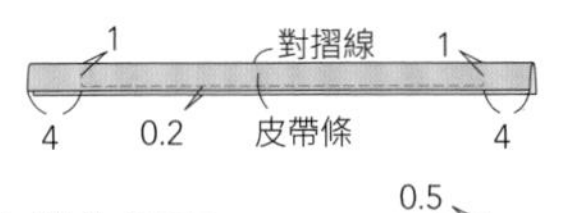

11 在外布本體的正面把❿分別假縫固定。完成外袋。

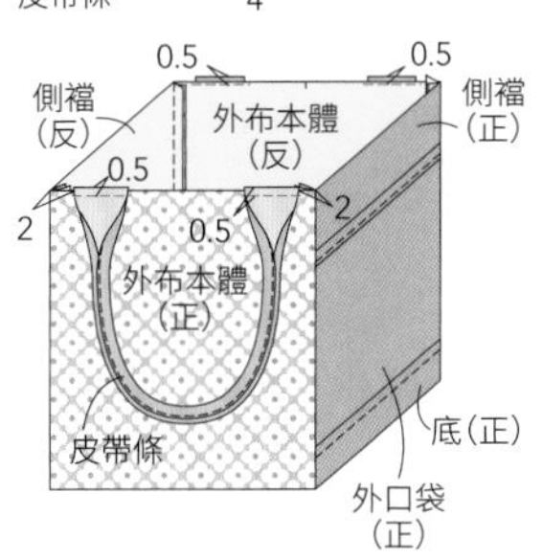

2 製作內袋

1 把內口袋從口袋開口正正相對摺好，預留返口之後車縫。翻回正面之後，將袋口往前方摺疊車縫（P58 14 的作法3－❶、❷）。

2 把內口袋疊放在內布正面，車縫3邊和分隔部分。這一面就是後側。

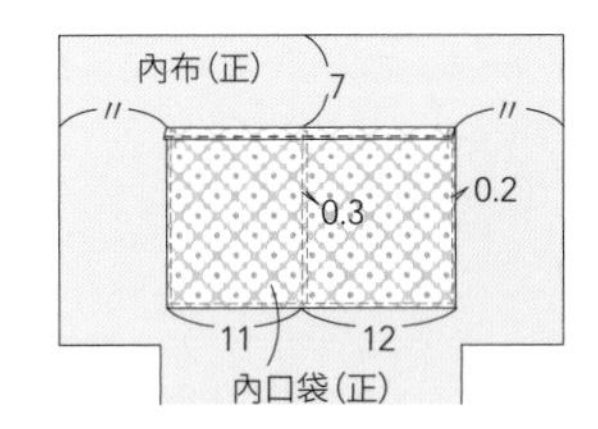

3 把內布從底中央正正相對摺好，車縫兩側，把側邊和底中央對齊疊好，車縫側襠（P41 10 的作法3－❹、❺）。完成內袋。

3 製作貼邊

把2片貼邊車縫接合，攤開縫份在邊緣車縫壓線之後，將下端摺疊起來車縫固定（P33 5 的作法5）。

4 把外袋、內袋、貼邊縫合

1 把外袋的側襠中央和內袋的側邊對齊，反反相對假縫固定。

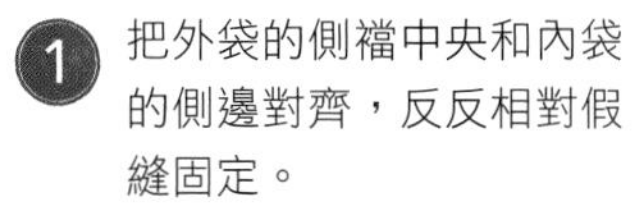

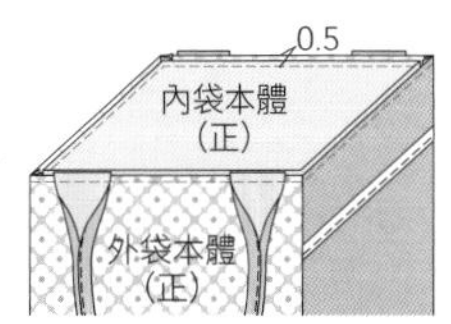

2 把貼邊的側邊和外袋的側襠中央對齊，正正相對車縫1圈。

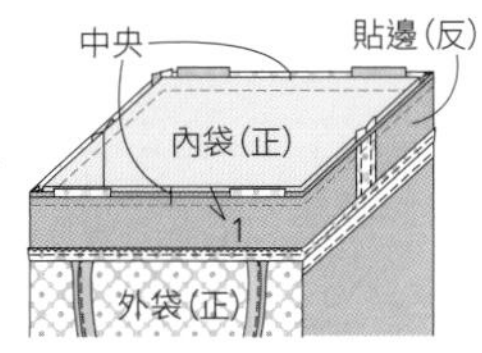

3 把吊環分別摺成四摺後，車縫邊緣（P18 1 的作法1）。穿過D型環之後，將邊端摺三摺車縫固定。

4 和❸同樣，把吊環穿過問號勾車縫固定。

5 在貼邊的左側側邊的背面，縫上❸的吊環。

6 在貼邊的右側側邊的背面，縫上❹的吊環。

7 把貼邊翻回內側，在袋口車縫壓線2圈。

8 在貼邊的側邊吊環的上方，分別車縫壓線。

9 在貼邊上安裝磁釦（P32「磁釦的安裝方法」）。完成。

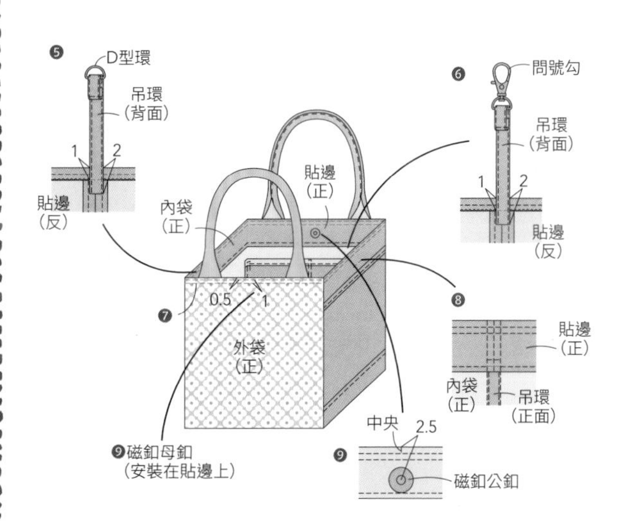

▶▶第57頁／實物大紙型A面

arrange 17

掀蓋橫長托特包

難易度 ★★★

〖成品尺寸〗

橫寬30㎝×高18㎝×側襠12㎝
（不含提把）

〖材料〗

棉麻帆布（花朵圖案）………100㎝×23㎝
棉麻帆布（煙燻藍）………44㎝×38㎝
棉麻牛津布（淺咖啡）………95㎝×40㎝
含膠襯棉………約80㎝×35㎝
薄布襯………15㎝×17㎝
皮帶條（深咖啡）………寬1.5㎝×37㎝×2條
雙面固定釦（中・腳長6㎜）………8組
磁釦（直徑1.4㎝）………1組

〖工具〗

橡膠墊板、座台、固定釦斬、錐子、鐵鎚、木鎚、直徑2.5㎜的打洞斬

〖裁剪方法和尺寸〗 ※單位是㎝。

※外布側襠和內布側襠以外是利用紙型加上指定的縫份畫線，做出中央的記號之後進行裁剪。
※在外布本體和1片掀蓋的反面貼上含膠襯棉，在另1片掀蓋的反面貼上薄布襯，布襯（襯棉）要剪成比紙型大0.5㎝的尺寸。外布側襠是在距離周圍0.5㎝的內側貼上含膠襯棉。

棉麻帆布（花朵圖案）

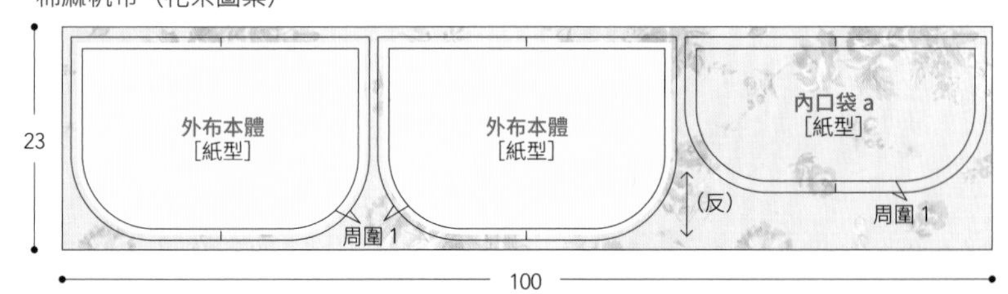

棉麻帆布（煙燻藍）

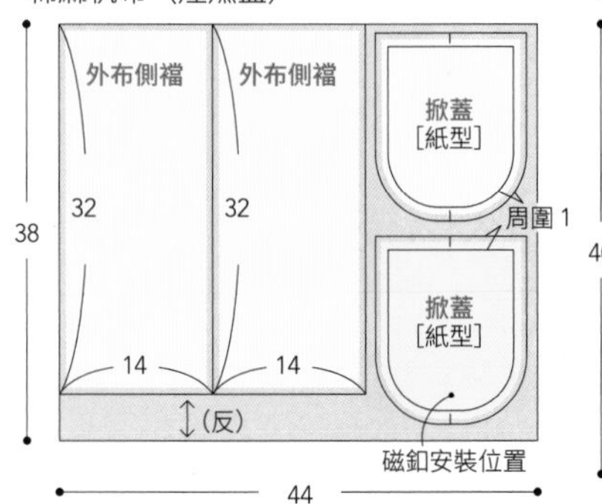

棉麻牛津布（淺咖啡）

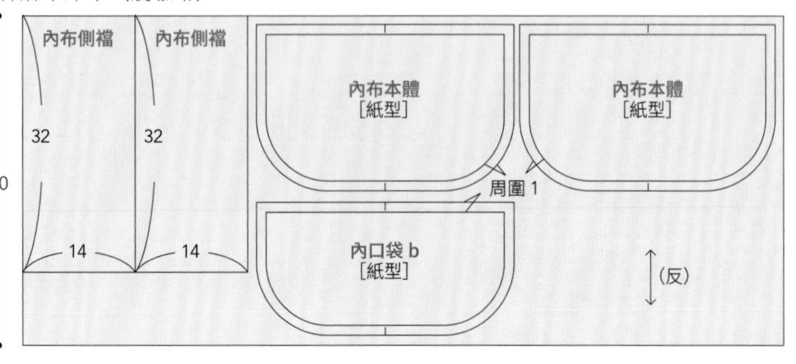

作法　※單位是cm。

1 製作掀蓋

❶ 把2片掀蓋正正相對車縫。在縫份的曲線部分，先剪出牙口再剪掉0.5cm。

❷ 翻回正面，在邊緣車縫壓線。

❸ 在貼了布襯的掀蓋上安裝磁釦（公釦）（P32「磁釦的安裝方法」）。

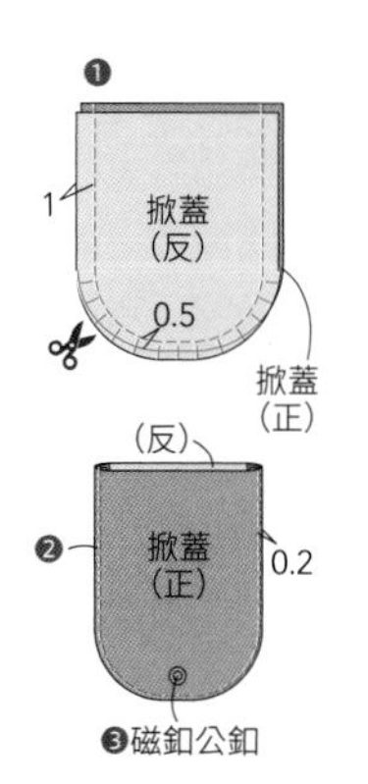

2 製作外袋

❶ 把2片外布側襠車縫起來，再和外布本體車縫接合（P58 14 的作法 2 －❷～⓫）。

❷ 把掀蓋中央處對齊外布本體正面的中央重疊，假縫固定。這一面就是後側。完成外袋。

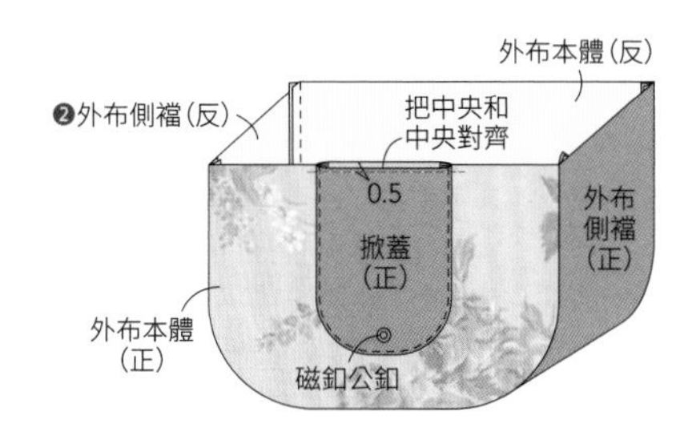

3 製作內袋

❶ 把內口袋a和b正正相對疊好，車縫上端。

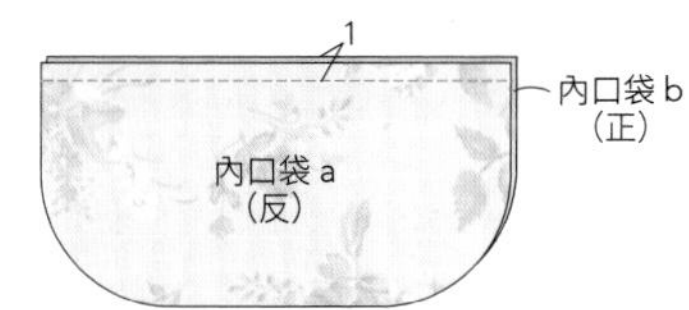

❷ 翻回正面，在邊緣壓縫2道線。

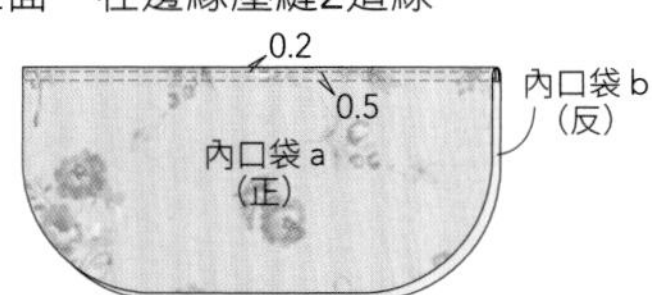

❸ 在1片內布本體的正面疊上❷，假縫固定。

❹ 車縫內口袋的分隔部分。這一面就是後側。

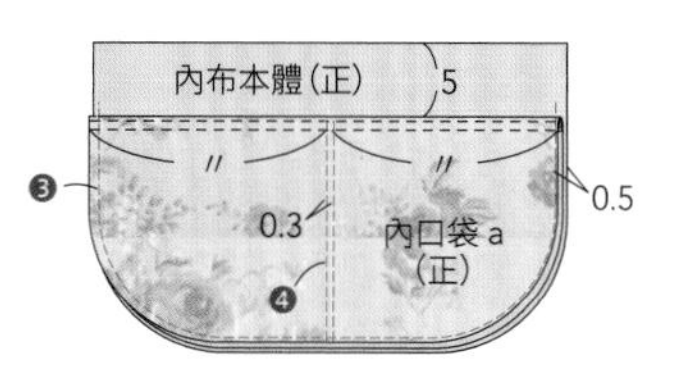

❺ 和 2 －❶同樣，把內布本體和內布側襠車縫接合。但是，要在其中一側的底部預留返口。完成內袋。

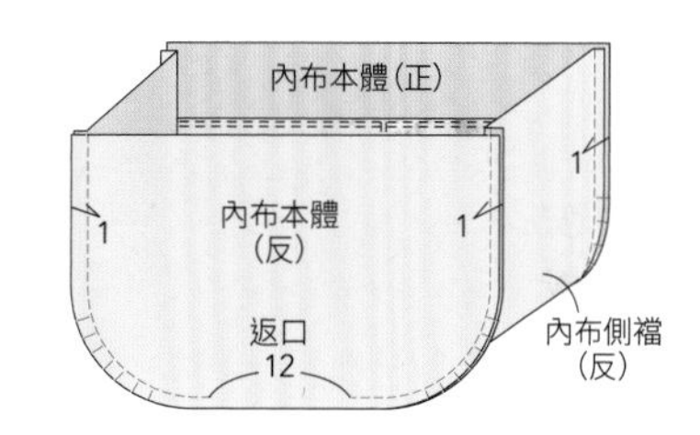

4 把內袋和外袋縫合，安裝提把

❶ 把外袋和內袋正正相對套合，在袋口車縫1圈（P58 14 的作法 4 －❷、❸）。

❷ 從返口翻回正面，在袋口的邊緣車縫1圈。

❸ 從返口安裝磁釦（母釦）。以ㄇ字形縫法將返口縫合。

❹ 在皮帶條兩端的2個位置打洞（P76「打洞的方法」），用固定釦安裝在袋身上（P50「固定釦的安裝方法」）。完成。

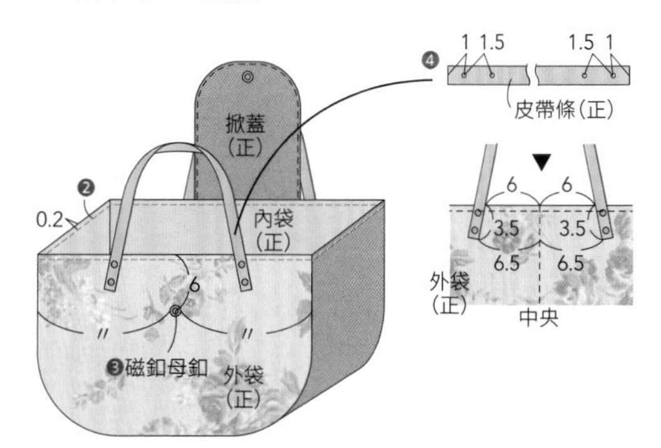

arrange 18

▶▶第57頁／實物大紙型A面

掀蓋斜背包

難易度 ★★☆

〚成品尺寸〛

橫寬24㎝×高18㎝×側襠8㎝（不含背帶）

〚材料〛

羊毛混紡粗花呢（咖啡色系）………95㎝×42㎝
棉麻鋪棉布（原色）………102㎝×28㎝
合成皮（咖啡）………25㎝×27㎝
仿皮草（灰）………20㎝×29㎝
薄布襯………約90㎝×20㎝
D型環（25㎜）………2個
書包釦………1組

〚裁剪方法和尺寸〛 ※單位是㎝。

※背帶、外布側襠和內布側襠以外是利用紙型加上指定的縫份畫線，做出中央的記號之後進行裁剪。
※在外布本體的反面，貼上裁剪成比紙型大0.5㎝的薄布襯。

羊毛混紡粗花呢（咖啡色系）

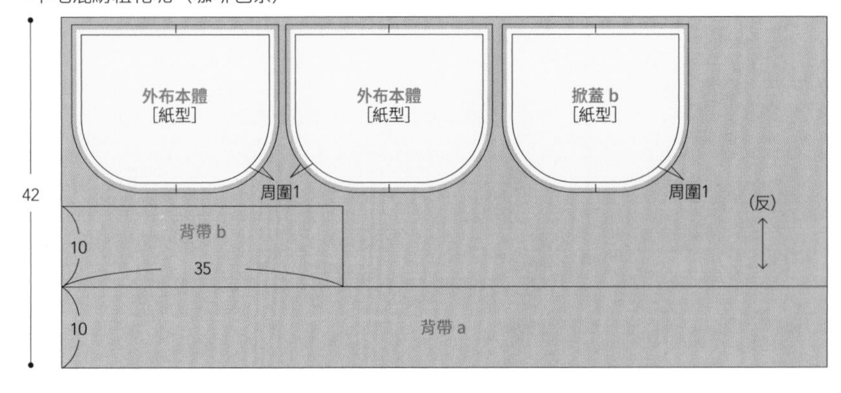

合成皮（咖啡）

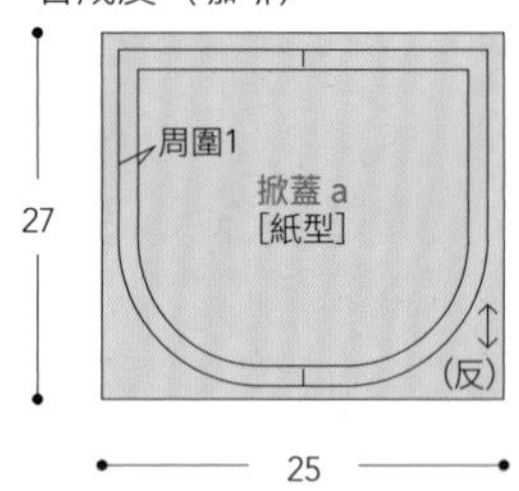

棉麻鋪棉布（原色）

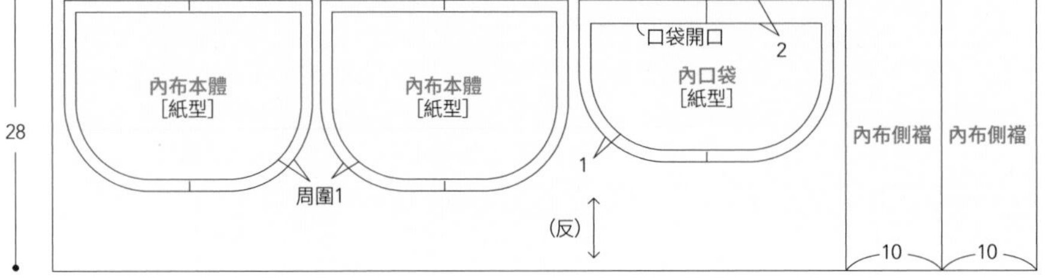

仿皮草（灰）

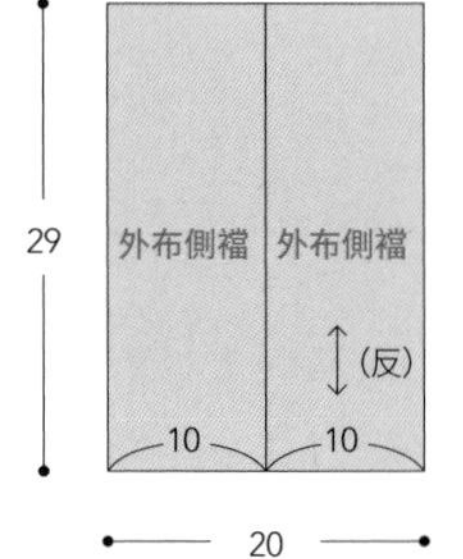

作法

※單位是㎝。

1 製作背帶

❶ 把背帶a摺成四摺車縫邊緣（P18 1 的作法1－❶、❷）。

❷ 背帶b是摺完上下，再把左側的邊端摺到反面之後，摺成四摺車縫邊緣。

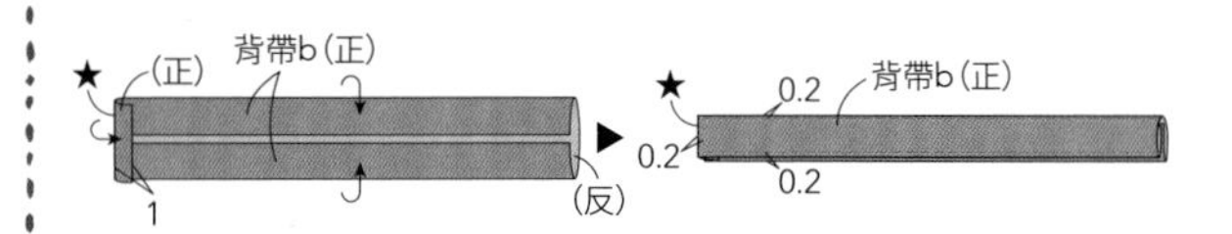

〚工具〛

確認書包釦附帶的說明書，準備需要的工具。

2 製作掀蓋

1 把掀蓋a和b正正相對車縫。在縫份的曲線部分，先剪出牙口再剪掉0.5cm。

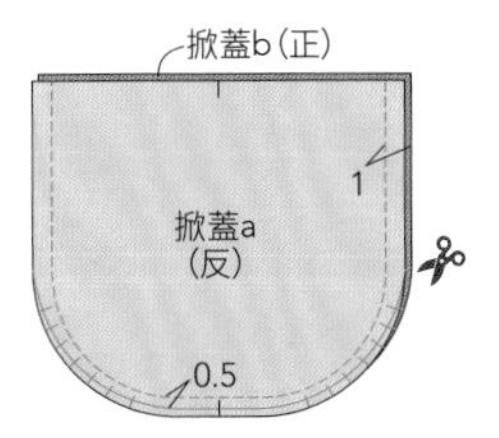

2 翻回正面，在邊緣車縫壓線。

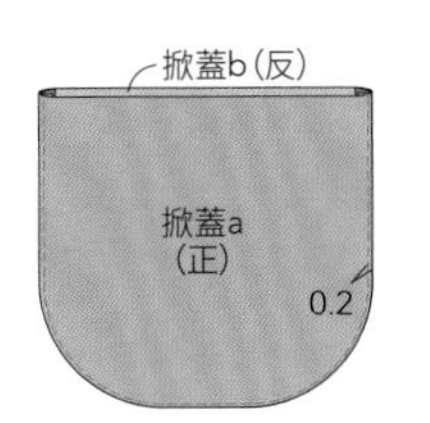

3 製作外袋

1 把2片外布側襠車縫起來，再和外布本體車縫接合（P58 14 的作法 2 －❷～⓫）。

2 把掀蓋中央處對齊外布本體正面的中央重疊，假縫固定。這一面就是後側。完成外袋。

3 在外布側襠的中央，把背帶a和b分別假縫固定。

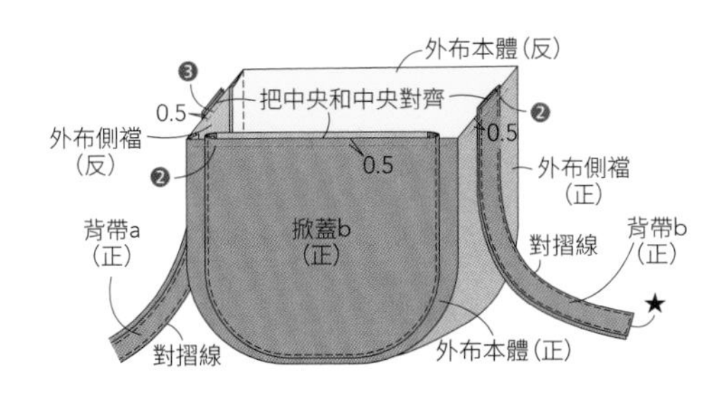

4 製作內袋

1 把內口袋的口袋開口往背面摺三摺車縫固定。把❶假縫固定在1片內布本體上，車縫分隔部分。

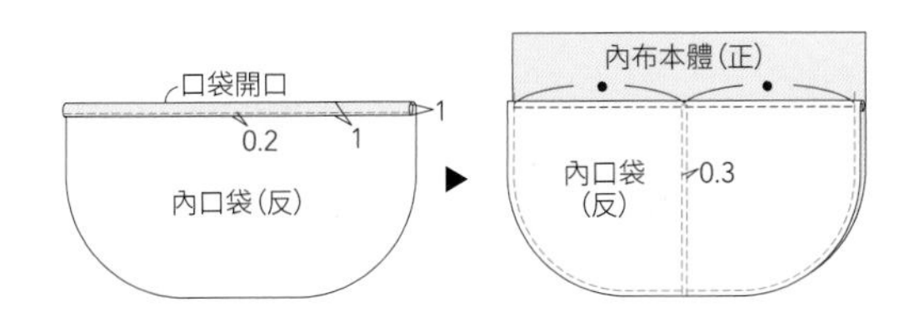

2 把內布本體和內布側襠車縫接合，製作內袋（P58 14 的作法 4 －❶）。

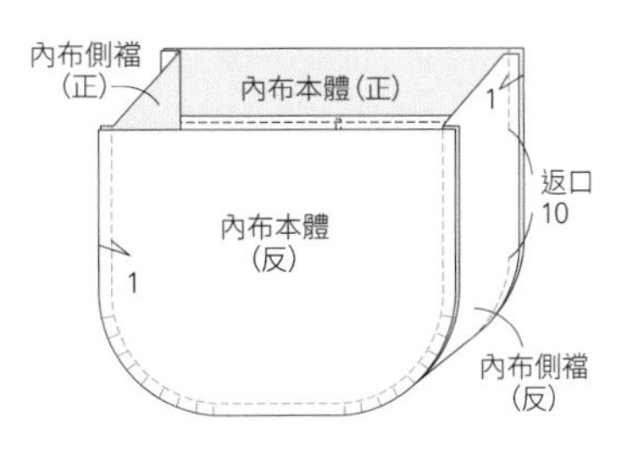

5 把外袋和內袋縫合

1 把外袋和內袋正正相對套合，在袋口車縫1圈（P58 14 的作法 4 －❷、❸）。

2 從返口翻回正面，在袋口邊緣車縫1圈。

3 將背帶a穿過2個D型環之後，把邊端摺三摺車縫固定。

4 在掀蓋上安裝書包釦（上側），在本體上從返口安裝書包釦（下側）（書包釦的安裝方法請參照附帶的說明書）。以ㄇ字形縫法將返口縫合。完成。

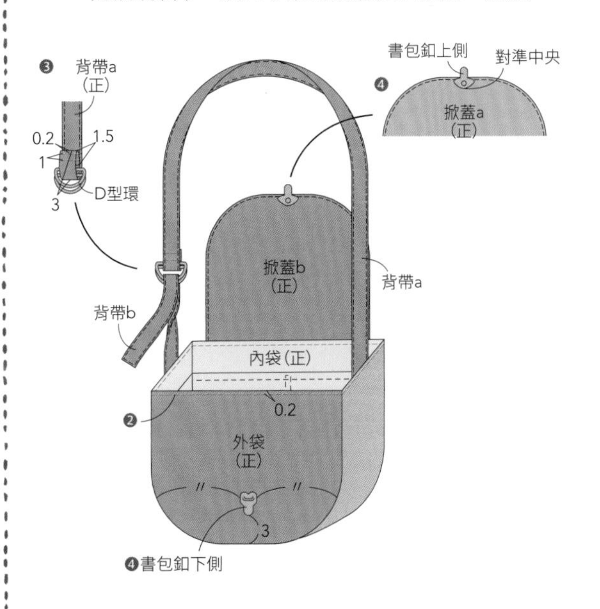

圓底包款

圓底及橢圓底的包包，若是把側面部分做成
梯形或長方形的話，設計也會迥然不同。

basic 19

菜籃包

方便好用、簡單俐落的橢圓底大包包。底部和提把的皮帶用黑色作搭配，以達到整體收斂的效果。

作法…第74頁

加長的提把
不管肩背或手提都方便

橢圓底橫長包

高度比菜籃包低了一點，還加了扣帶。並利用雕繡蕾絲增添華麗感。

作法…第77頁

arrange
21

拼接配色托特包

由素色和花朵圖案搭配組成的圓底托特包。並在布料之間夾入襯棉來展現蓬鬆柔軟的印象。

作法…第79頁

斜背抽繩水桶包

以大大的雞眼釦作為裝飾重點，再穿入加長的繩帶做成斜背包。調節扣也用同樣的花色製作。

作法…第81頁

How to Make

basic 19

▶▶第70頁／實物大紙型A面

菜籃包

難易度 ★★☆

【成品尺寸】

【材料】
棉牛津布（線條圖案）………95cm×34cm
棉牛津布（黑）………33cm×20cm
棉麻鋪棉布（原色）………95cm×52cm
中厚布襯………適量
皮帶條（黑）………寬1.5cm×60cm×2條
雙面固定釦（大・腳長6mm）………8組
磁釦（直徑1.8cm）………1組

【工具】
橡膠墊板、固定釦斬、座台、鐵鎚、木鎚、直徑3mm的打洞斬

【裁剪方法和尺寸】 ※單位是cm。

※分別利用紙型加上指定的縫份，做出中央和合印的記號之後裁剪。
※在外布本體和外布底的反面，貼上裁剪成比紙型大0.5cm的中厚布襯。

棉牛津布（線條圖案）

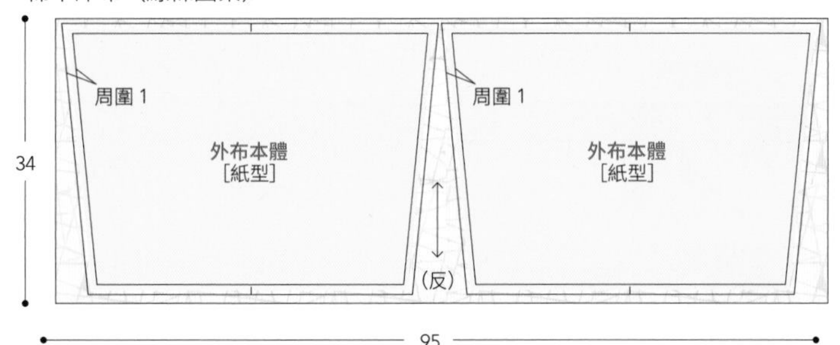

棉牛津布（黑）

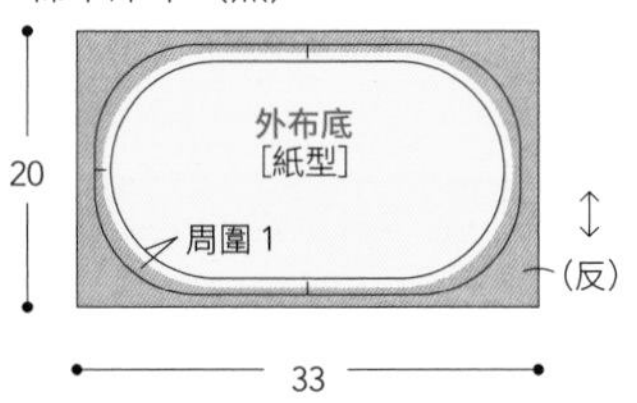

棉麻鋪棉布（原色）

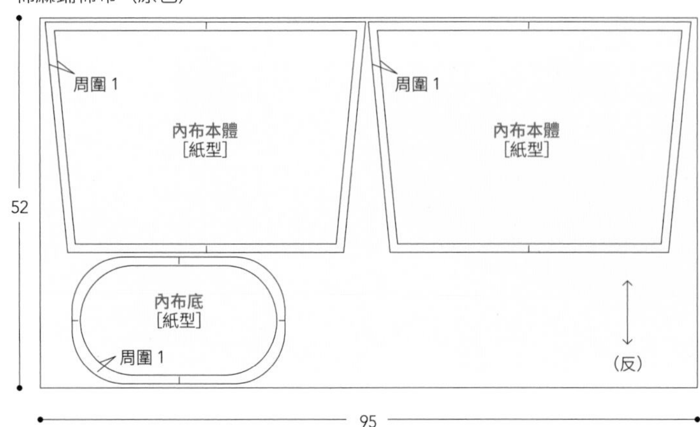

Ⓐ外布本體2片、Ⓑ外布底、Ⓒ內布底、Ⓓ內布本體 2 枚

作法 ※單位是cm。

1 製作外袋

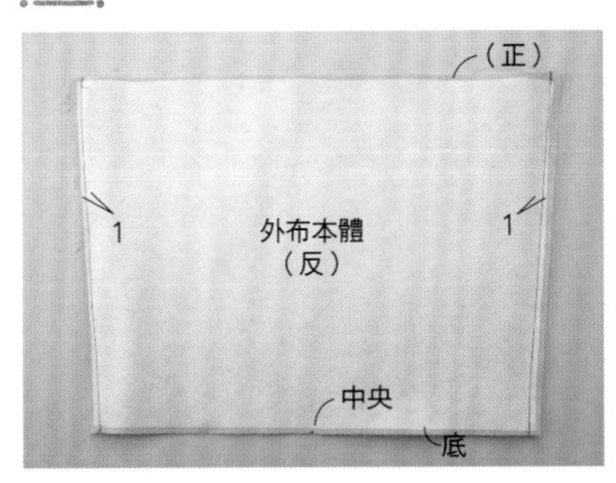

① 把2片外布本體正正相對疊好，車縫兩側。攤開縫份，用熨斗燙平。

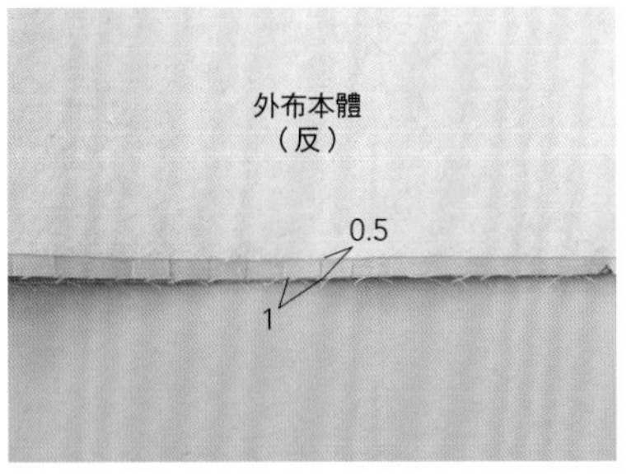

② 在底側以1 cm為間隔剪出0.5 cm的牙口。

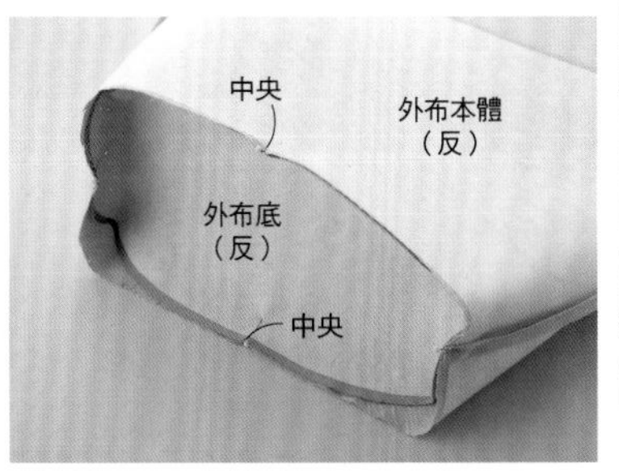

③ 把外布底正正相對疊好，將②的兩側和中央的記號和外布底的合印記號對齊之後，用珠針固定4個位置。

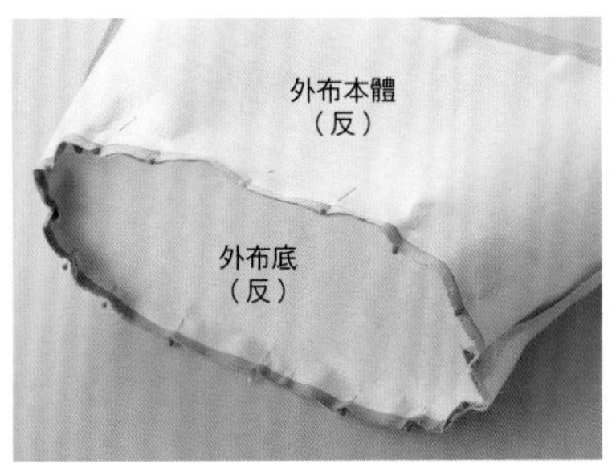

④ 把③的珠針之間的部分，也用珠針仔細地固定。

Point 曲線部分要仔細地用珠針固定。在習慣之前也可以先做疏縫固定。

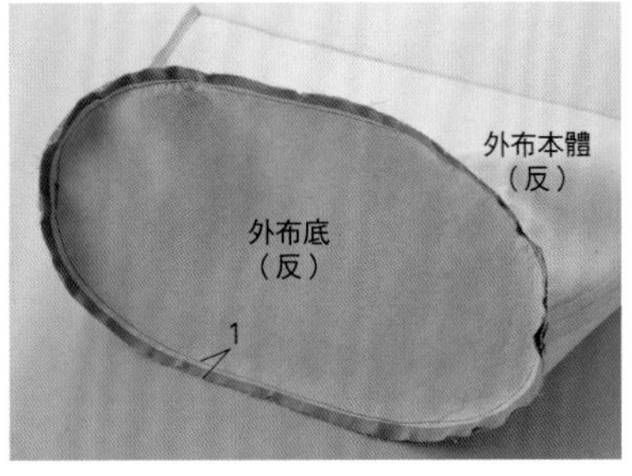

⑤ 從外布本體側車縫1圈。

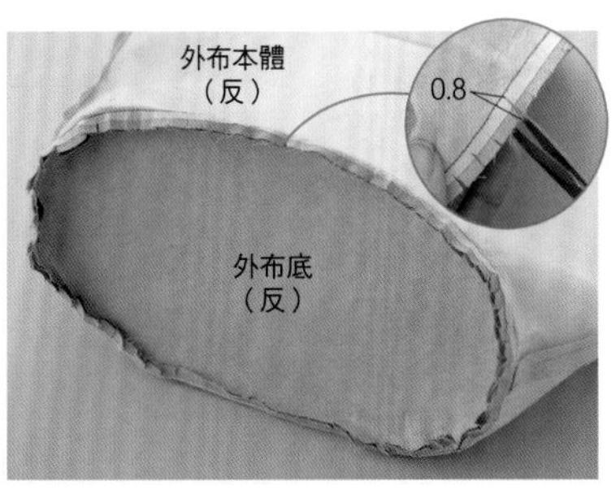

⑥ 在和本體的縫份牙口相同的位置，2片一起剪出0.8 cm的牙口。完成外袋。

2 製作內袋

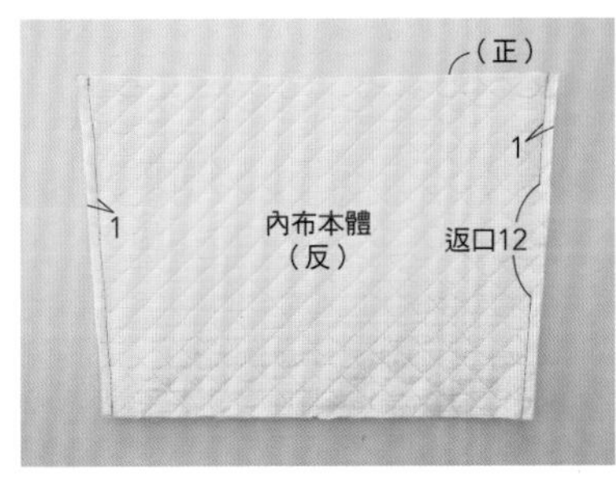

① 把2片內布本體正正相對疊好，預留返口之後車縫兩側。

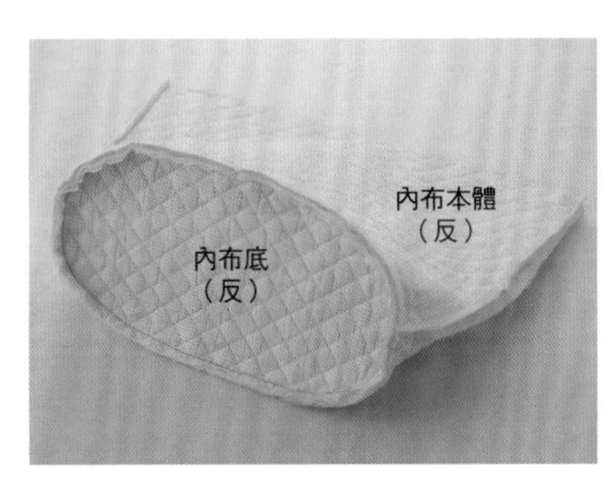

② 和1-②～⑤同樣，把①和內布底車縫接合。

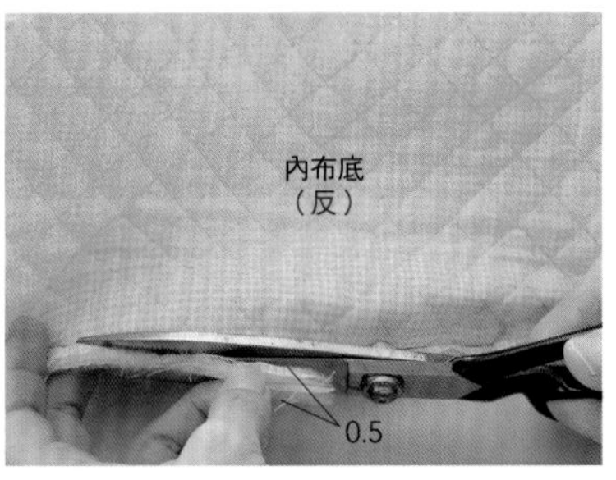

③ 縫份保留0.5 cm、剪掉多餘的部分。完成內袋。

Point 鋪棉布或貼上含膠襯棉的布料的縫份，在縫合之後修剪掉的話，成品會更美觀。

3 把外袋和內袋縫合

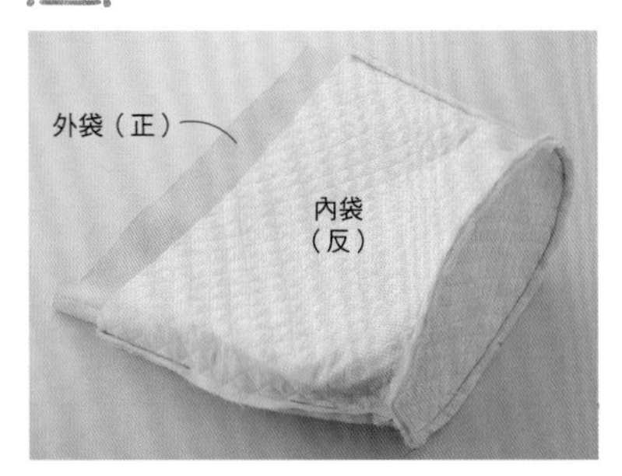

❶ 把外袋翻回正面，正正相對放入內袋的內側。

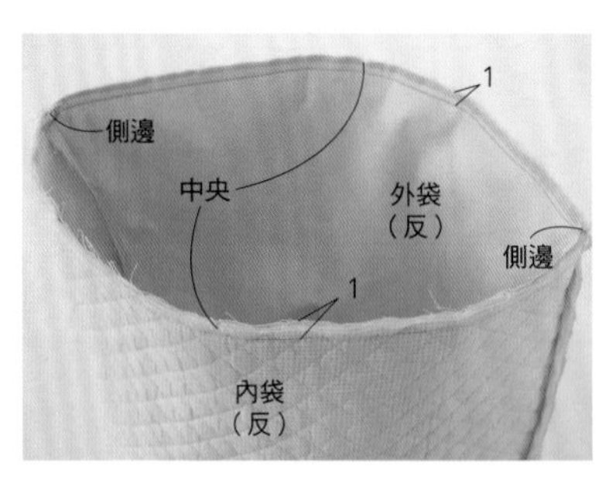

❷ 把兩側和中央對齊之後，在袋口車縫1圈。

將鋪棉布用於內袋的情況

鋪棉布因為具有厚度，若是袋身的高度做成和外袋一樣的話，在拉齊袋口的時候，底部就容易出現鬆垮的現象。因此，若是把高度做得比外袋略低一點的話，在縫合的時候，內側就不會鬆垮而能做出漂亮的形狀。

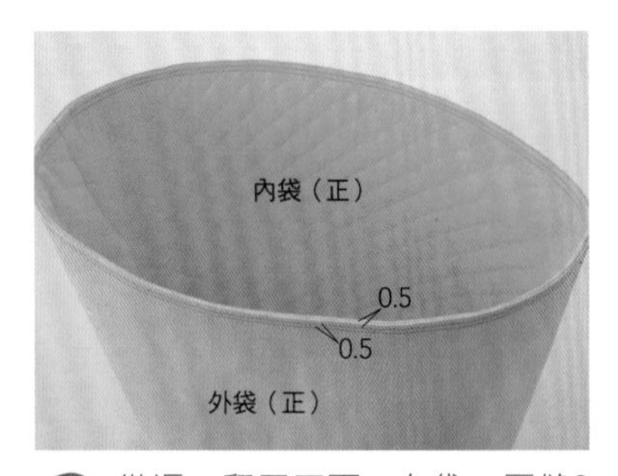

❸ 從返口翻回正面，在袋口壓縫2圈。

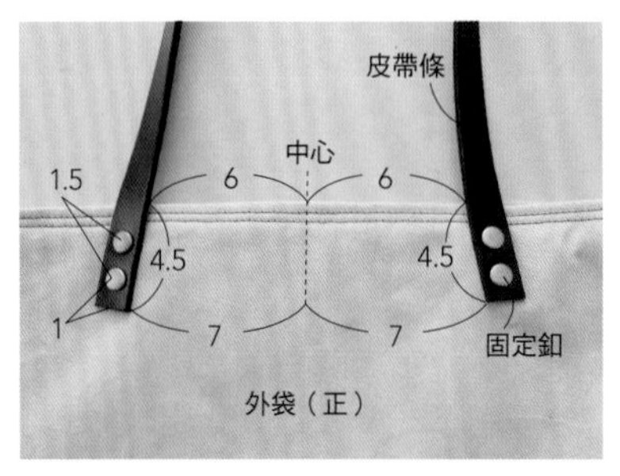

❹ 在皮帶條邊端的2個位置打洞（見下方「打洞的方法」）。把皮帶條用固定釦安裝好（P50「固定釦的安裝方法」）。

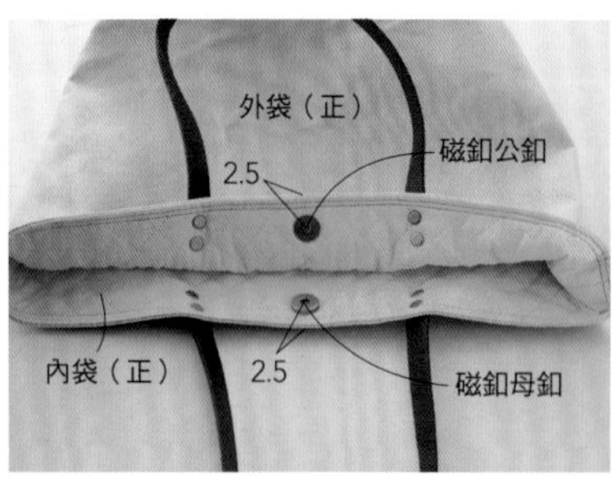

❺ 從返口安裝磁釦（P32「磁釦的安裝方法」）。

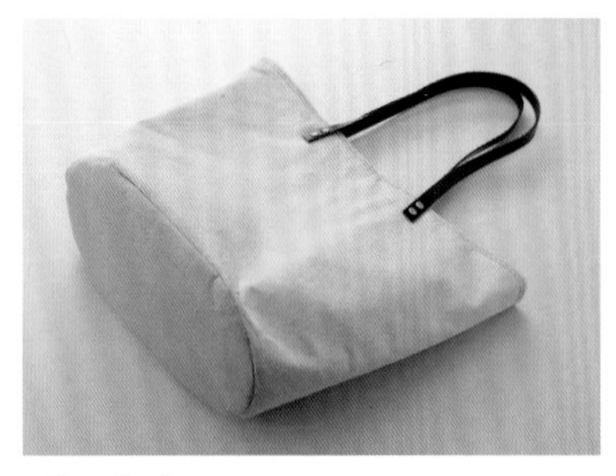

❻ 完成。

打洞的方法

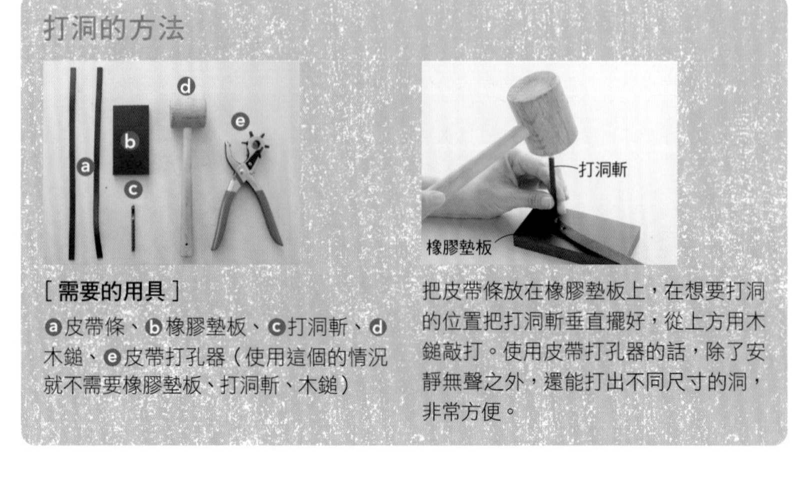

［需要的用具］

ⓐ皮帶條、ⓑ橡膠墊板、ⓒ打洞斬、ⓓ木鎚、ⓔ皮帶打孔器（使用這個的情況就不需要橡膠墊板、打洞斬、木鎚）

把皮帶條放在橡膠墊板上，在想要打洞的位置把打洞斬垂直擺好，從上方用木鎚敲打。使用皮帶打孔器的話，除了安靜無聲之外，還能打出不同尺寸的洞，非常方便。

arrange 20

▶▶第71頁／實物大紙型A面

橢圓底橫長包

難易度 ★★★

【成品尺寸】

橫寬38cm×高18cm×側襠16cm（不含提把）

【材料】

亞麻布（黃）………107cm×40cm
棉絨面呢（花朵圖案）………92cm×32cm
雕繡蕾絲（白）………34cm×20cm
厚布襯………約70cm×40cm
扣帶式壓釦（皮革）………1組

【裁剪方法和尺寸】※單位是cm。

※外布底和內布底是利用紙型加上指定的縫份畫線，做出合印記號之後進行裁剪。

※在外布a、b、c、d的反面、距離周圍0.5cm的內側貼上厚布襯。在外布底的反面貼上裁剪成比紙型大0.5cm的厚布襯。

亞麻布（黃）

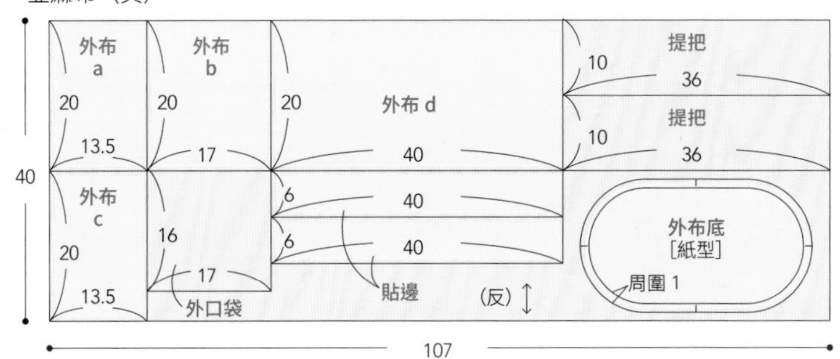

棉絨面呢（花朵圖案）

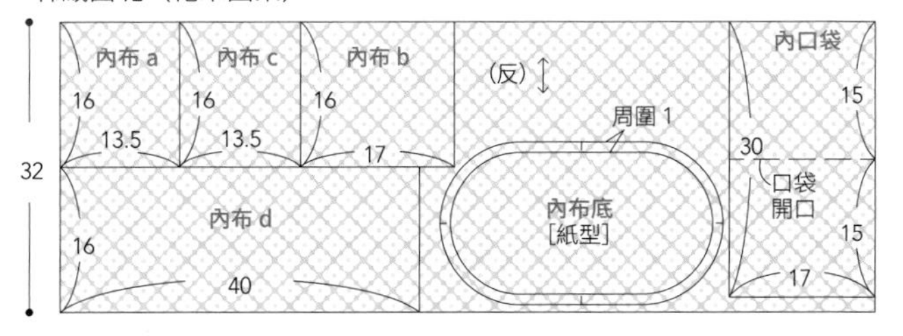

雕繡蕾絲（白）

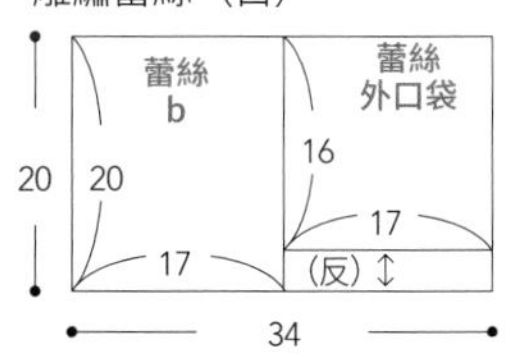

作法 ※單位是cm。

1 製作提把

把提把摺成四摺車縫邊緣，製作2條提把（P18 1的作法1）。

2 製作外袋

❶ 把外口袋和蕾絲外口袋正正相對車縫。

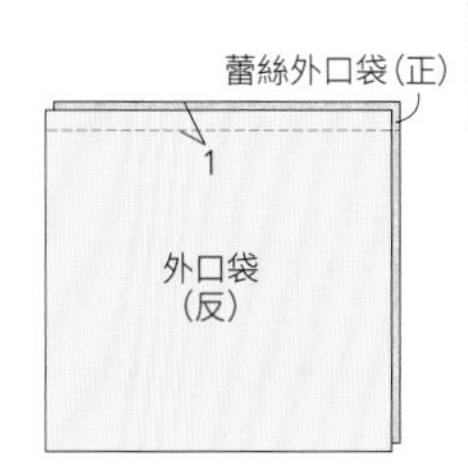

❷ 翻回正面，在邊緣車縫壓線。這一邊就是口袋開口。

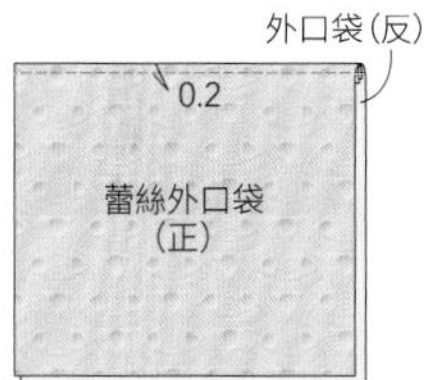

❸ 把蕾絲b的正面朝上疊放在外布b的正面。在這上面把❷的蕾絲外口袋側朝上疊好，在兩側假縫固定。

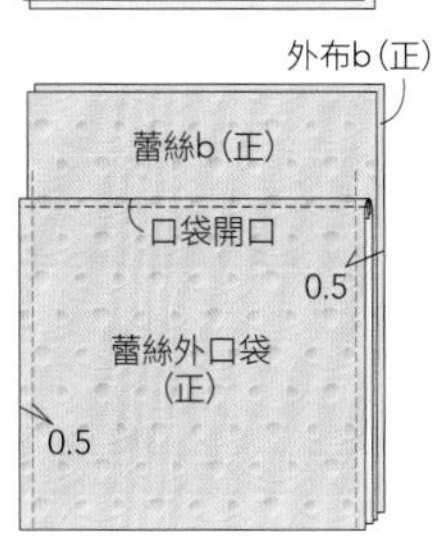

❹ 在❸的上面把外布a正正相對疊好，車縫邊緣。

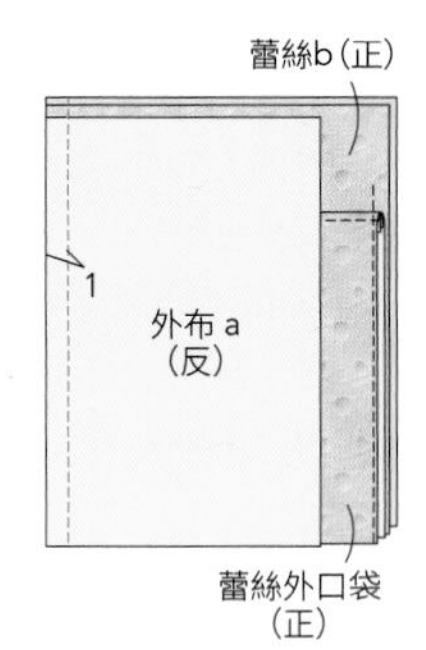

❺ 和❹同樣，在❸的另一側把外布c正正相對車縫起來。

❻ 把❹和❺攤開，縫份倒向外布a和外布c側，在邊緣車縫壓線。這一面就是前側。

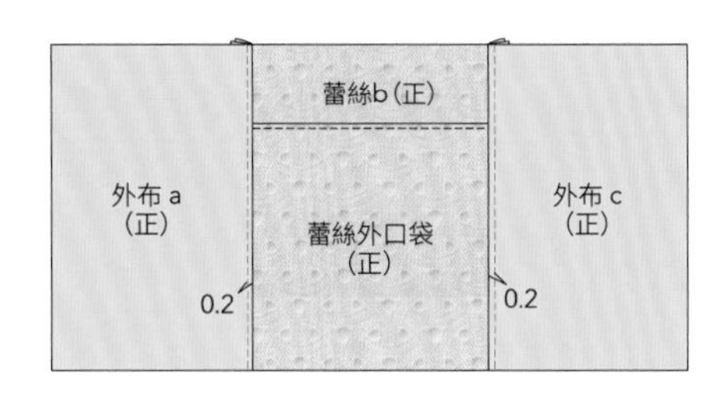

❼ 把❻和外布d正正相對車縫兩側，再將外布底車縫接合（P74 19的作法1）。

❽ 把提把分別假縫固定，完成外袋。

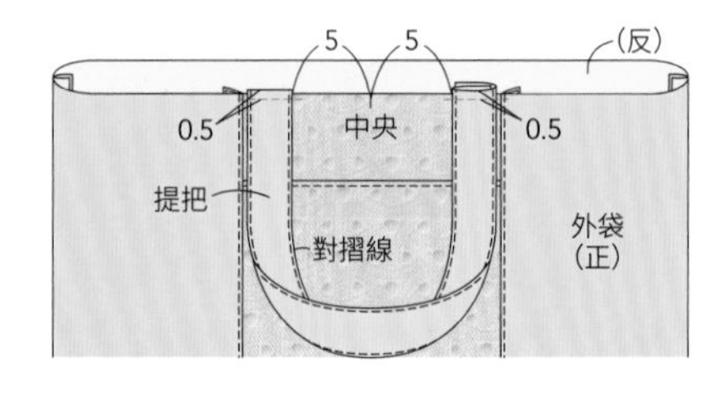

3 製作內袋

❶ 把內口袋從口袋開口反反相對摺好，將口袋開口往前方摺疊車縫。

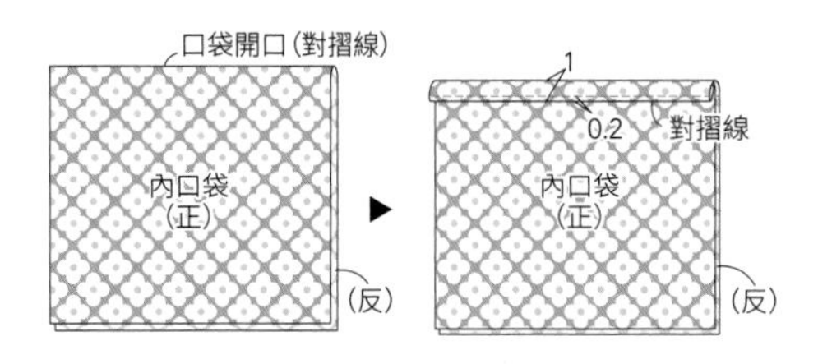

❷ 和2-❹～❻同樣，在縫上內口袋的內布b的兩側，把內布a和內布c車縫接合。

❸ 把❷和1片貼邊正正相對車縫。

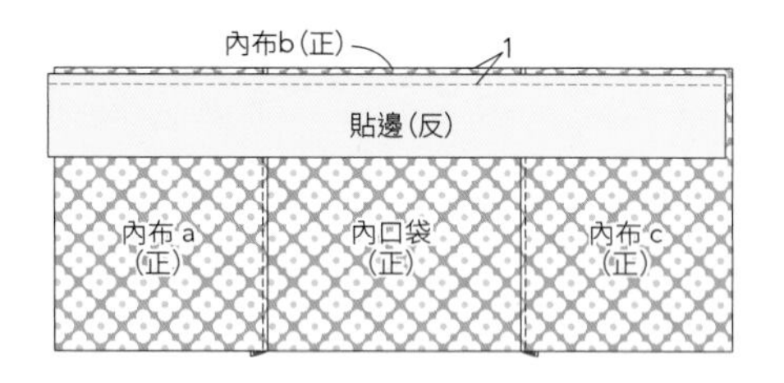

❹ 把❸攤開，縫份倒向貼邊側，在邊緣車縫壓線。這一面就是後側。

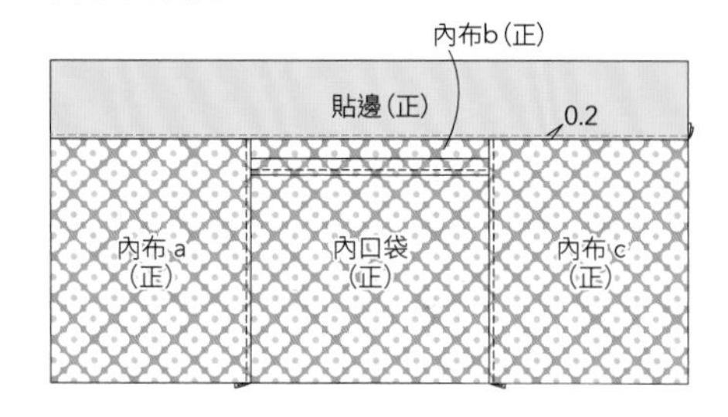

❺ 和❸、❹同樣，把內布d和貼邊車縫接合。

❻ 把❹和❺正正相對，預留返口之後車縫兩側，和內底車縫接合（P74 19的作法2）。完成內袋。

4 把外袋和內袋縫合

❶ 把外袋和內袋正正相對套合車縫，翻回正面之後在袋口車縫壓線（P74 19的作法3－❶～❸）。

❷ 把扣帶分別縫合固定。完成。

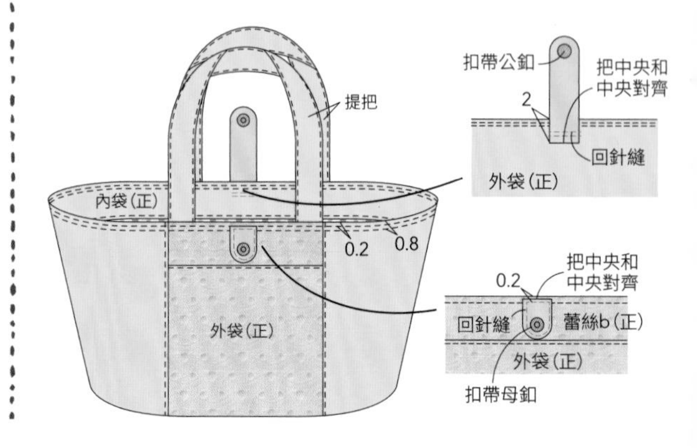

arrange 21

▶▶第72頁／實物大紙型A面

拼接配色托特包

難易度 ★★☆

【成品尺寸】

橫寬22cm×高26cm×側襠22cm（不含提把）

【材料】

亞麻布（紫）………105cm×25cm
棉麻防潑水布（直條紋圖案）………95cm×44cm
棉絨面呢（花朵圖案）………76cm×16cm
布襯………約105cm×25cm
皮面織帶（原色）………寬2cm×47cm×2條
雙面固定釦（中・腳長6mm）………4組

【工具】 橡膠墊板、座台、固定釦斬、錐子、鐵鎚

【裁剪方法和尺寸】 ※單位是cm。

※外布底和內布底是利用紙型加上指定的縫份畫線，做出中央的記號之後進行裁剪。
※在外布本體的反面、距離周圍0.5cm的內側貼上布襯。
※在外布底的反面，貼上裁剪成比紙型大0.5cm的含膠襯棉。

亞麻布（紫）

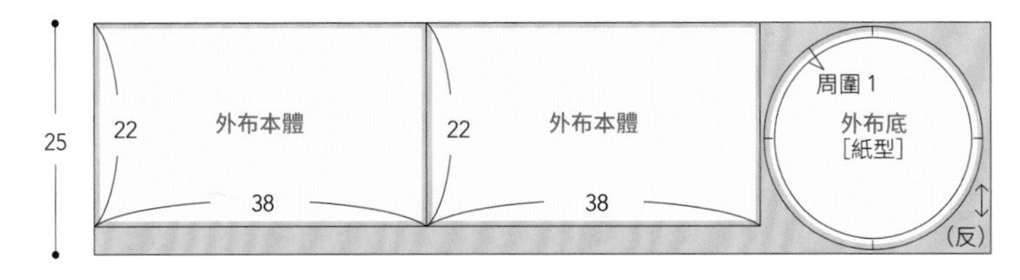

棉麻防潑水布（直條紋圖案）

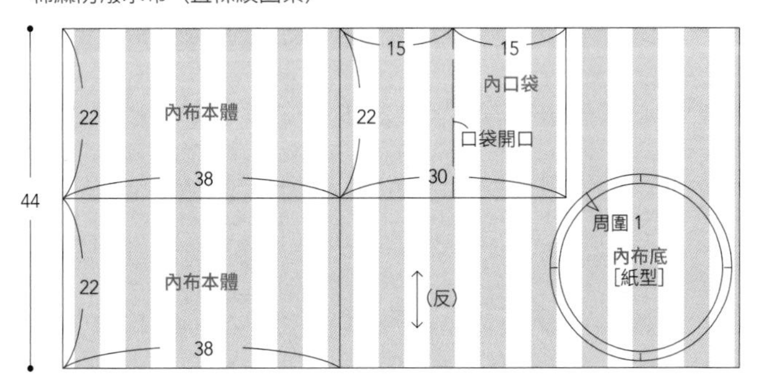

棉絨面呢（花朵圖案）

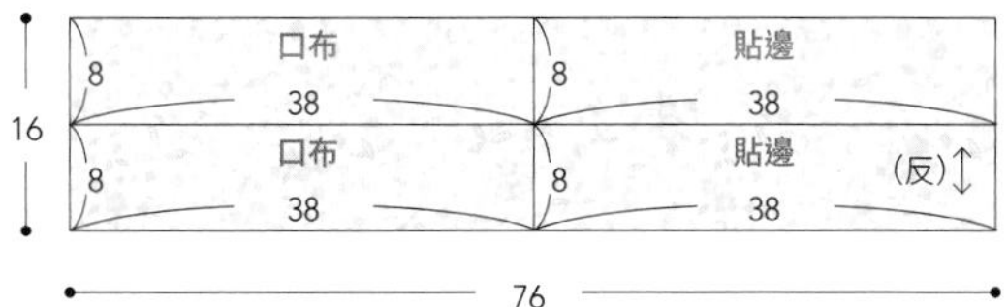

作法 ※單位是cm。

1 製作外袋

❶ 在1片口布的正面把1條皮面織帶假縫固定。

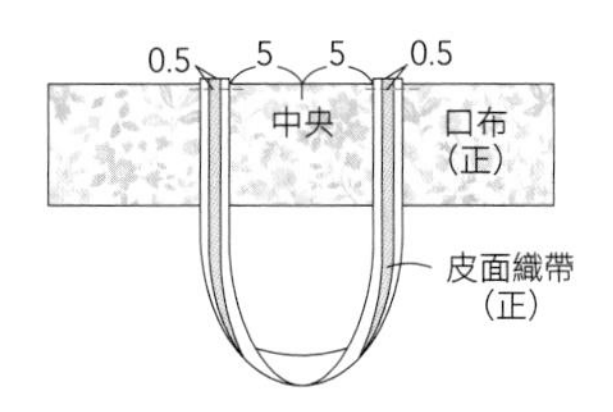

❷ 把1片外布本體和❶正正相對車縫。

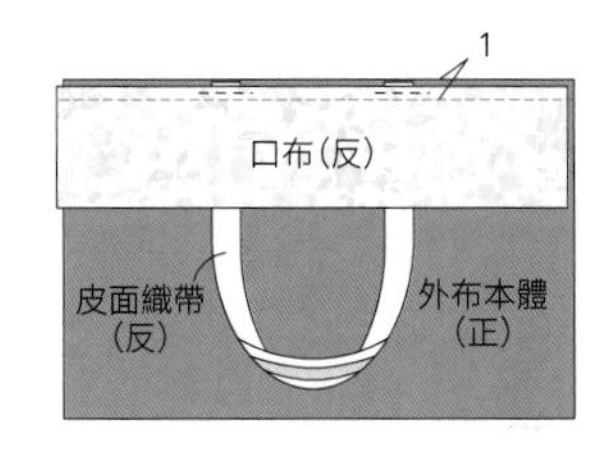

3 把❷攤開，縫份倒向外布本體側，車縫邊緣。

4 把緞帶正正相對摺成兩半，在❸的口布上假縫固定。這一面就是前側。

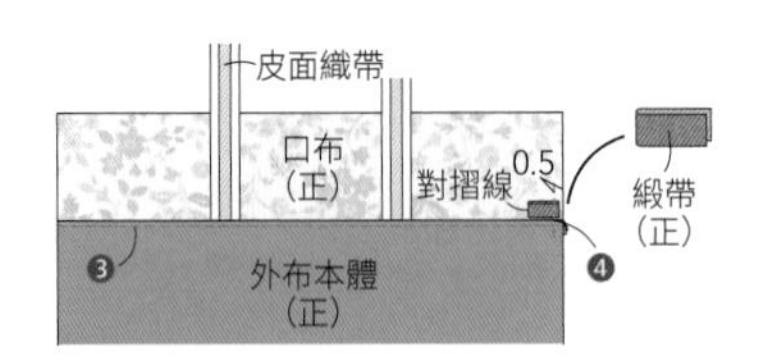

5 和❶～❸同樣，把另1片縫上皮面織帶的口布和外布本體車縫起來。

6 把外布本體正正相對車縫兩側，將外布底車縫接合（P74 19 的作法 1）。完成外袋。

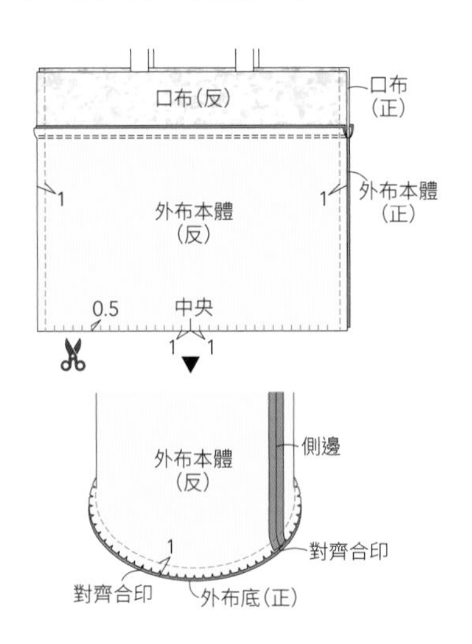

2 製作內袋

1 把內口袋從口袋開口正正相對摺好，預留返口之後車縫。翻回正面，把口袋開口往前方摺疊車縫（P58 14 的作法 3－❶、❷）。

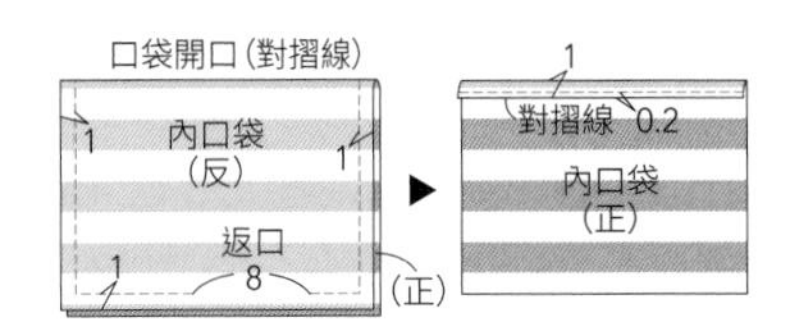

2 把內口袋疊放在1片內布本體的正面，車縫3邊（P58 14 的作法 3－❸）。這一面就是後側。

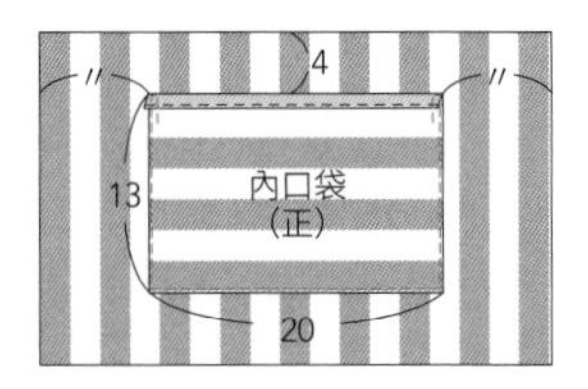

3 和 1－❷同樣，把❷和貼邊正正相對車縫。

4 把❸攤開，縫份倒向貼邊側，在邊緣車縫壓線。

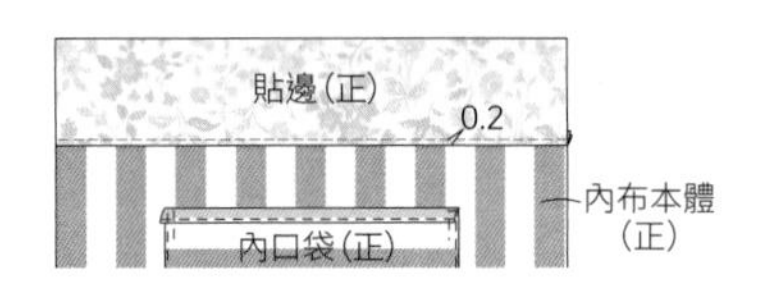

5 和❸、❹同樣，把另1片貼邊和內布本體車縫起來。

6 把❹和❺正正相對疊好，預留返口之後車縫兩側，將內布底車縫接合（P74 19 的作法 2）。完成內袋。

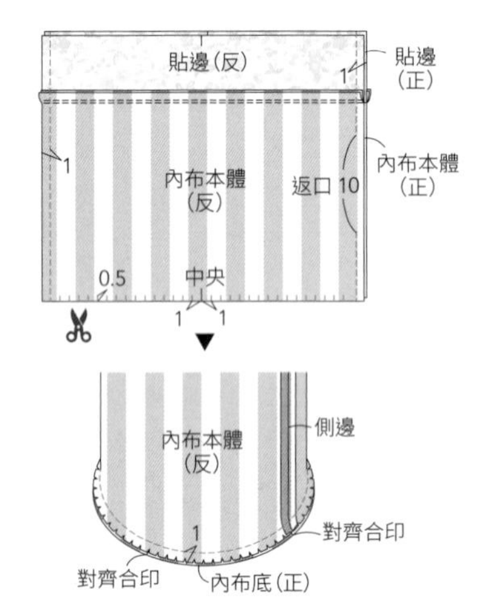

3 把外袋和內袋縫合

1. 把外袋和內袋正正相對套合車縫（P74 19 的作法 3 —❶、❷）。
2. 把皮面織帶翻起，在袋口車縫1圈。
3. 在皮面織帶的上面，各安裝1個固定釦（P50「固定釦的安裝方法」）。完成。

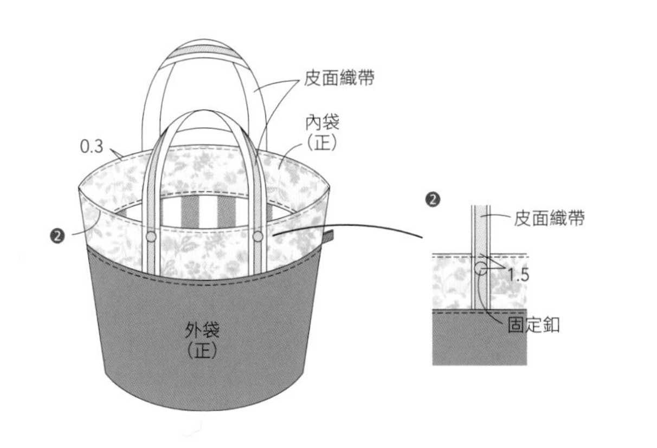

arrange 22

▶▶第73頁／實物大紙型A面

斜背抽繩水桶包

難易度 ★★★

【成品尺寸】
橫寬19㎝×高22㎝
×側襠19㎝
（不含背帶）

【材料】
棉牛津布（十字主題圖案）
………74㎝×18㎝
棉牛津布（籐籃圖案）………55㎝×23㎝
鋪棉布（星星圖案）………88㎝×24㎝
中厚布襯………約65㎝×40㎝
合成皮繩（咖啡）………寬0.6㎝×150㎝
雞眼釦（外徑1.5㎝）………8組

【工具】 雞眼鉗、圓斬、橡膠墊板、木鎚

【裁剪方法和尺寸】 ※單位是㎝。
※外布底和內布底是利用紙型加上指定的縫份畫線，做出中央的記號之後進行裁剪。
※在外布本體的反面、距離周圍0.5㎝的內側貼上布襯。
※在外布底的反面，貼上裁剪成比紙型大0.5㎝的含膠襯棉。

棉牛津布（籐籃圖案）

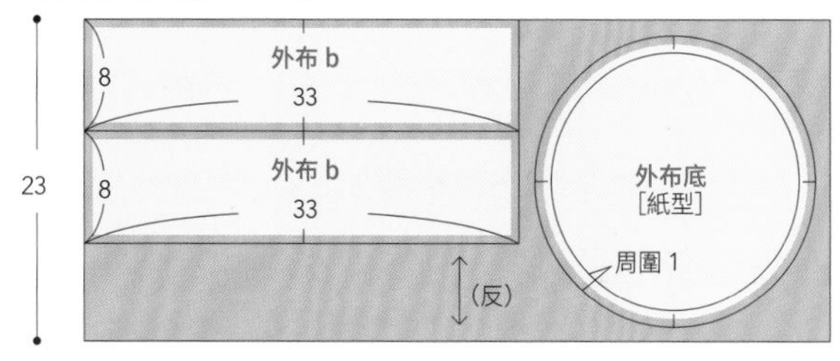

棉牛津布（十字主題圖案）

調節扣
6
8
18
外布a
33
外布a
33
(反)
74

鋪棉布（星星圖案）

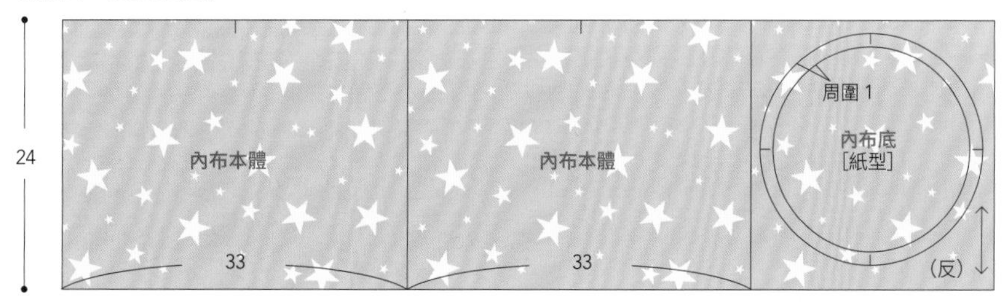

作法

※單位是cm。

1 製作外袋

❶ 把外布a和外布b正正相對車縫。

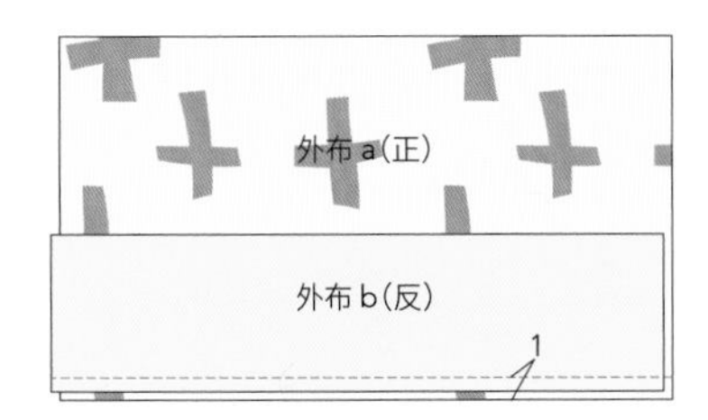

❷ 把❶攤開，縫份倒向外布b側，在邊緣車縫壓線。另1片也同樣地縫製。

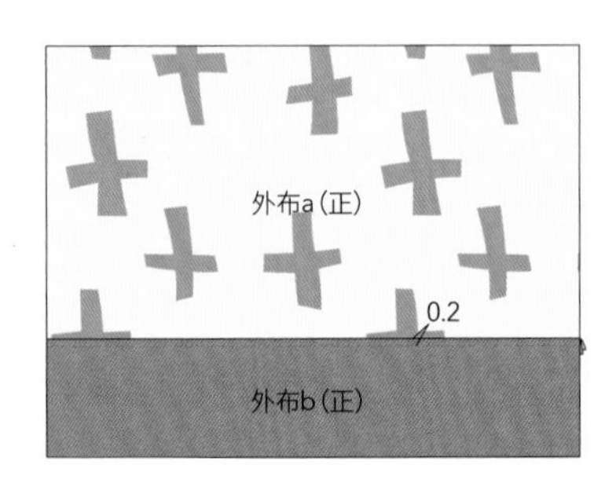

❸ 把2片❷正正相對車縫兩側，再將外布底車縫接合(P74 19的作法1)。完成外袋。

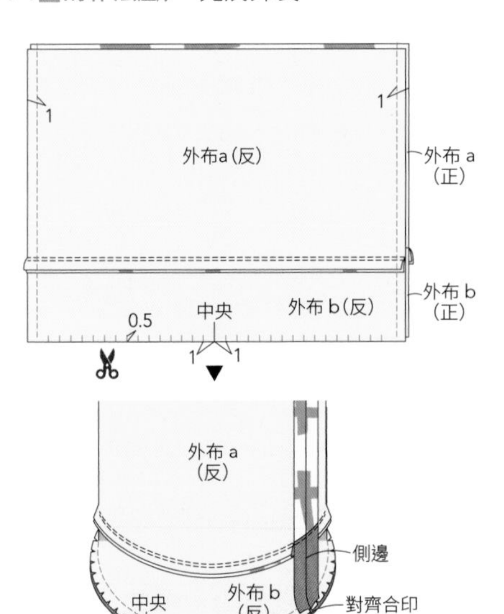

2 製作內袋

把2片內布本體正正相對疊好，預留返口之後車縫兩側，將內布底車縫接合(P74 19的作法2)。完成內袋。

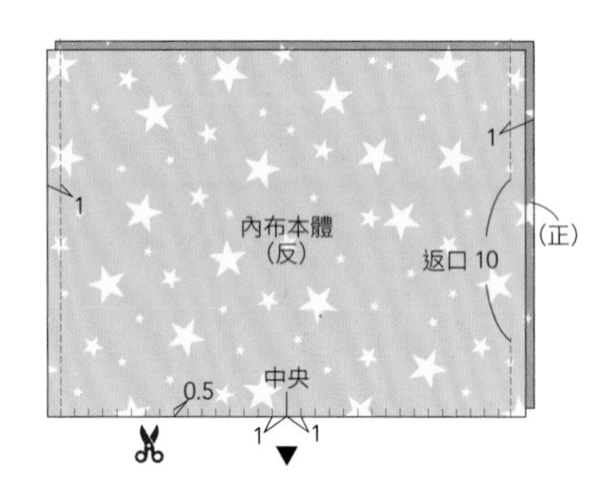

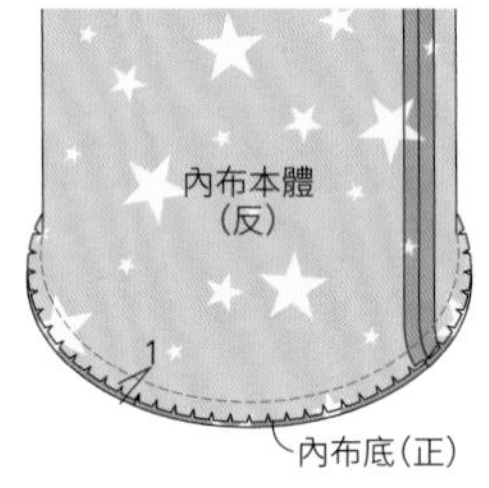

3 把外袋和內袋縫合

❶ 把外袋和內袋正正相對套合，車縫袋口。從返口翻回正面之後在袋口車縫2圈(P74 19的作法3－❶～❸)。

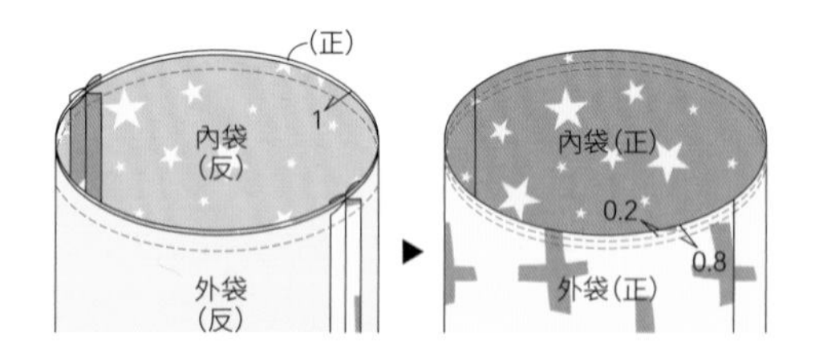

❷ 在外袋的雞眼釦打洞位置做記號。打洞之後裝上雞眼釦(P83「雞眼釦的安裝方法」)。在另一面也同樣地安裝雞眼釦。

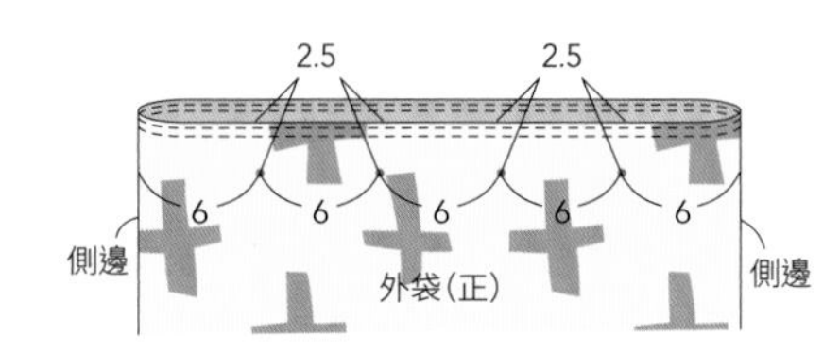

3 把調節扣正正相對摺成兩半車縫起來。翻回正面之後再如圖車縫。

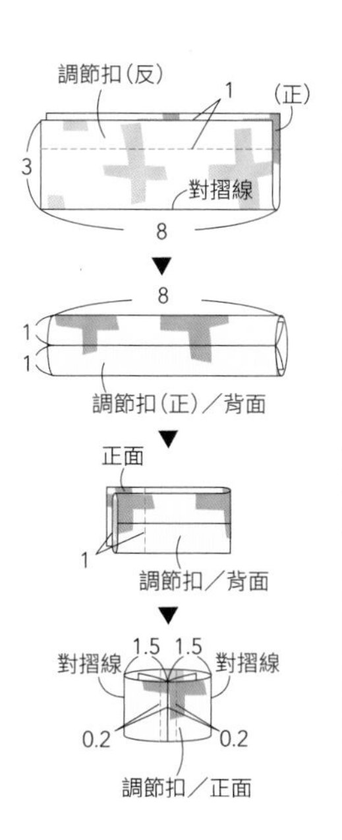

4 把合成皮繩穿過雞眼釦，再將兩端穿過調節扣，在末端打上單結。完成。

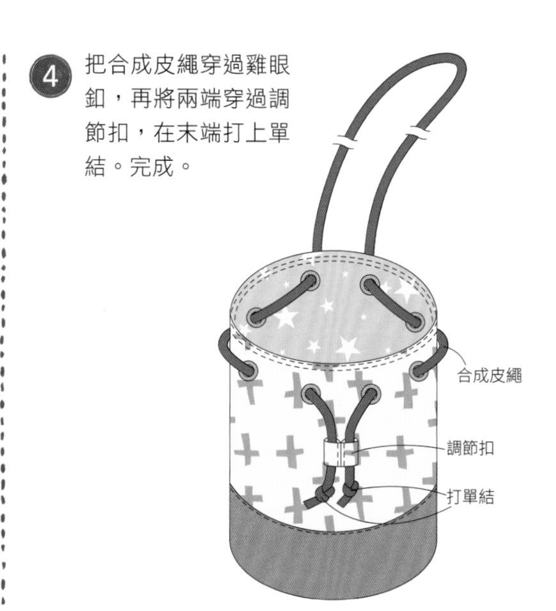

雞眼釦的安裝方法

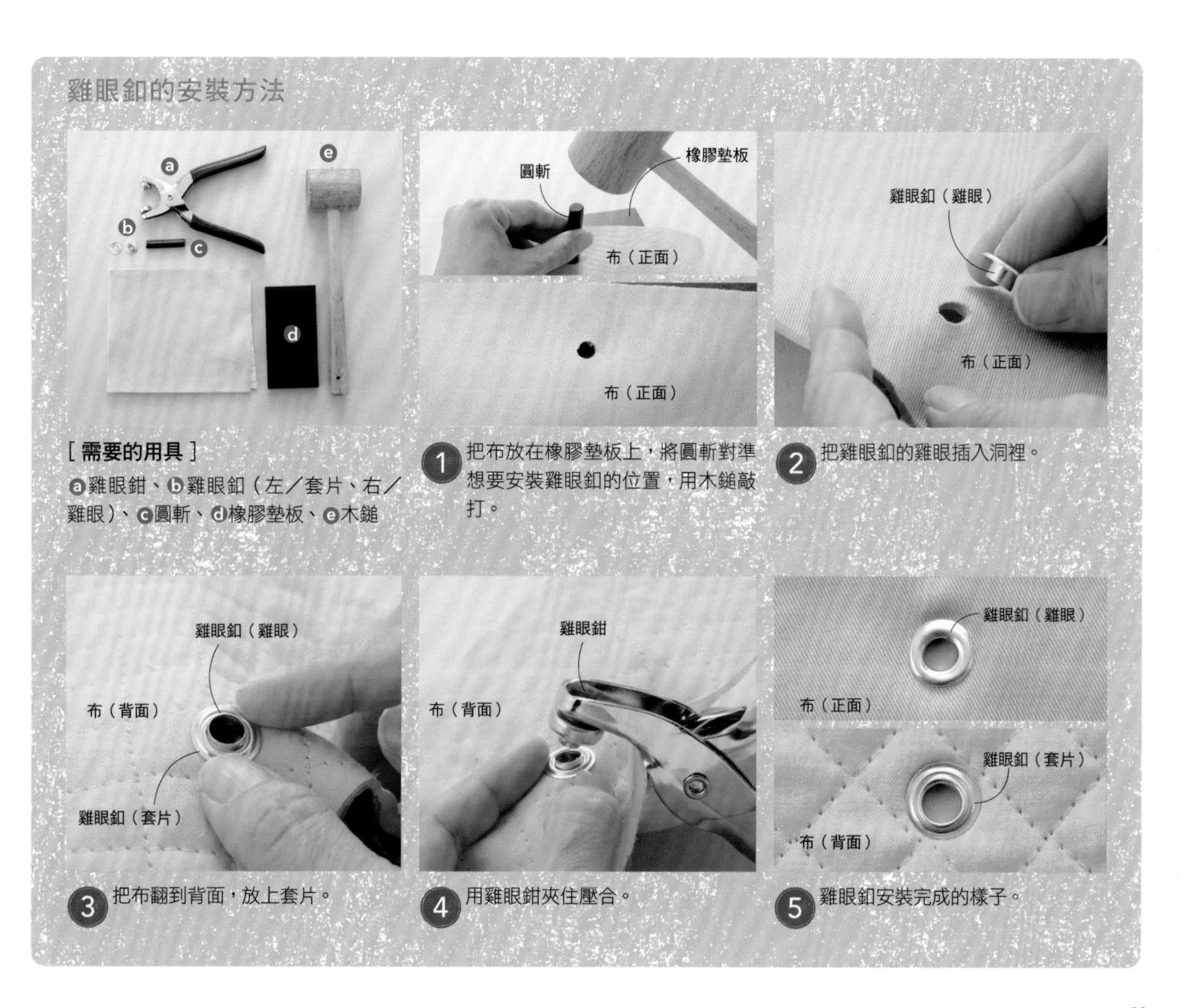

[需要的用具]

ⓐ雞眼鉗、ⓑ雞眼釦(左/套片、右/雞眼)、ⓒ圓斬、ⓓ橡膠墊板、ⓔ木鎚

1 把布放在橡膠墊板上，將圓斬對準想要安裝雞眼釦的位置，用木鎚敲打。

2 把雞眼釦的雞眼插入洞裡。

3 把布翻到背面，放上套片。

4 用雞眼鉗夾住壓合。

5 雞眼釦安裝完成的樣子。

打褶包款

把布料的一部分抓起來縫出皺褶，以便在平面上
增加立體的圓弧感，做出具有優雅線條的包包。

束口袋背包

2片縫合而成的扁平型簡單背包。
圓潤又可愛的造型。

作法…第87頁

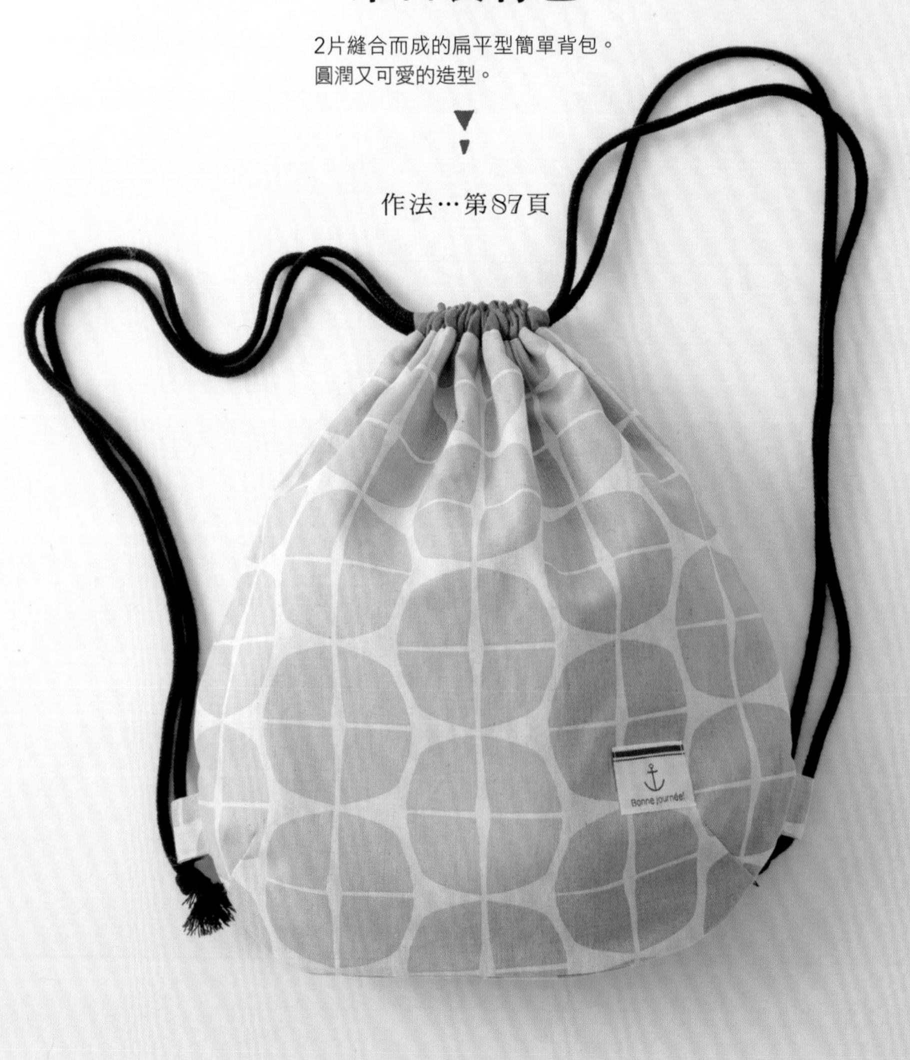

arrange
24

粗花呢包包

由格紋、花朵圖案、素色三種不同材質的布料拼接而成。最適合秋冬的別緻配色。

作法…第90頁

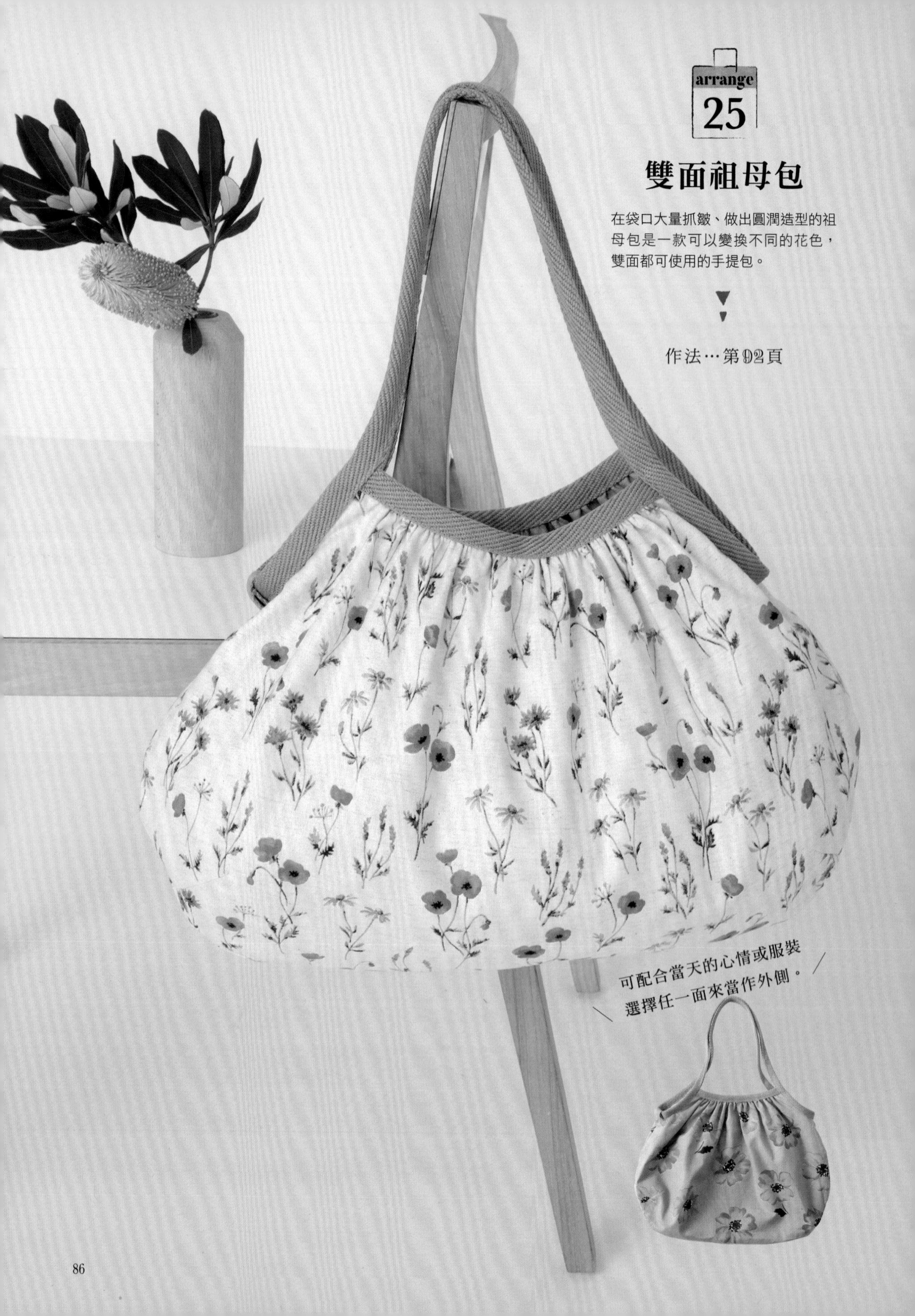

arrange 25

雙面祖母包

在袋口大量抓皺、做出圓潤造型的祖母包是一款可以變換不同的花色，雙面都可使用的手提包。

作法…第92頁

可配合當天的心情或服裝
選擇任一面來當作外側。

HOW TO MAKE

basic 23

▶▶第84頁／實物大紙型A面

束口袋背包

難易度 ★☆☆

〚材料〛 棉麻帆布（幾何圖案）………90cm×39cm
亞麻布（靛藍）………80cm×44cm
標籤（喜愛的樣式）………寬3.2cm×4cm
圓繩（黑）………150cm×2條

〚工具〛 穿繩器

〚成品尺寸〛

〚裁剪方法和尺寸〛 ※單位是cm。
※外布和內布是利用紙型加上指定的縫份，做出中央的記號之後進行裁剪。

棉麻帆布（幾何圖案）

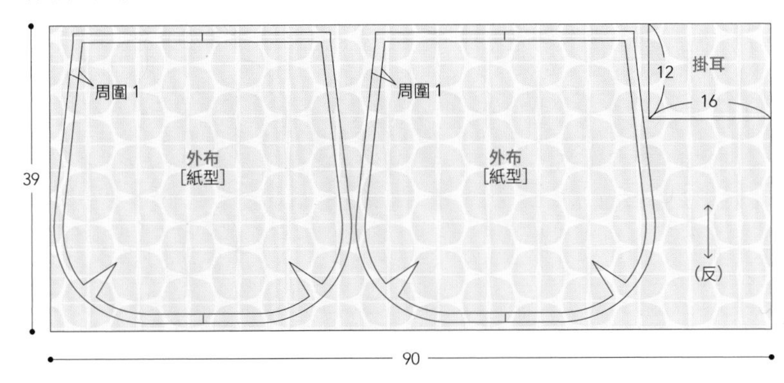

亞麻布（靛藍）

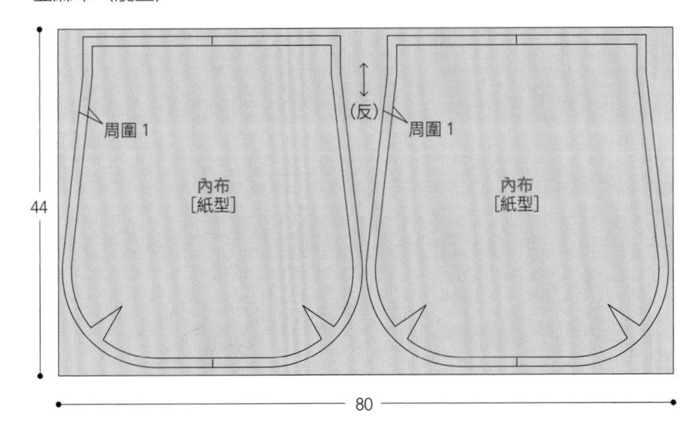

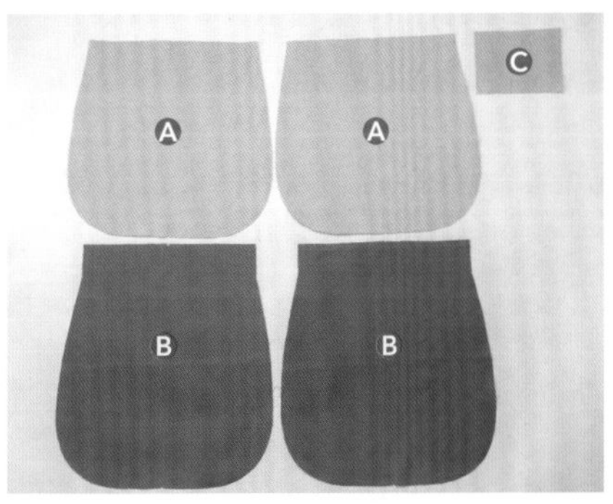

Ⓐ外布2片、Ⓑ內布2片、Ⓒ掛耳

作法　※單位是cm。

1 縫製外布和內布的褶子

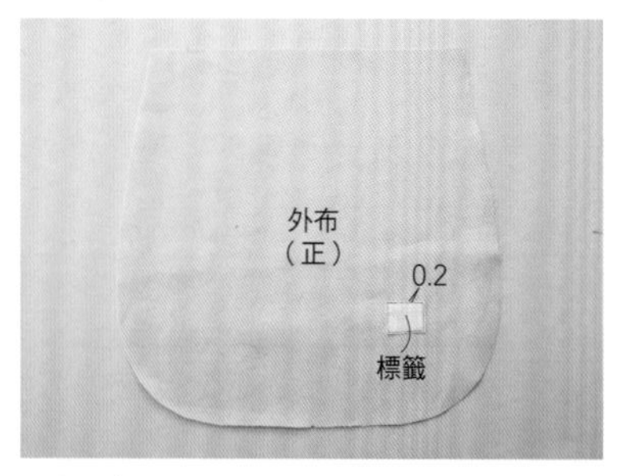

❶ 在1片外布的正面，縫上標籤。

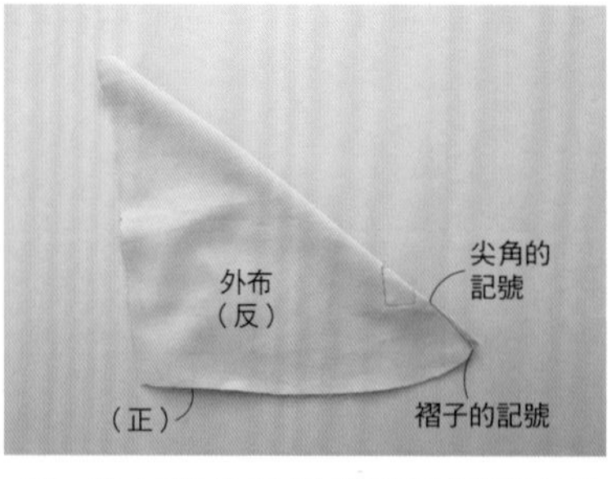

❷ 把在邊緣做好的褶子記號正正相對車縫（見下方「褶子的縫法」）。

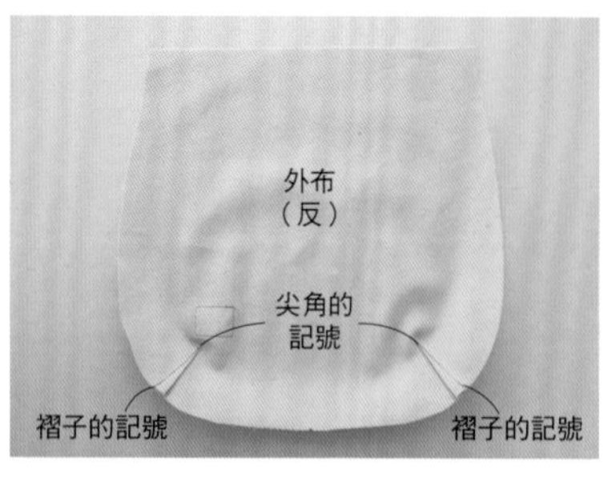

❸ 把另一側的褶子也同樣地縫好，將縫份倒向下側。

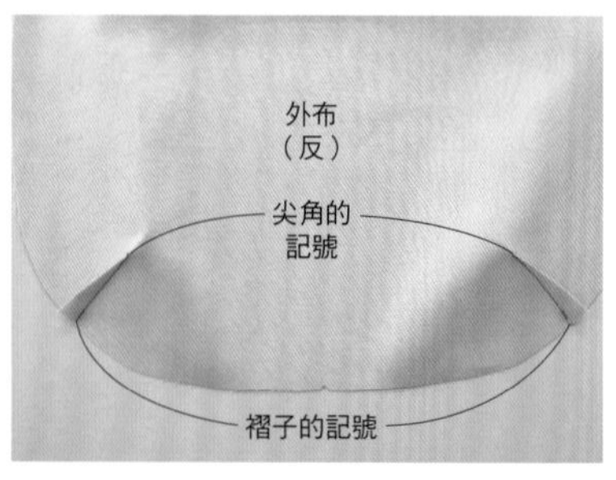

❹ 把另1片外布的褶子也同樣地縫好，將縫份倒向上側。

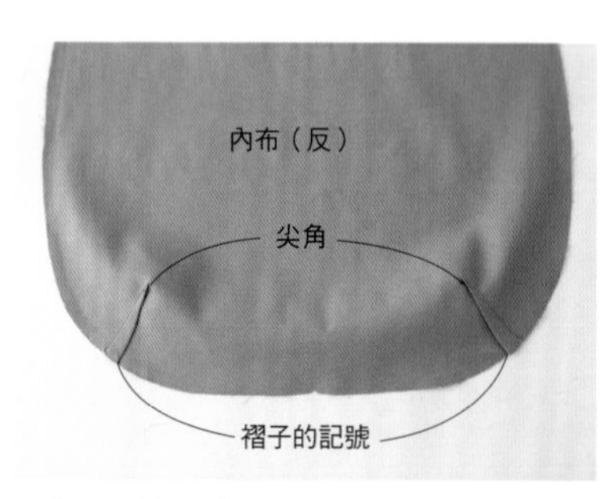

❺ 和❸～❹同樣，把2片內布的褶子縫好。

褶子的縫法

尖角的記號
（反）
回針縫
褶子的記號
（正）

❶ 把在邊端做好的褶子記號正正相對疊好，沿著尖角（用錐子做出記號）到記號的連接線車縫。為了防止縫線綻開，尖角側的回針距離要加長一點。

❷ 把縫份壓倒之後，用熨斗確實燙平。

2 製作掛耳

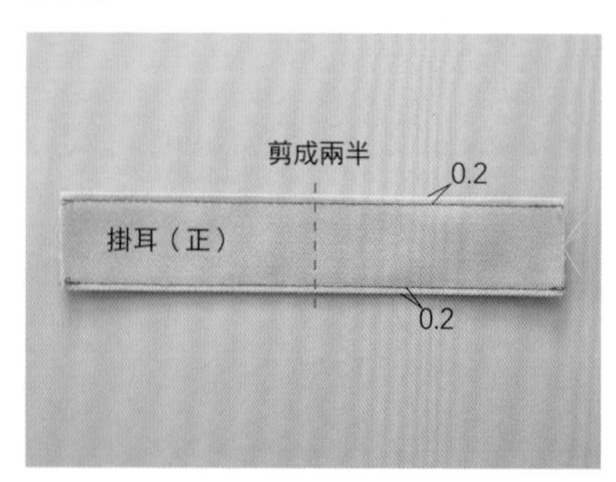

❶ 把掛耳摺成四摺後，車縫邊緣（P18 1 的作法1－❶、❷）。剪成兩半。

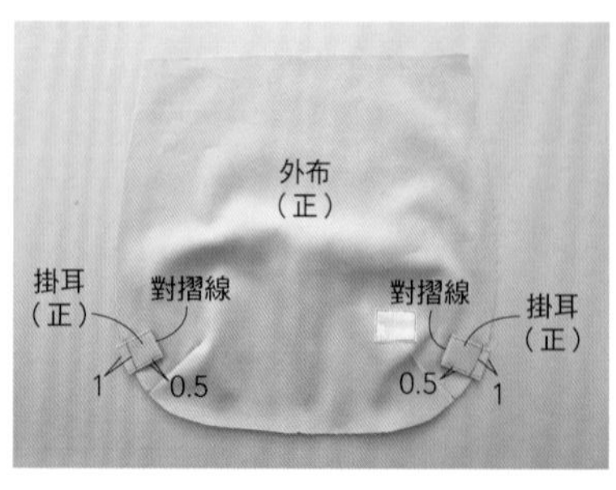

❷ 把❶分別對摺，在縫上標籤的外布上假縫固定。

3 把外布和內布縫合

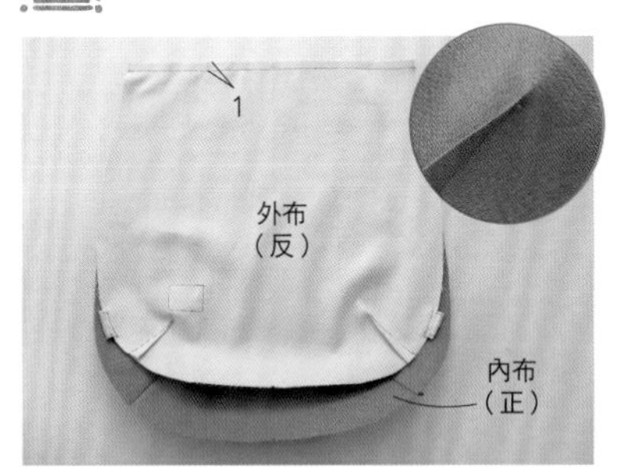

1 把褶子倒向不同方向的1片外布和1片內布正正相對，拉齊上端之後車縫。

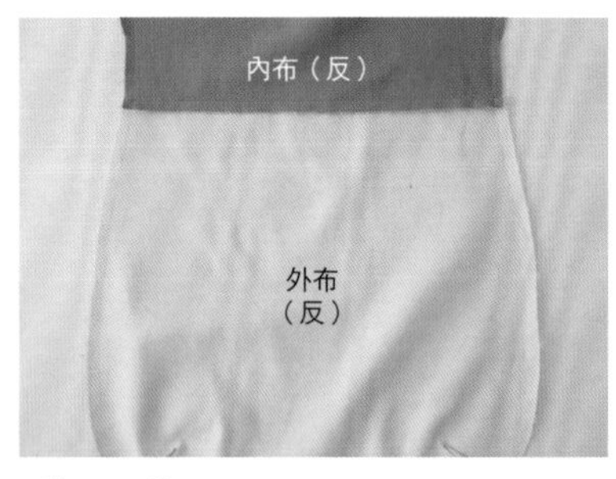

2 把❶攤開，縫份倒向外布側。另1片外布和內布也同樣車縫起來。

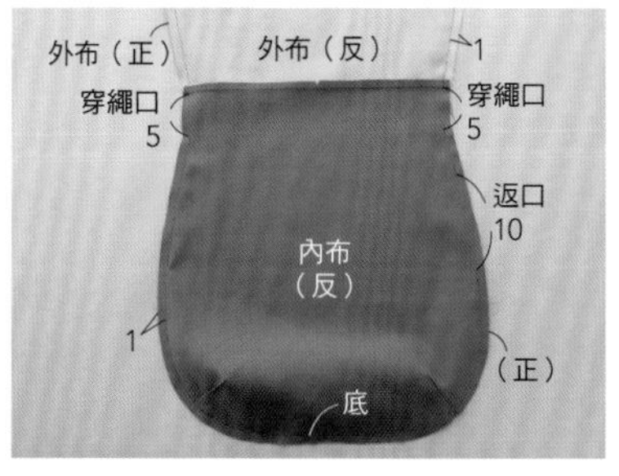

3 把2片的外布、內布各自正正相對疊好，分別從底側車縫起來（P58 14 的作法2－❼、❽）。內布要預留穿繩口和返口。

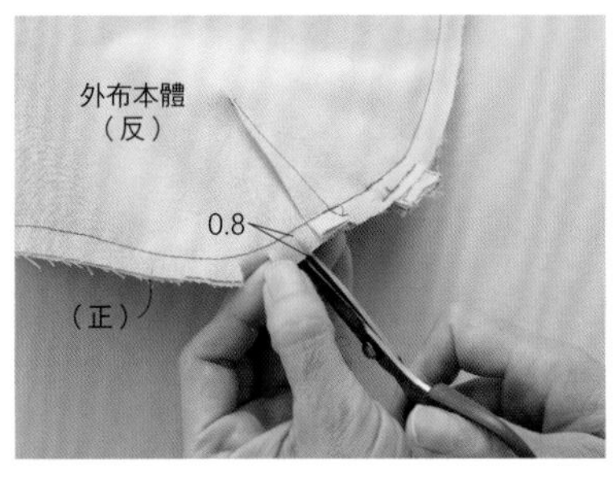

4 在曲線部分的縫份剪出牙口。把縫份攤開。

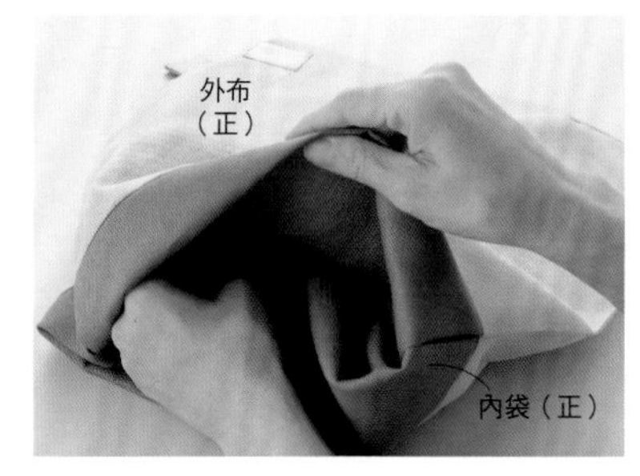

5 從返口翻回正面，把內布放入外布的內側。

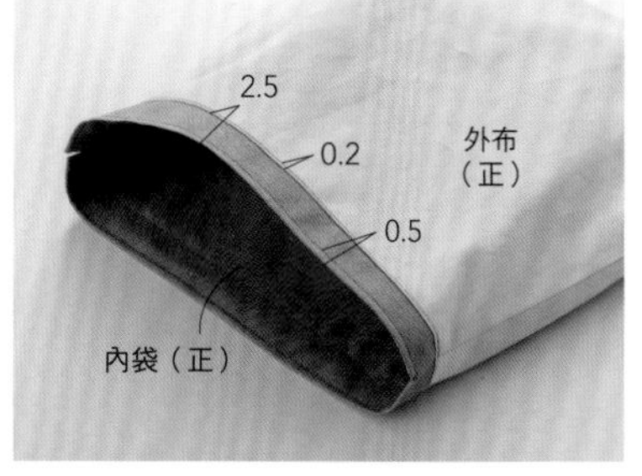

6 在外布的上端和內布的邊緣分別車縫1圈。以ㄇ字形縫法將返口縫合。

Point 在穿繩部分的上下車縫壓線，是為了固定穿繩口的縫份，縫份不易翻開繩子就容易通過。

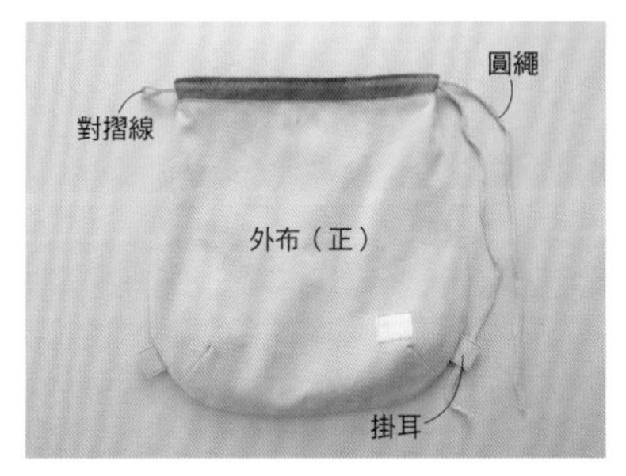

7 從穿繩口的一側，把1條圓繩穿入1圈。將圓繩的一端穿過掛耳之後，兩端一起打單結。

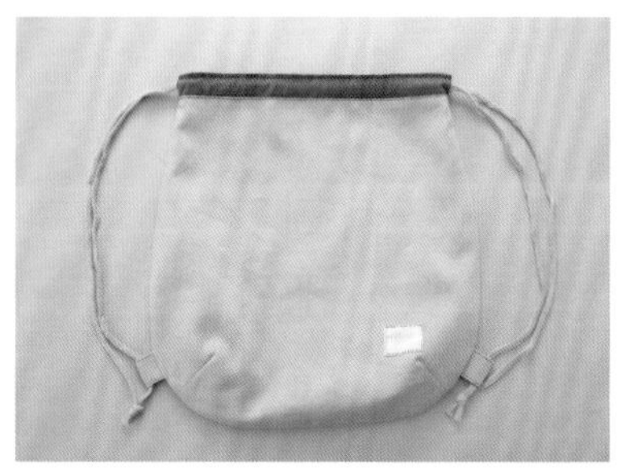

8 同樣地在另一側的穿繩口穿入圓繩、打結。完成。

使用大圖案布料的時候

把大圖案的布料用於本體的情況，在安排紙型時要採取平行排列的方式，才能讓圖案的位置保持一致。另外，搞不清楚圖案方向的布料，要盡量在相同的方向裁剪。條紋圖案的情況，若是刻意改變縱橫方向，當成橫條紋來使用的話，就等於有2種圖案可以運用。

arrange 24

▶▶第85頁／實物大紙型A面

粗花呢包包

難易度★★☆

【成品尺寸】

橫寬32㎝×高34㎝
（不含提把）

【材料】

棉粗花呢（格紋圖案）………53㎝×40㎝
棉麻帆布（花朵圖案）………40㎝×35㎝
羊毛混紡絨面粗花呢（咖啡色系）
………20㎝×20㎝
亞麻布（赤陶色）………55㎝×38㎝
布襯………約70㎝×40㎝
皮革（咖啡）………5㎝×2.5㎝
皮革標籤（喜愛的樣式）
………寬1.5㎝×5.2㎝
皮帶條（深咖啡）………寬1㎝×48㎝×2條
雙面固定釦（小・腳長6㎜）………2組
雙面固定釦（大・腳長6㎜）………8組

【工具】

橡膠墊板、座台、固定釦斬、錐子、鐵鎚、木鎚、直徑2.5㎜和3㎜的打洞斬

【裁剪方法和尺寸】※單位是㎝。

※內口袋以外是利用紙型加上指定的縫份畫線，在外布和內布上做出中央的記號之後進行裁剪。
※在外布和a、b、c、d的反面，貼上裁剪成比紙型大0.5㎝的含膠襯棉。

羊毛混紡絨面粗花呢（咖啡色系）

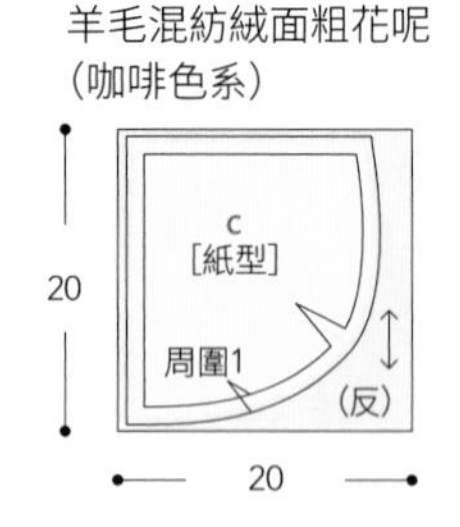

棉麻帆布（花朵圖案）

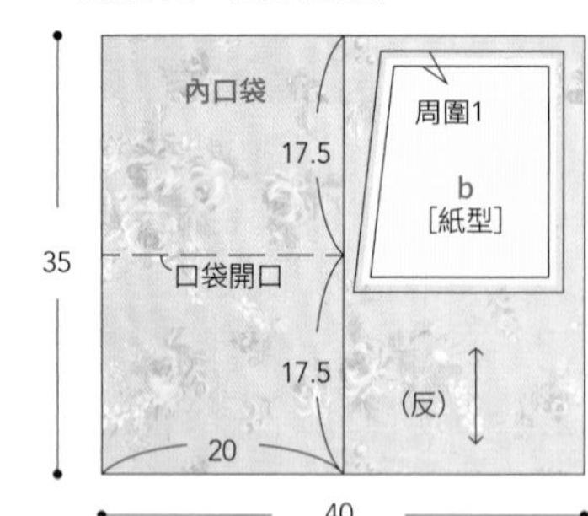

棉粗花呢（格紋圖案）

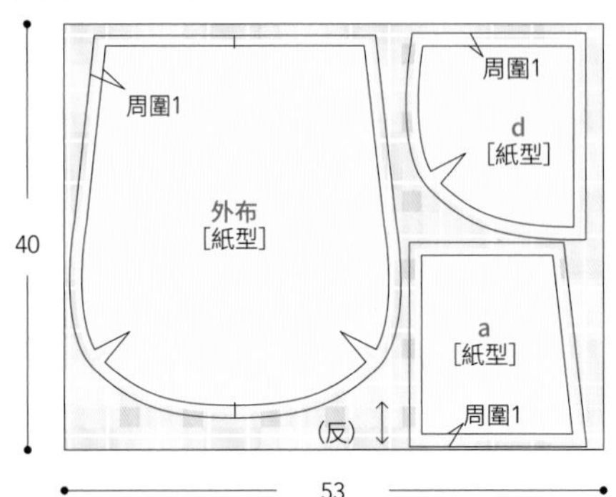

亞麻布（赤陶色）

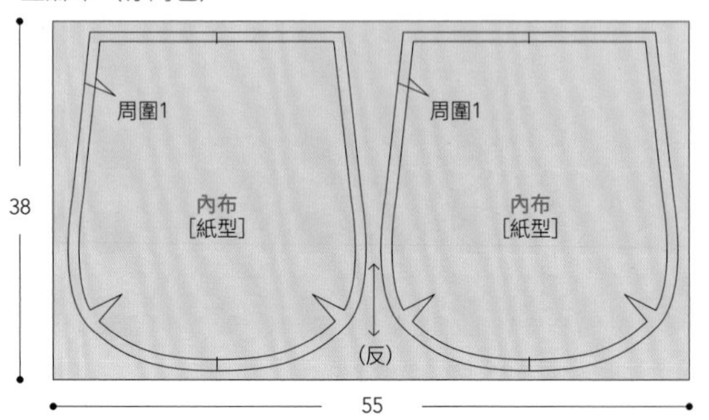

作法　※單位是㎝。

1 製作外袋

❶ 把d的上端和b的下端正正相對疊好，車縫邊緣。

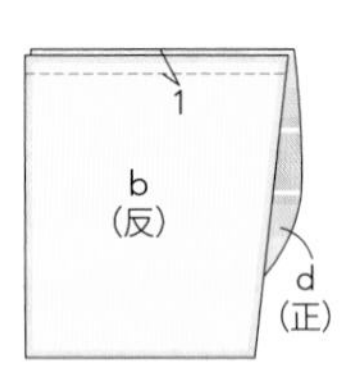

❷ 把❶攤開，縫份倒向d側，在邊緣車縫壓線。

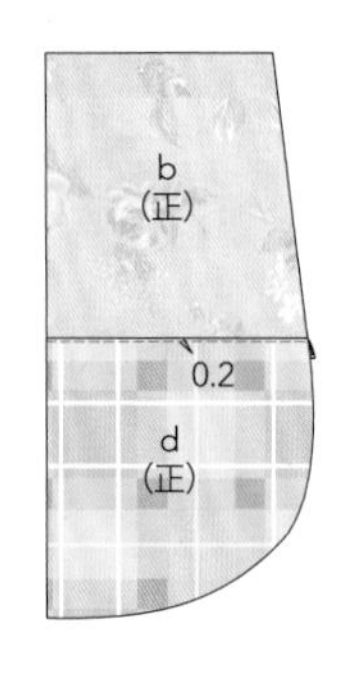

❸ 和❶、❷同樣，把c和a車縫接合。

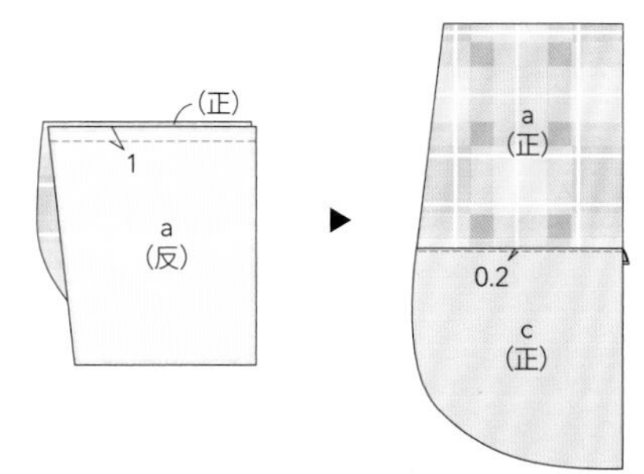

❹ 把❷和❸正正相對車縫起來。

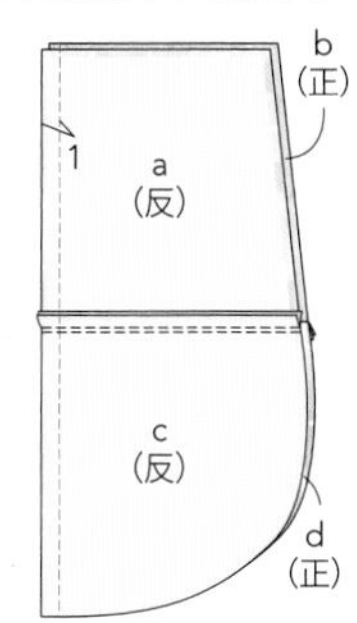

❺ 把❹的縫份攤開，在兩側邊緣各車縫1道線。把皮革反反相對摺成兩半，在右端假縫固定。

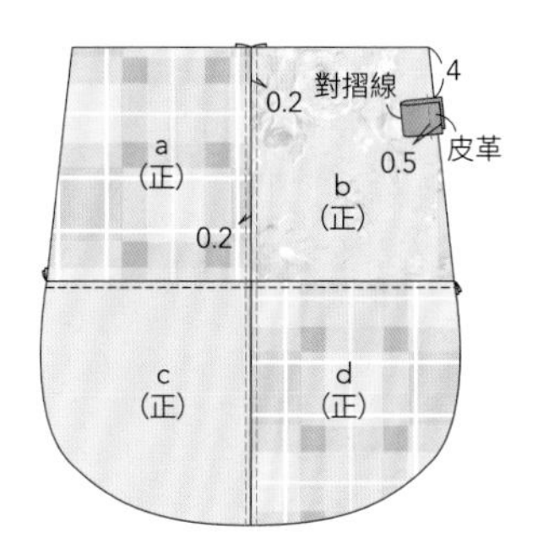

❻ 把❺和外布各自的褶子縫好（P88「褶子的縫法」）。

❼ 把❻的2片，錯開褶子的縫份正正相對疊好，從底側開始車縫（P58 14 的作法2－❼、❽）。完成外袋。

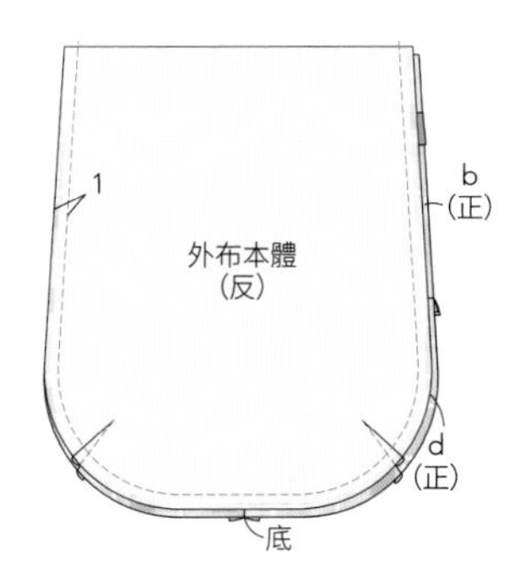

2 製作內袋

❶ 把內口袋從口袋開口正正相對摺好，預留返口之後車縫。翻回正面，把口袋開口摺起車縫（P58 14 的作法3－❶、❷）。

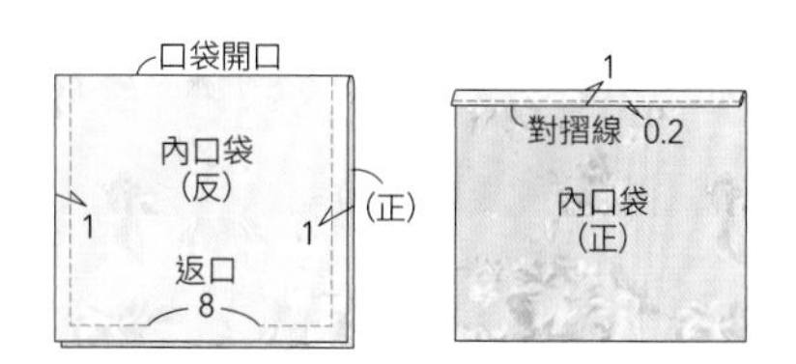

❷ 把內口袋疊放在1片內布本體的正面，車縫3邊。這一面就是後側。

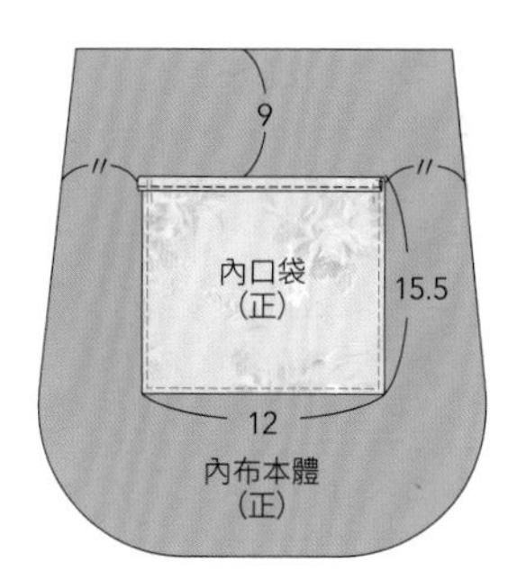

❸ 把內布本體各自的褶子縫好。

❹ 把2片內布本體錯開褶子的縫份正正相對疊好，預留返口之後車縫。完成內袋。

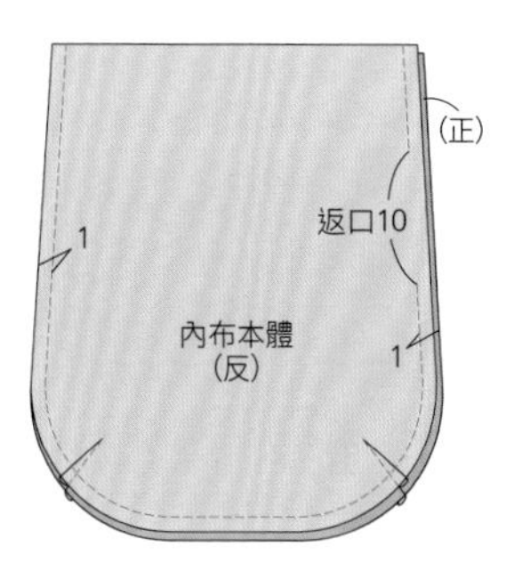

3 把內袋和外袋縫合，安裝提把

❶ 把外袋和內袋正正相對套合，在袋口車縫1圈（P74 19 的作法3－❶、❷）。

2. 從返口翻回正面，以ㄇ字形縫法將返口縫合。在開口車縫2圈。
3. 把皮帶條打洞（P76「打洞的方法」），安裝固定釦（大）（P50「固定釦的安裝方法」）。
4. 把皮革標籤打洞，安裝固定釦（小）。完成。

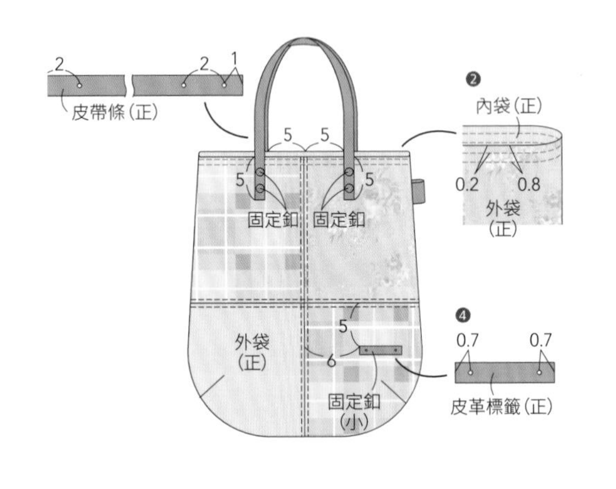

arrange 25

▶▶第86頁／實物大紙型B面

雙面祖母包

難易度★★★

【成品尺寸】

橫寬53cm×高31cm（不含提把）

【材料】

棉麻平布（花朵圖案）………58cm×72cm
棉麻平布（大花朵圖案）………58cm×72cm
織帶（米黃）………寬3cm×22cm×2條、
寬3cm×142cm×1條、
寬3cm×9cm×1條

【裁剪方法和尺寸】 ※單位是cm。

※外布和內布是分別利用紙型加上指定的縫份，做出中央的記號和皺褶止點的記號之後進行裁剪。

棉麻平布（花朵圖案）、棉麻平布（大花朵圖案）

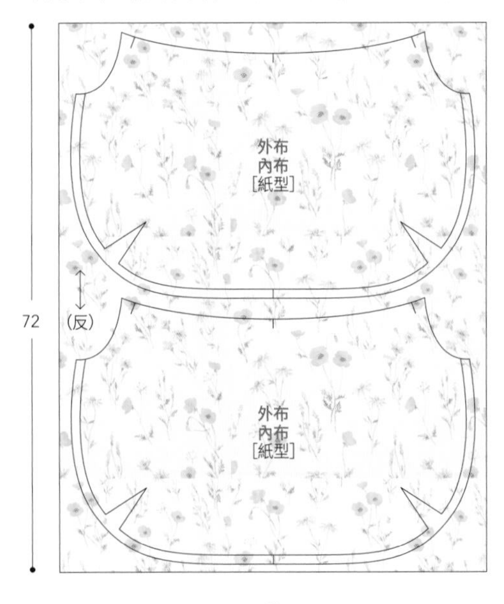

作法 ※單位是cm。

1 製作外袋

1. 把外布各自的褶子縫好（P88「褶子的縫法」）。
2. 把2片外布，錯開褶子的縫份正正相對疊好，從底側開始車縫（P58 14 的作法2－❼、❽）。

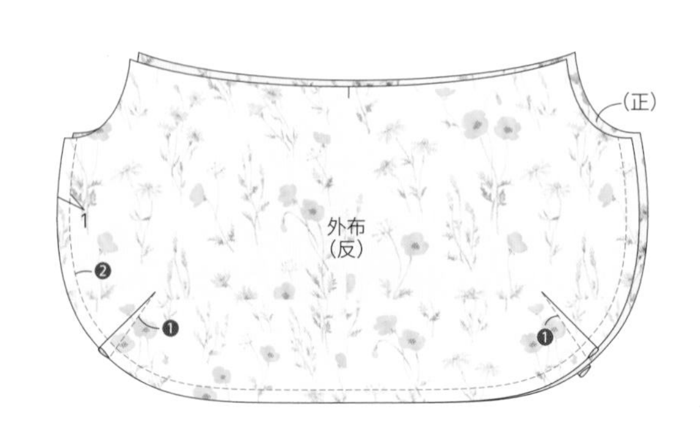

2 製作內袋

和1同樣地把內布的褶子縫好，正正相對縫合起來。完成內袋。

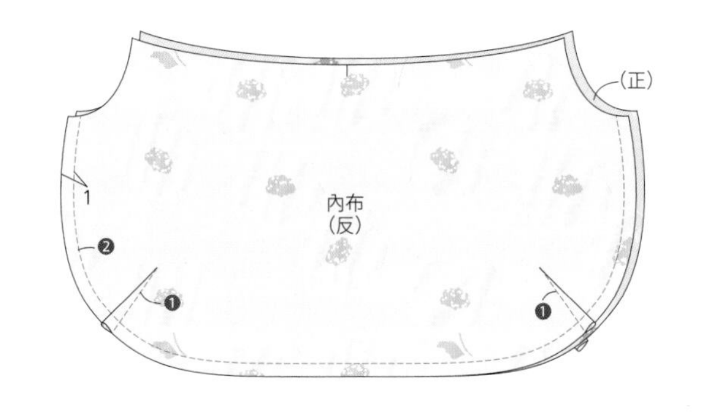

3 把內袋和外袋縫合，安裝提把

❶ 把外袋翻回正面，將內袋反反相對套入疊合，在袋口車縫1圈。

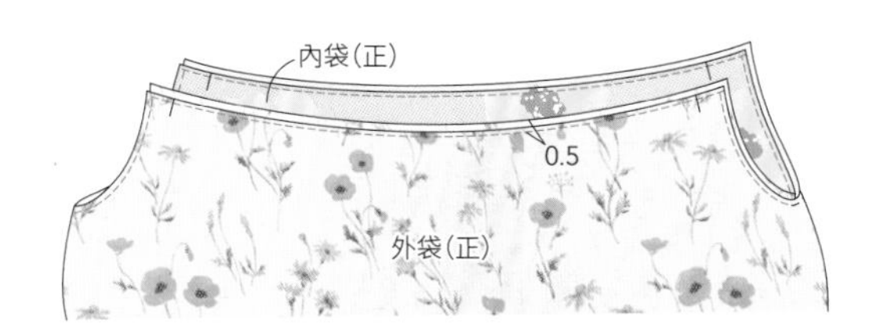

❷ 在❶的上端的皺褶止點之間，分別用大針距車縫2道。

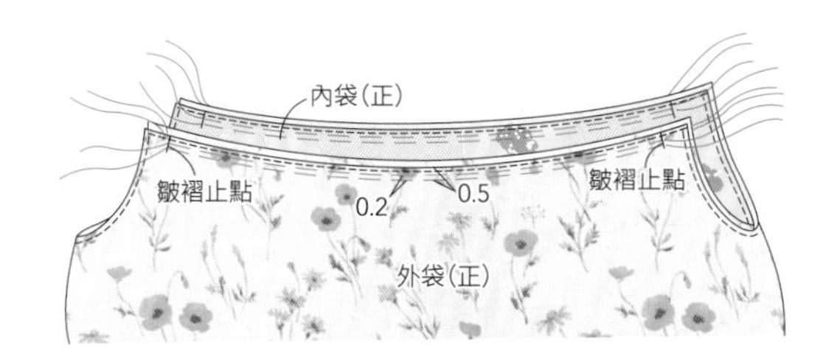

❸ 把下線或上線的其中1條拉緊，將抓皺的寬度縮減至22㎝。把線端以4條為1組分別打結固定。

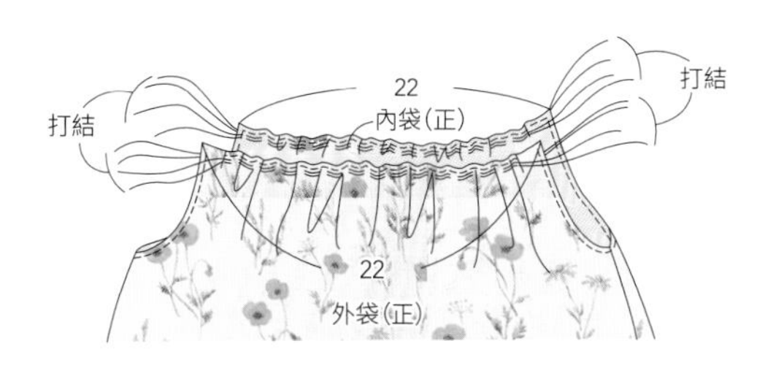

❹ 把22㎝的織帶對半摺好，分別夾住❸的袋口，在邊緣車縫固定（P35 6 的作法3－❷）。

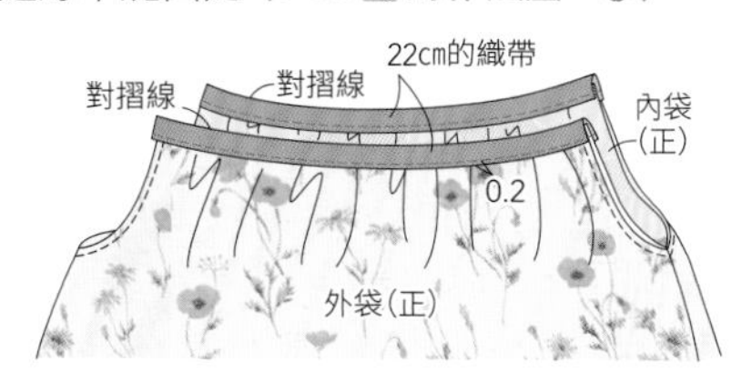

❺ 把142㎝的織帶對半摺好，包住袋口的其餘部分製作提把（P35 6 的作法3－❸）。

❻ 把❺的織帶的接合部分用9㎝的織帶夾起來車縫固定。完成。

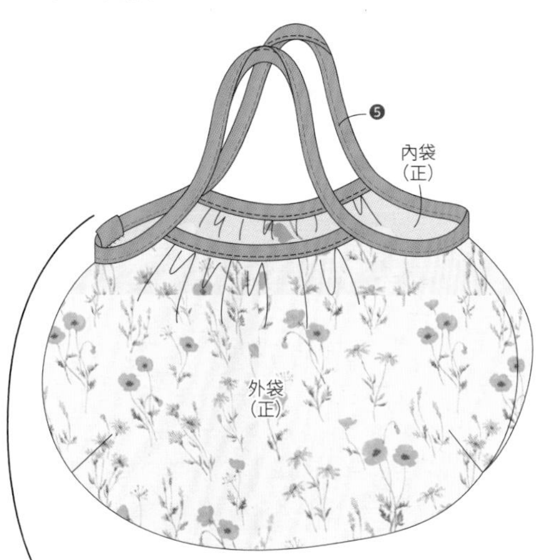

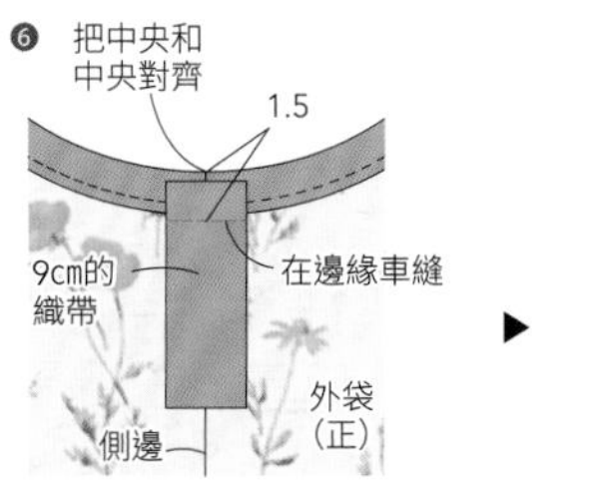

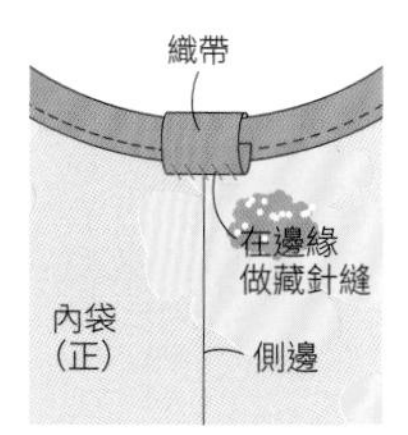

拉鍊包款

感覺頗有難度的拉鍊包款，只要掌握訣竅就沒問題。
學會拉鍊的車法之後，包包的變化也會更加多元。

basic
26

手拿包

加大尺寸更加實用，還附有方便提掛的吊繩。利用沉穩的素布和同色系花布作組合搭配。

作法…第96頁

arrange 27

隨身小包

實用性超強的雙拉鍊隨身小包。布料的拼接是設計的重點所在。

作法…第100頁

arrange 28

腰包

前後的打褶設計，讓小巧的包身仍保有驚人的收納力。斜背的話還可當成胸包。

作法…第102頁

How to Make

▶▸第94頁

basic 26

手拿包

難易度 ★★☆

【材料】

棉麻帆布（酒紅）………80cm×54cm
棉絨面呢（花朵圖案）………40cm×59cm
布襯………39cm×53cm
拉鍊（米黃）………寬2.5cm×35cm
鈕釦（直徑1.3cm）………1個
皮革標籤（喜愛的樣式）………寬1.5cm×5.4cm
D型環（15mm）………1個
問號勾（15mm）………1個

【工具】 拉鍊壓布腳

【成品尺寸】

【裁剪方法和尺寸】 ※單位是cm。

※在外布的反面、距離周圍0.5cm的內側，貼上布襯。

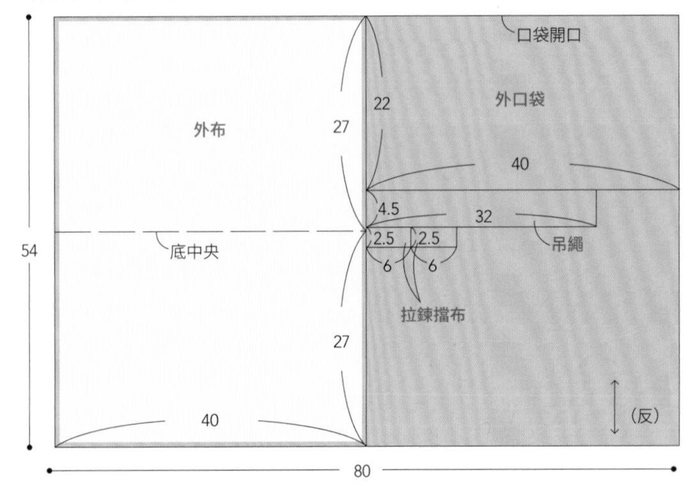

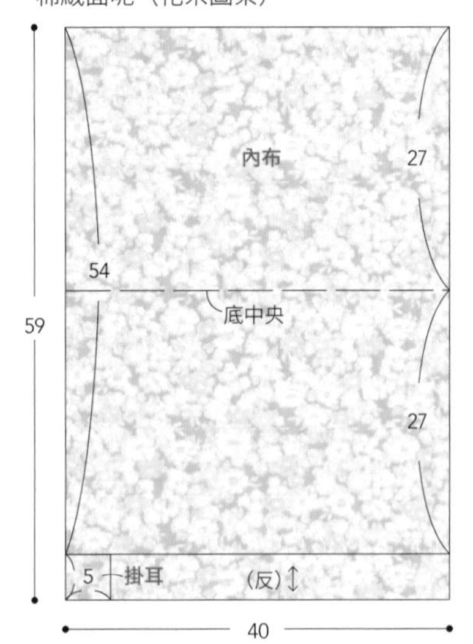

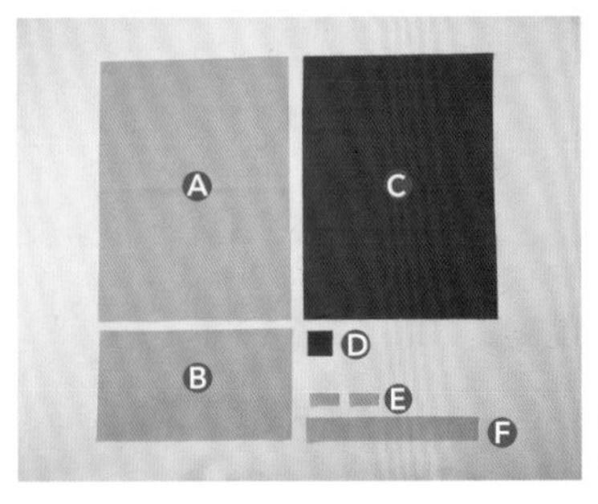

Ⓐ外布、Ⓑ外口袋、Ⓒ內布、Ⓓ掛耳、Ⓔ拉鍊擋布2片、Ⓕ吊繩

作法　※單位是cm。

1 製作吊繩，車縫拉鍊擋布

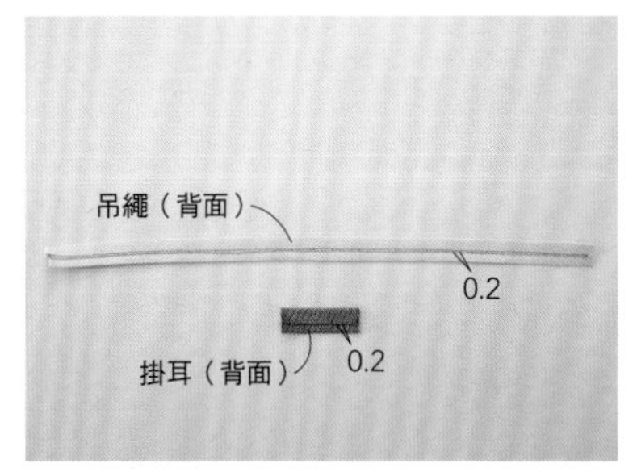

❶ 把吊繩和掛耳分別摺好車縫起來（P58 14 的作法 1 −❸～❻）。這一面就是背面。

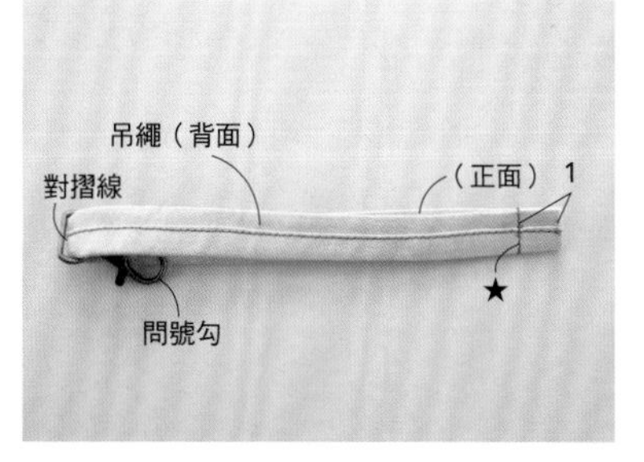

❷ 把吊繩穿過問號勾，正面對正面摺成兩半車縫固定。

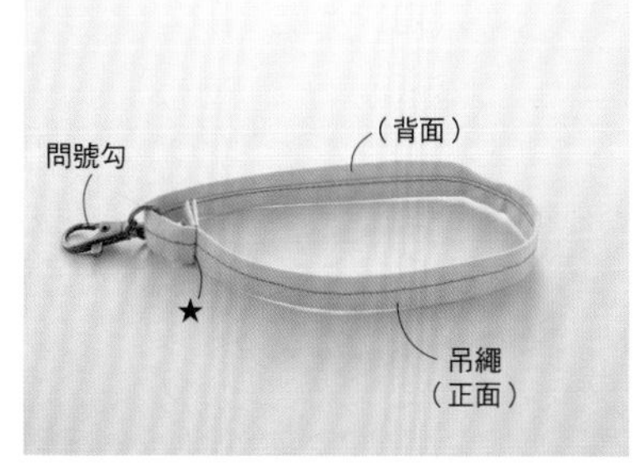

❸ 把吊繩的正面翻成外側，將問號勾移動至❷的縫線（★）側。

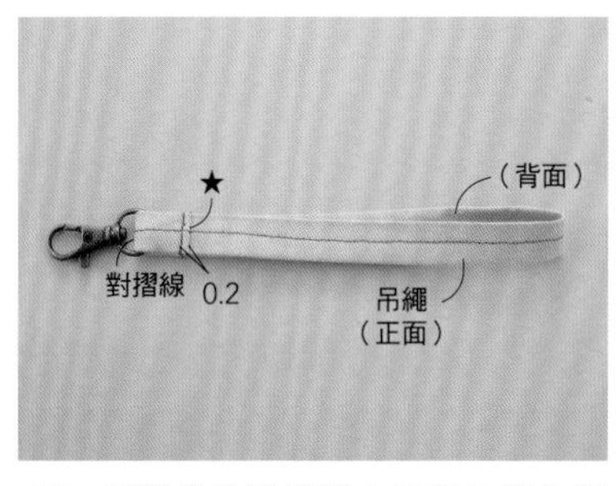

❹ 把縫份的邊端倒向問號勾側在邊端摺好，在縫線（★）的邊緣車縫壓線。完成吊繩。

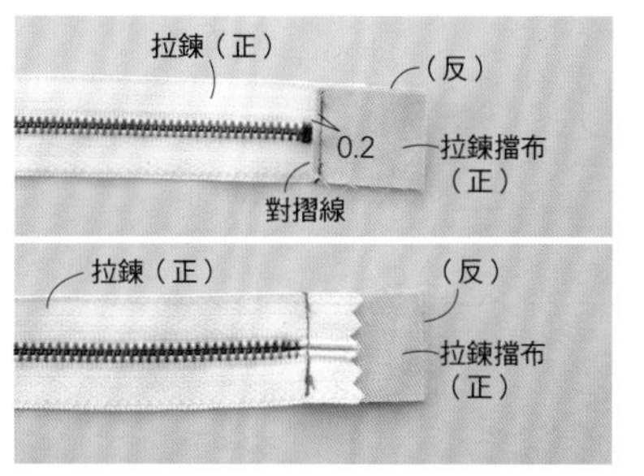

❺ 把拉鍊擋布反反相對摺成兩半，分別重疊在拉鍊的上止和下止（拉鍊兩端的止點部分）的邊緣車縫固定。

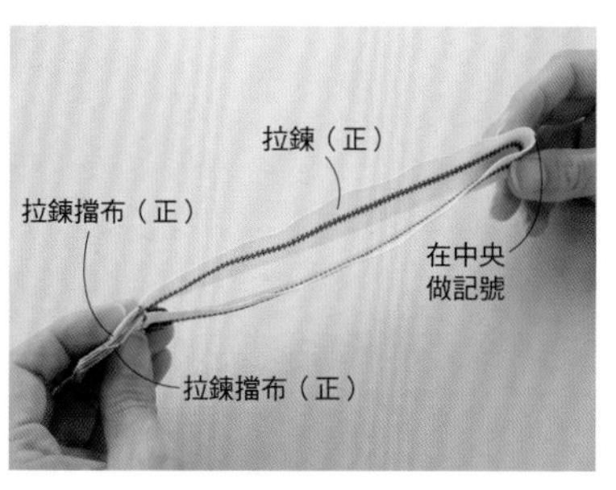

❻ 把拉鍊擋布對齊重疊，在拉鍊的中央做記號。

2 縫上外口袋

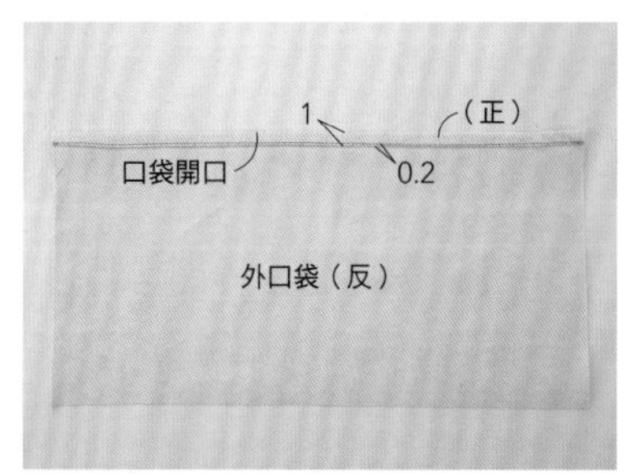

❶ 把外口袋的口袋開口往反面摺三摺，在邊緣車縫固定。

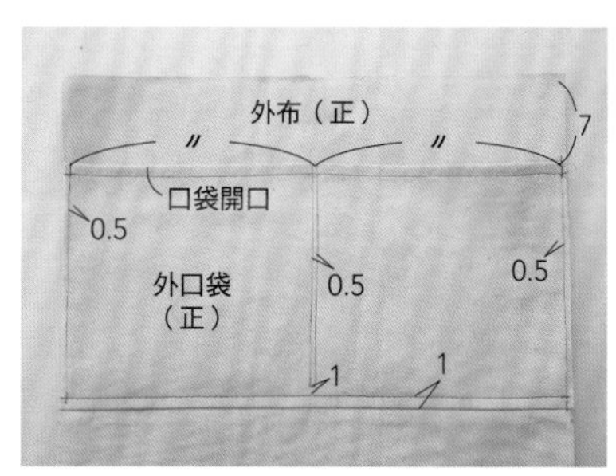

❷ 在外布的正面把外口袋車縫固定之後，再車縫中央的分隔部分（P46 11 的作法 3 −❸～❻）。

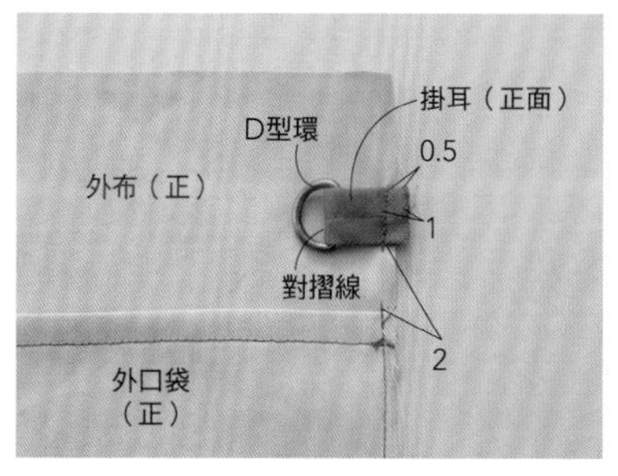

❸ 把掛耳穿過D型環對摺起來，在外布上假縫固定。

3 縫上拉鍊

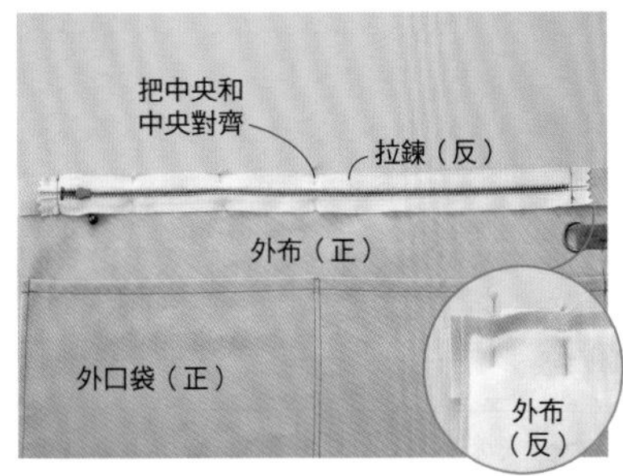

1 在外布正面的上端，把拉鍊正正相對疊好，用珠針固定。

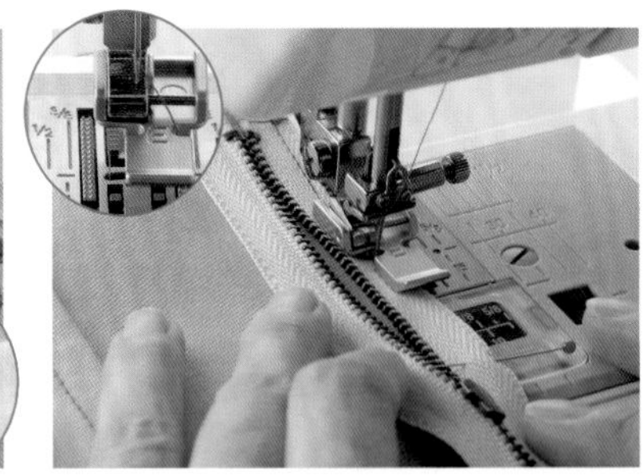

2 把縫紉機的壓布腳換成「拉鍊壓布腳」。針會落在左側。把拉鍊假縫固定。

Point 「拉鍊壓布腳」是安裝在不會壓住鍊齒的一側。

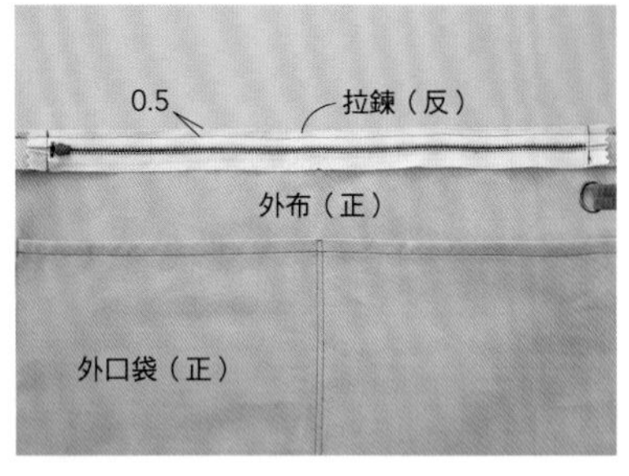

3 假縫之後的樣子。

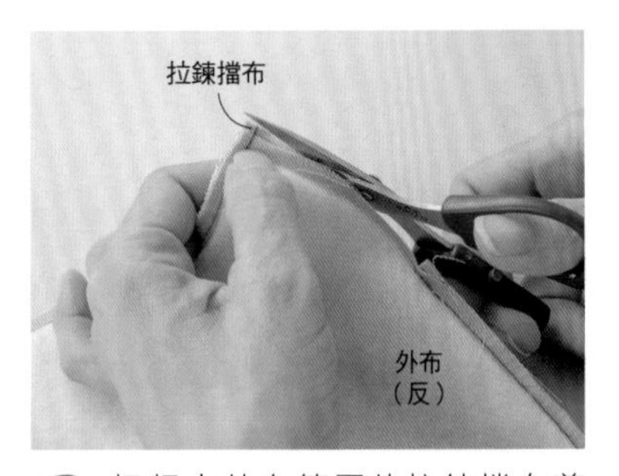

4 把超出外布範圍的拉鍊擋布剪掉。

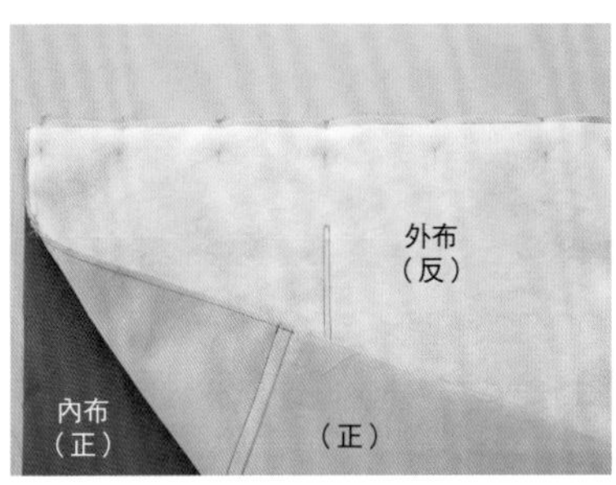

5 把❹正正相對疊在內布上，用珠針固定。

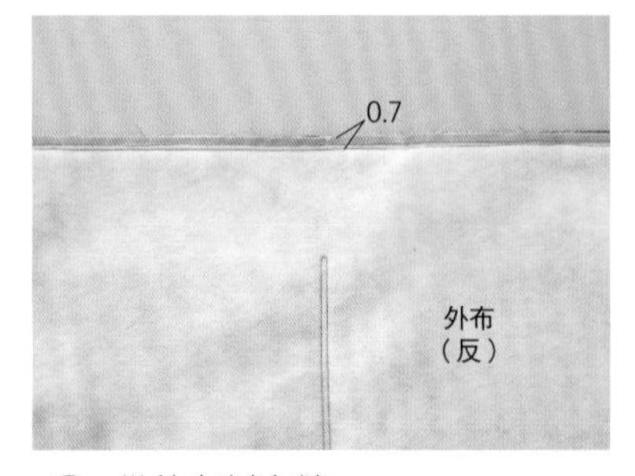

6 從外布側車縫。

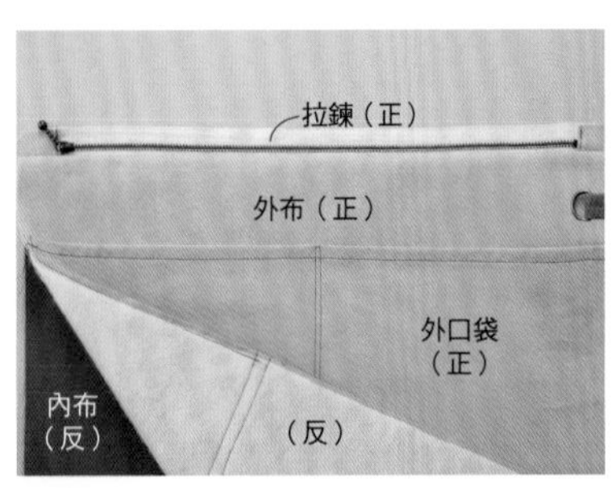

7 翻回正面，用熨斗燙平。

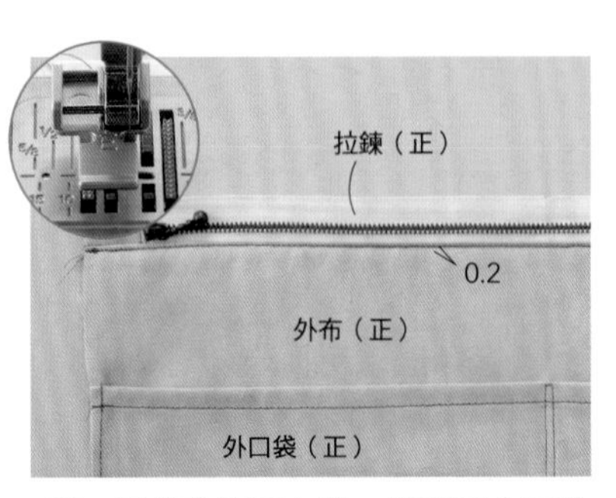

8 把「拉鍊壓布腳」換到不會壓住鍊齒的一側（針落在右側），車縫邊緣。

Point 為了避免被拉鍊的拉片卡住，車縫到一半的時候，要先把拉片移動到車縫的終點側，再車縫其餘的部分。

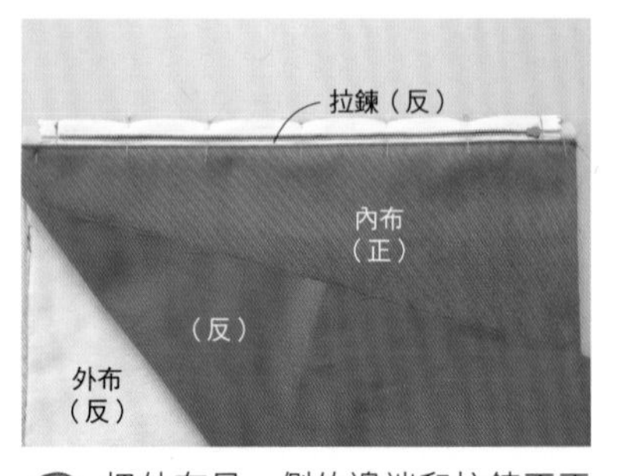

9 把外布另一側的邊端和拉鍊正正相對疊好，用珠針固定。

⑩ 從另一側看的話，外布的底會形成「對摺」的狀態。

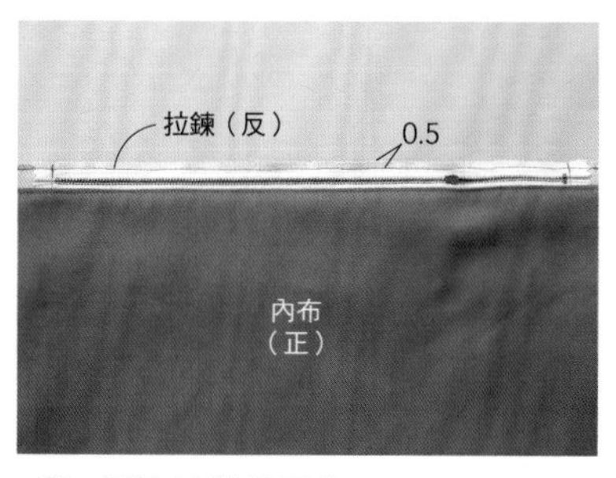

⑪ 把拉鍊假縫固定。

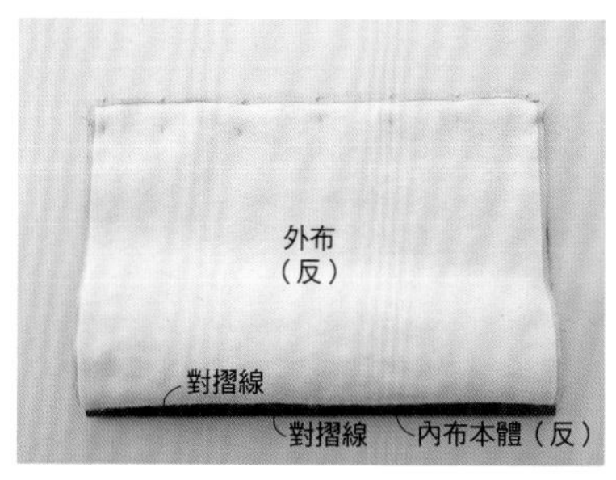

⑫ 在⑪的上面把內布本體另一側的邊端正正相對疊好，從外布側用珠針固定，依照❻的方式車縫。

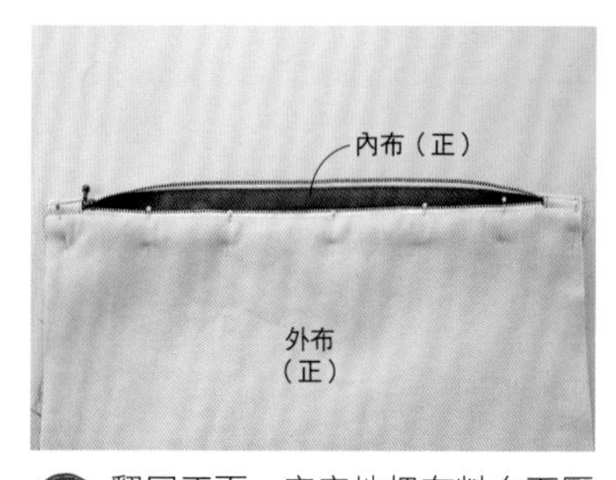

⑬ 翻回正面。牢牢地把布料向下壓摺用熨斗燙平，再用珠針固定。

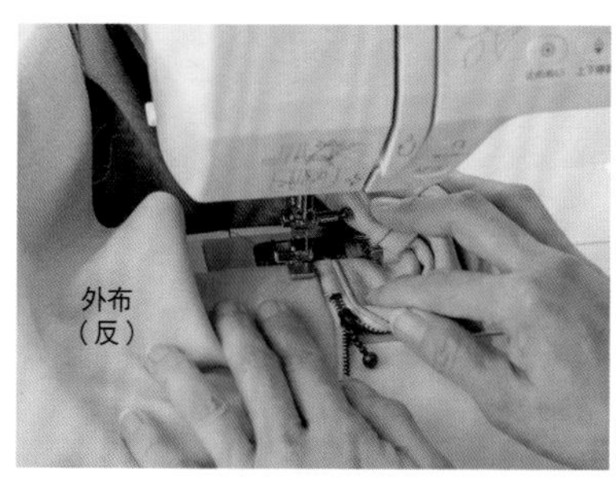

⑭ 把拉鍊拉開，在邊緣車縫壓線。

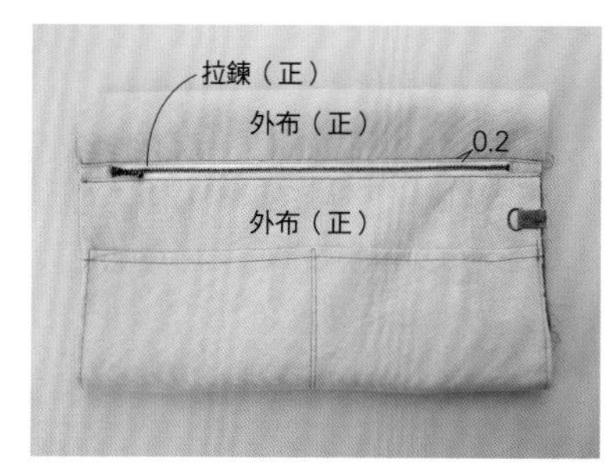

⑮ 縫上拉鍊的樣子。

4 把外布和內布縫合

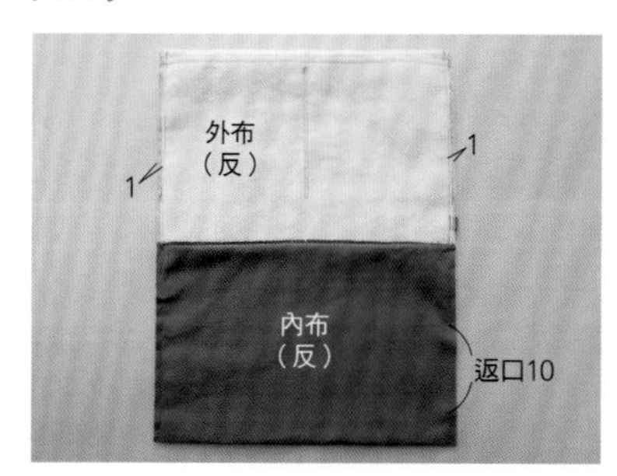

❶ 把外布和內布分別正正相對疊好。在內布側預留返口，車縫兩側。

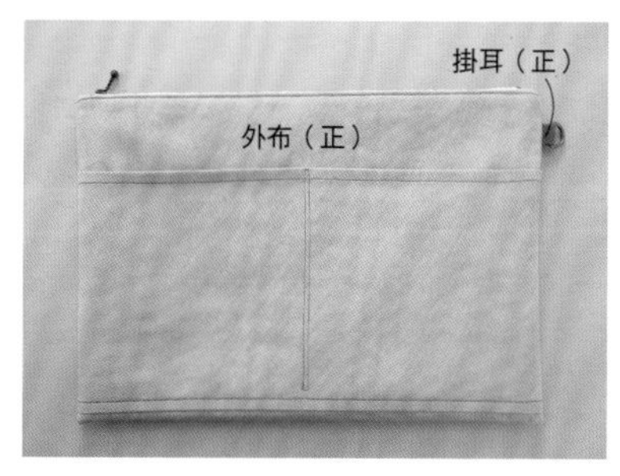

❷ 從返口翻回正面，以ㄇ字形縫法將返口縫合，將內布放入外布中。

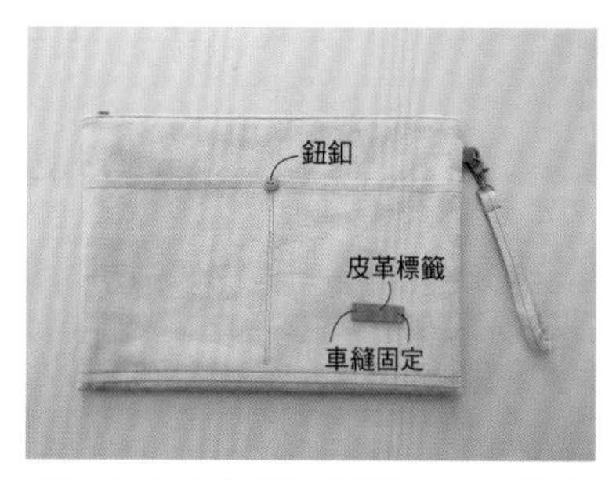

❸ 縫上皮革標籤和鈕釦，把吊繩勾在D型環上。完成。

arrange 27

▶▶第95頁

隨身小包

難易度★★★

【成品尺寸】

橫寬28cm×高24cm×側襠5cm

【材料】

亞麻布（赤陶色）………60cm×24cm
棉麻帆布（花朵圖案）………80cm×30cm
棉麻先染斯貝克（直條紋圖案）
………60cm×54cm
中厚布襯………102cm×30cm
拉鍊（咖啡）
………寬2.5cm×25cm×2條
D型環（15mm）………2個
背帶（喜愛的樣式・附問號勾）
………寬1cm×1條

【工具】

拉鍊壓布腳

【裁剪方法和尺寸】※單位是cm。

※在外布a～e的反面、距離周圍0.5cm的內側貼上布襯。

亞麻布（赤陶色）

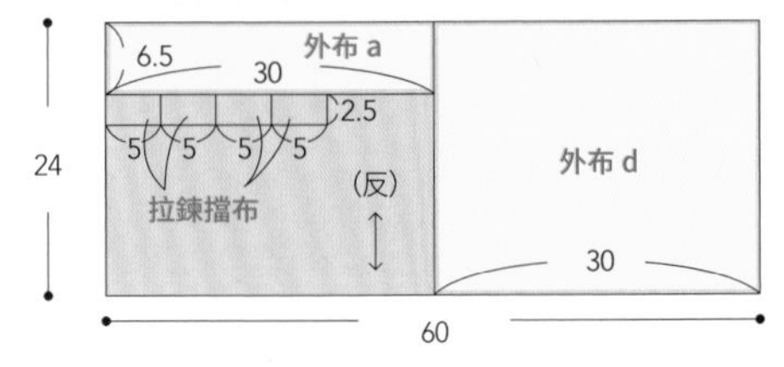

棉麻先染斯貝克（直條紋圖案）

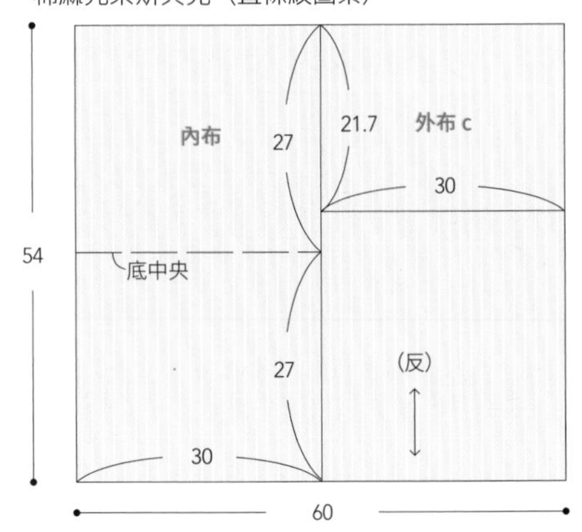

棉麻帆布（花朵圖案）

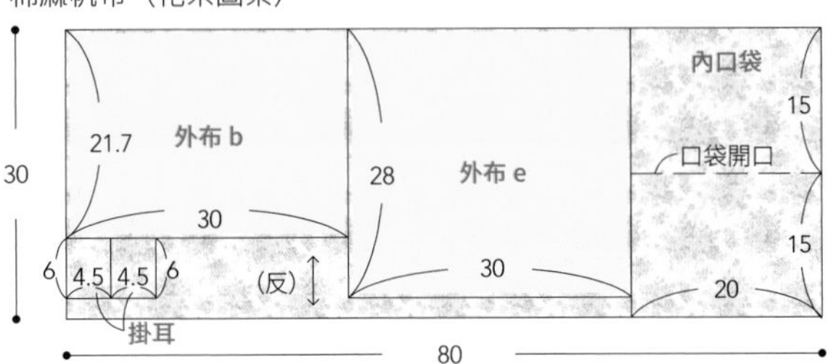

作法 ※單位是cm。

1 縫製掛耳和拉鍊擋布

❶ 把2片掛耳分別摺成四摺（P18 1 的作法1－❶），車縫邊緣。

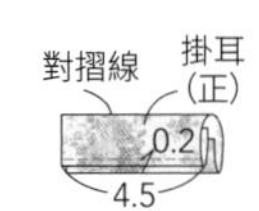

❷ 在拉鍊的兩端分別縫上拉鍊擋布（P96 26 的作法1－❺、❻）。製作2條。

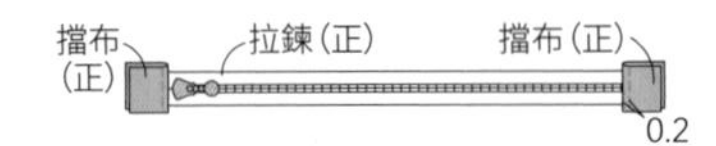

2 製作外布本體

❶ 在外布b上把1條拉鍊正正相對疊好，假縫固定。

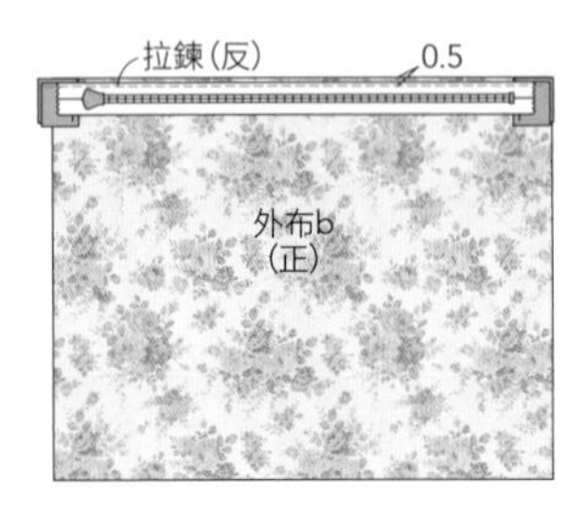

❷ 和外布c正正相對車縫起來，翻回正面在邊緣車縫壓線（P96 26 的作法3－❶～❻）。

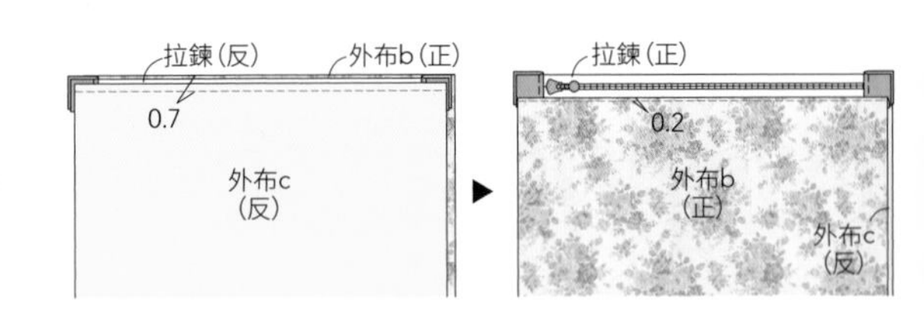

3 在❷的上面把外布a正正相對假縫固定，再將外布d正正相對車縫起來。

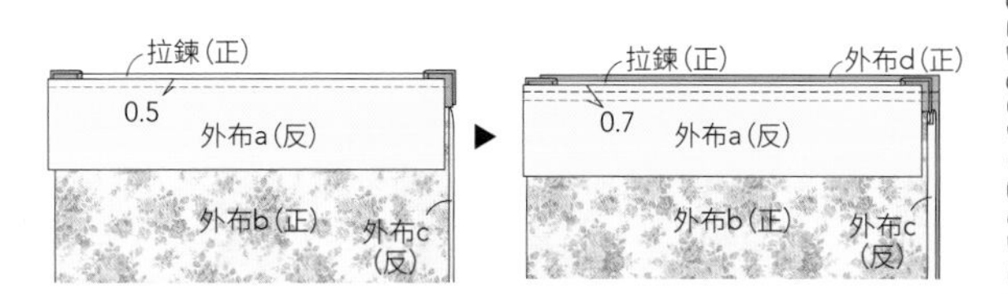

4 把外布a翻回正面。將❸的縫份倒向外布a側，在拉鍊的邊緣車縫壓線。

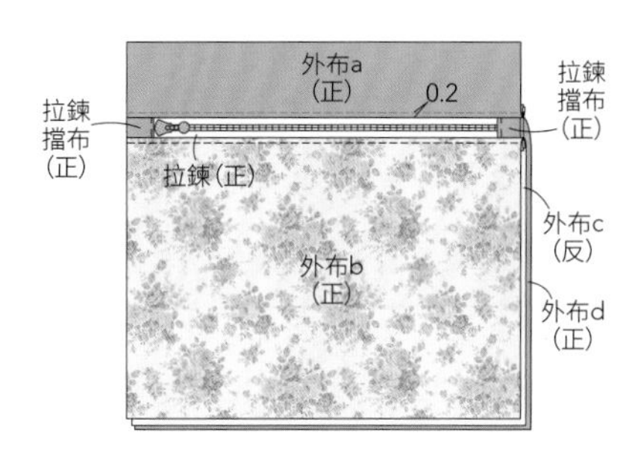

5 把兩側和底的3邊假縫起來。

6 把1片掛耳穿過1個D型環對摺，製作2組，分別假縫固定在外布a的左右。

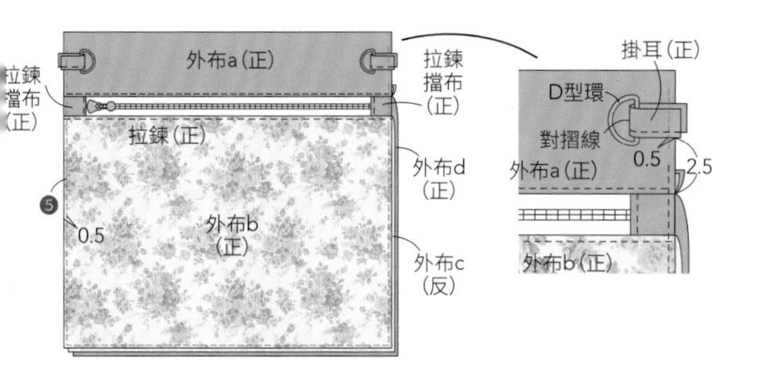

7 把❻和外布e正正相對，車縫底部。

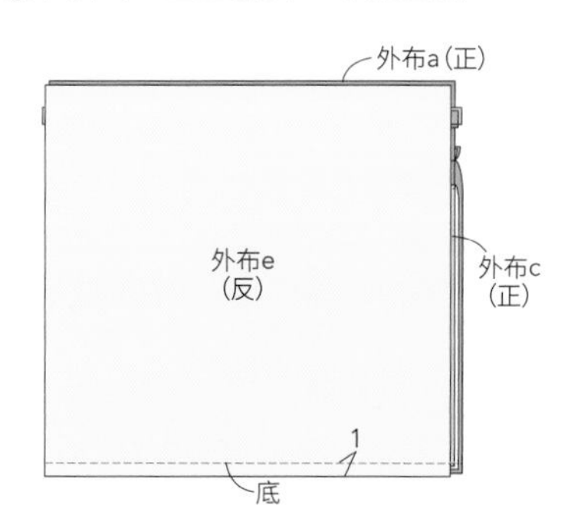

3 縫上內口袋

1 把內口袋從口袋開口正正相對摺疊車縫。翻回正面，將口袋開口往前方摺疊，在邊緣車縫固定(P58 14 的作法3－❶、❷)。

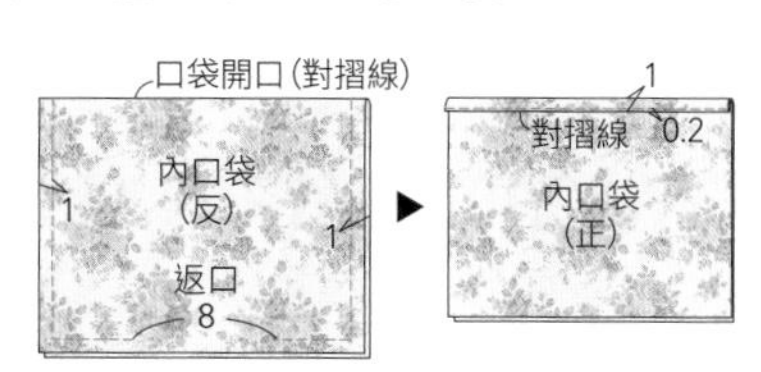

2 把❶疊放在內布的正面，車縫3邊。這一面就是後側。

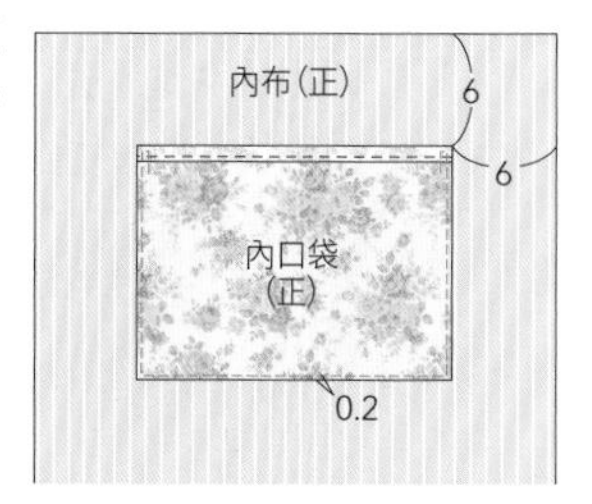

4 把外布和內布縫合

1 把外布a和1條拉鍊正正相對假縫固定，再和內布正正相對車縫起來(P96 26 的作法3－❶～❺)。

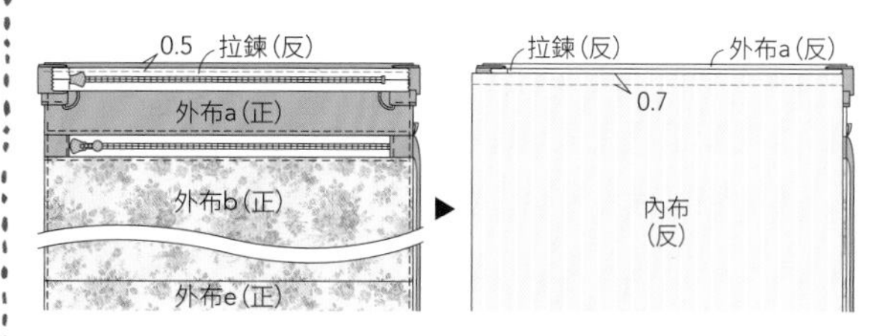

2 翻回正面，在拉鍊的邊緣車縫壓線。

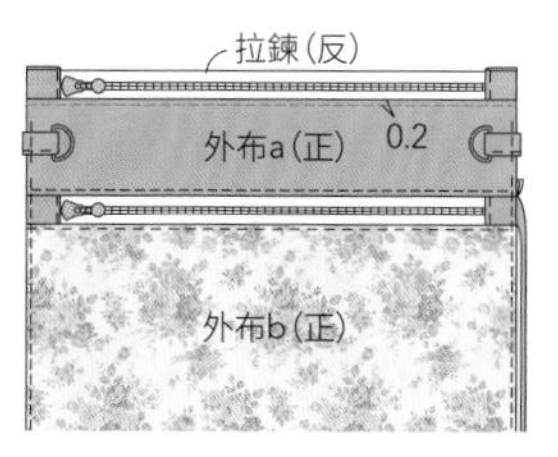

3 同樣地在拉鍊的另一側把外布e和內布車縫接合（P96 26 的作法3－8～14）。

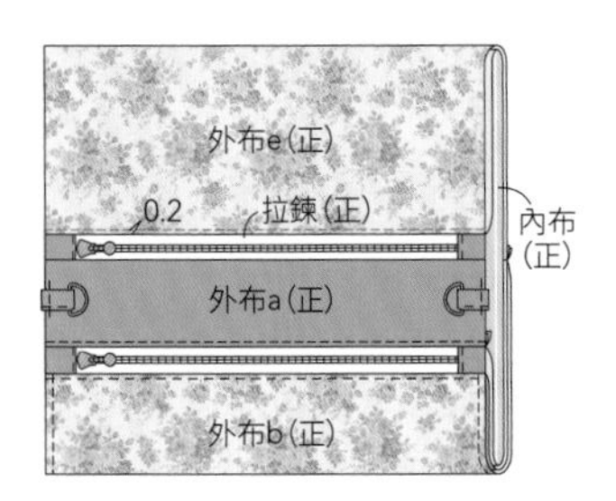

4 把外布a～e和內布分別正正相對疊好。分別把底側如圖摺疊，在內布側預留返口，車縫兩側。

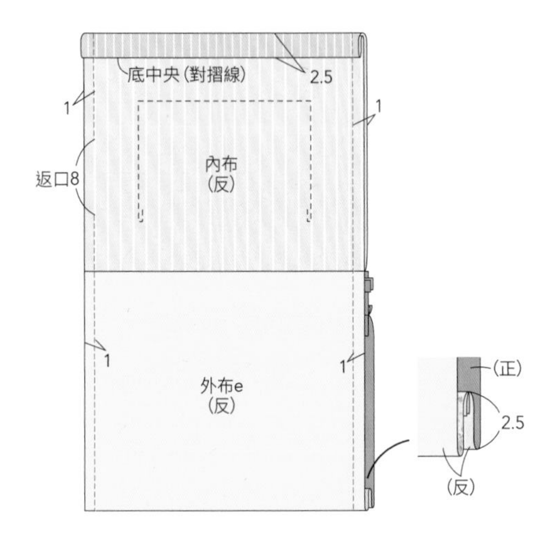

5 從返口翻回正面，以ㄇ字形縫法將返口縫合。把背帶勾在D型環上。完成。

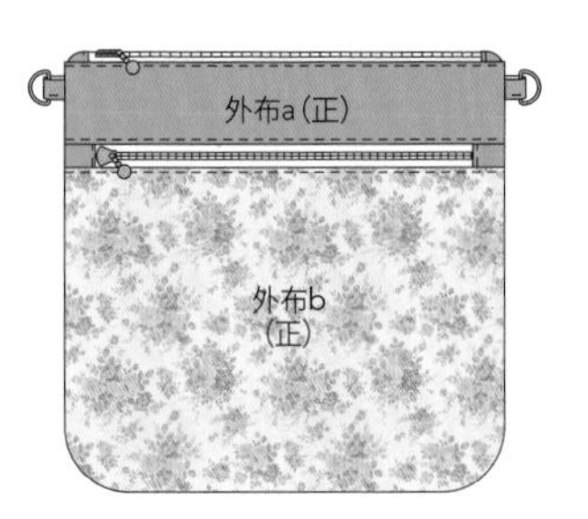

arrange 28

▶▶第95頁／實物大紙型B面

腰包

難易度★★★

【成品尺寸】

橫寬30㎝×高18㎝（不含背帶）

【材料】

棉麻帆布（榴槤圖案）………85㎝×25㎝
棉牛津布（直條紋圖案）………67㎝×25㎝
拉鍊（黑）………寬2.5㎝×25㎝
尼龍織帶（黑）………寬3㎝×30㎝、
寬3㎝×70㎝
插扣（黑・30㎜）………1組
日型環（黑・30㎜）………1個

【工具】

拉鍊壓布腳

【裁剪方法和尺寸】※單位是㎝。

※分別利用紙型加上指定的縫份畫線，在外布a、b、內布a、b做出褶子、中央、止縫的記號之後進行裁剪。

棉麻帆布（榴槤圖案）

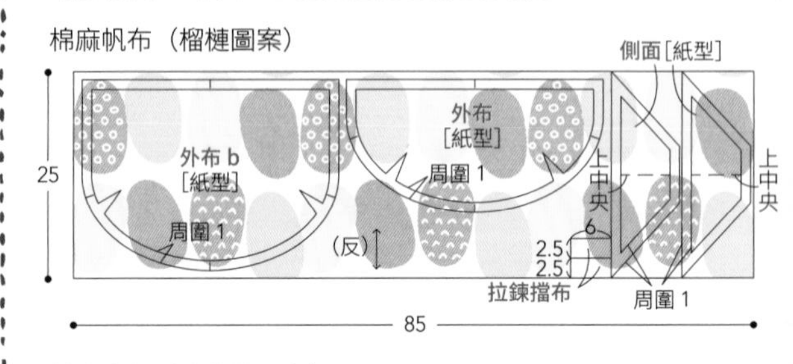

棉牛津布（直條紋圖案）

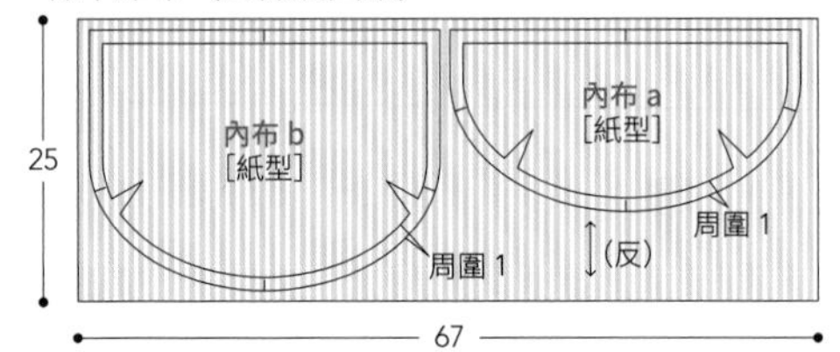

作法 ※單位是cm。

1 縫製側面

❶ 把1片側面從上中央正正相對摺好，夾入30cm的尼龍織帶車縫起來。把斜邊的縫份剪掉。

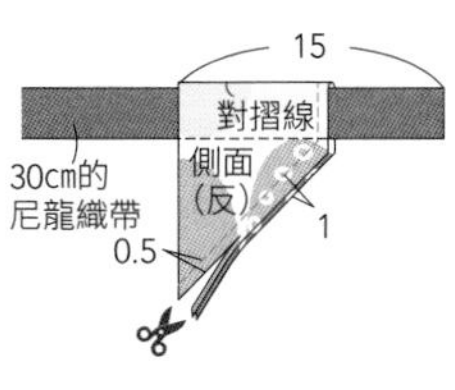

❷ 翻回正面，在側面的邊緣車縫1圈。

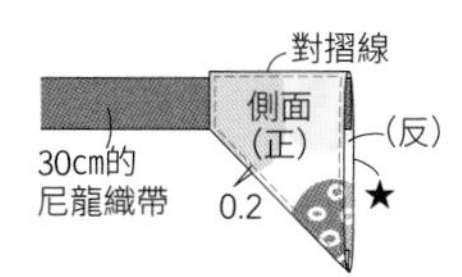

❸ 把另1片的側面和70cm的尼龍織帶同樣車縫起來。

2 縫上拉鍊

❶ 在拉鍊的兩端分別縫上拉鍊擋布（P96 26 的作法1－❺、❻）。

❷ 在外布a的上面把拉鍊正正相對假縫固定，再和內布a正正相對車縫起來，翻回正面在邊緣車縫壓線（P96 26 的作法3－❶～❼）。

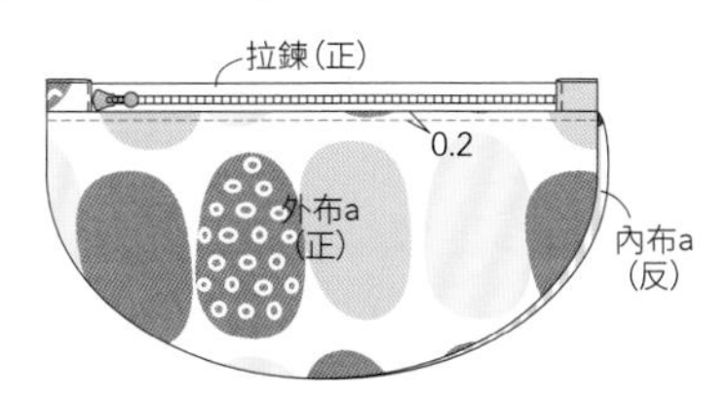

❸ 在拉鍊的另一側，依照❷的方式把外布b和內布b車縫接合。

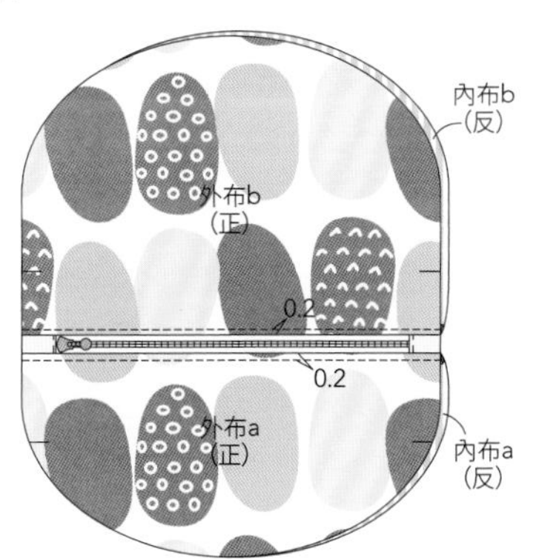

3 接合側面修飾完成

❶ 把外布a、b、內布a、b各自的褶子縫好（P88「褶子的縫法」）。

❷ 把外布a和b正正相對疊好，車縫止縫到止縫之間的部分。同樣地把內布a和b正正相對疊好，預留返口之後，車縫止縫到止縫之間的部分。

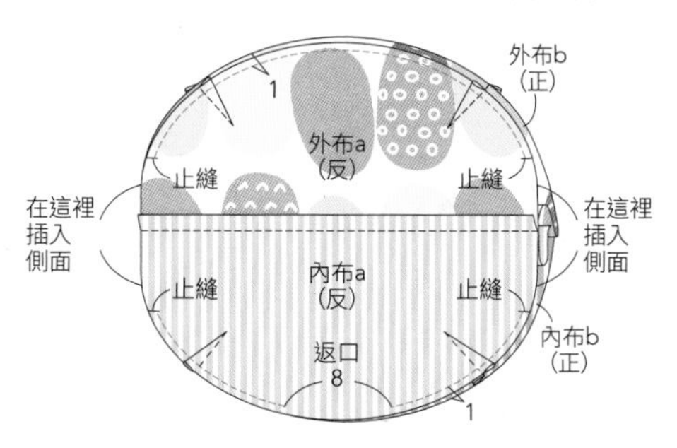

❸ 在正正相對的外布a和外布b的兩側之間分別插入側面，對齊邊端車縫起來。

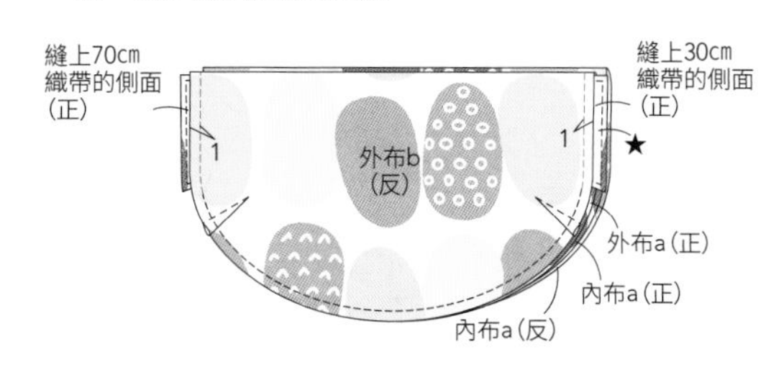

❹ 從返口翻回正面，以ㄇ字形縫法將返口縫合。把內布放入外布中。將30cm的尼龍織帶穿過插扣（凹側），往背面摺疊車縫2道線。把70cm的尼龍織帶依序穿過日型環、插扣（凸側）、日型環後面的橫桿後，同樣地往背面摺疊車縫固定。完成。

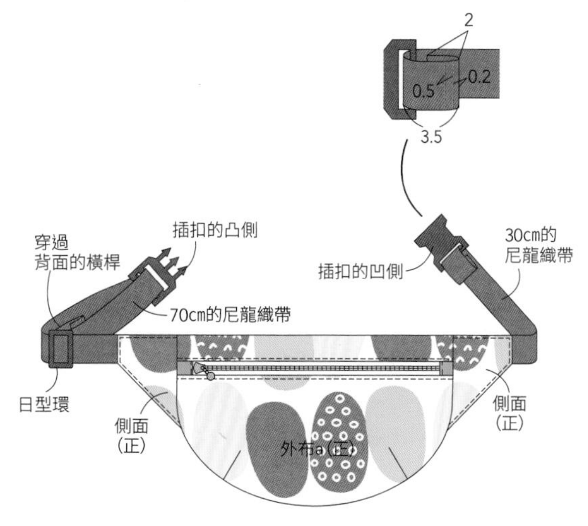

TYPE 8

波士頓型包款

箱型的立體包款是設計性更高，
質感也更好的包包。

basic 29

波士頓包

化妝包和大型提包的成套組合。包身側面附有D型環，可搭配市售的背帶來使用。

作法…第107頁

basic 30

梯形化妝包

作法…第107頁

半月形包

曲線部分縫上拉鍊的手提包，是充滿個性的半月造型。利用同色系的典雅花朵和條紋圖案作組合搭配。

作法…第111頁

arrange
32

圓筒包

長長的提把超好用的圓筒造型休閒包。丹寧布上一眼就能看見的粉紅色條紋是重點所在。

▼
▾

作法…第113頁

basic 29 波士頓包

▶▶第104頁／實物大紙型B面

難易度★★★

basic 30 梯形化妝包

▶▶第104頁／實物大紙型B面

難易度★★☆

【材料】

<波士頓包>

棉麻帆布（花朵圖案）………97cm×63cm
棉麻帆布（綠）………88cm×38cm
棉麻鋪棉布（原色）………88cm×92cm
中厚布襯………100cm×62cm
雙開拉鍊（米黃）
………寬3cm×60cm
D型環（30mm）………2個
壓克力織帶………寬3cm×70cm×2條

<梯形化妝包>

棉麻帆布（花朵圖案）………63cm×16cm
棉麻帆布（綠）………35cm×21cm
棉麻鋪棉布（原色）………35cm×44cm
薄布襯………100cm×200cm
拉鍊（米黃）………寬2.5cm×25cm
標籤（喜愛的樣式）………寬1.2cm×4.3cm

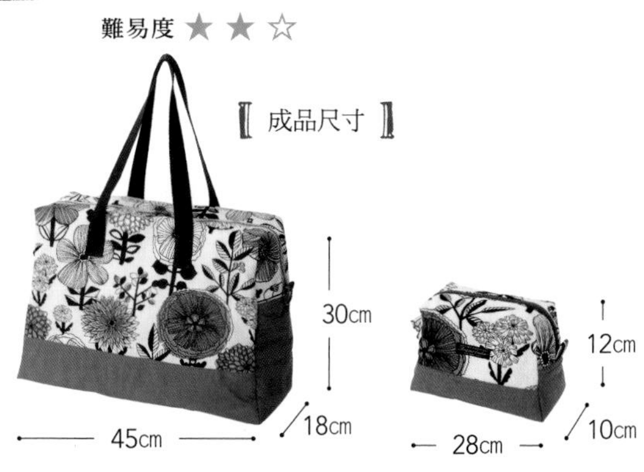

【工具】 拉鍊壓布腳

【裁剪方法和尺寸】 ※單位是cm。

※外布本體、內布、底是利用紙型加上指定的縫份，做出中央的記號之後進行裁剪。

※在外布本體和底的反面，貼上裁剪成比紙型大0.5cm的薄布襯。

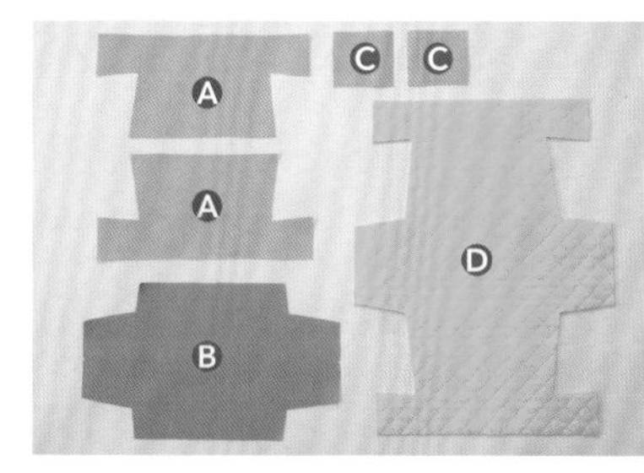

Ⓐ外布本體2片、Ⓑ底、Ⓒ掛耳2片、Ⓓ內布

<共通>
棉麻帆布（綠）

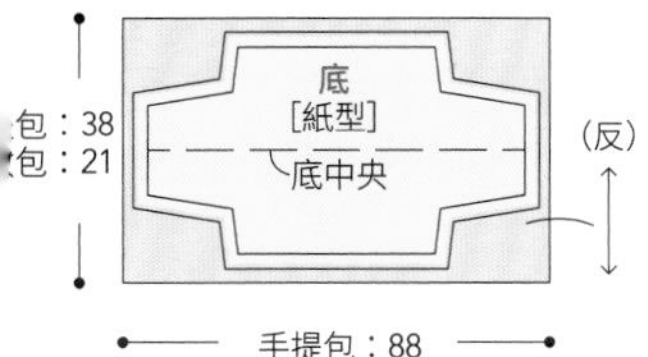

<梯形化妝包>
棉麻帆布（花朵圖案）

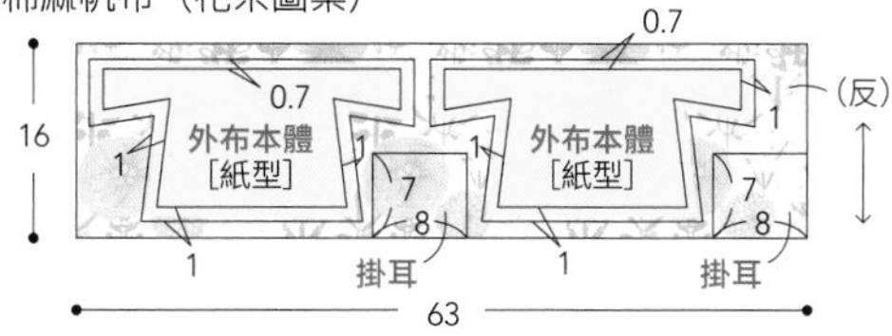

<共通>
棉麻帆布（原色）

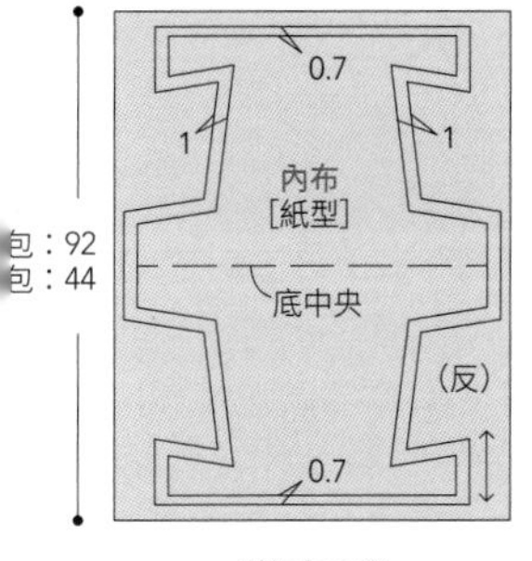

<波士頓包>
棉麻帆布（花朵圖案）

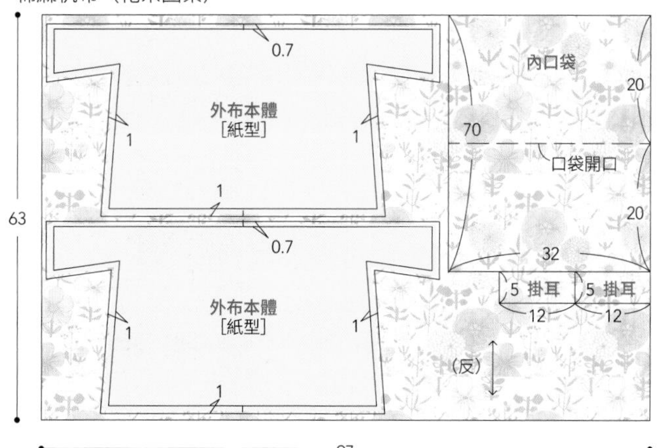

作法

※單位是cm。照片是用「梯形化妝包」來解說。

1 製作掛耳

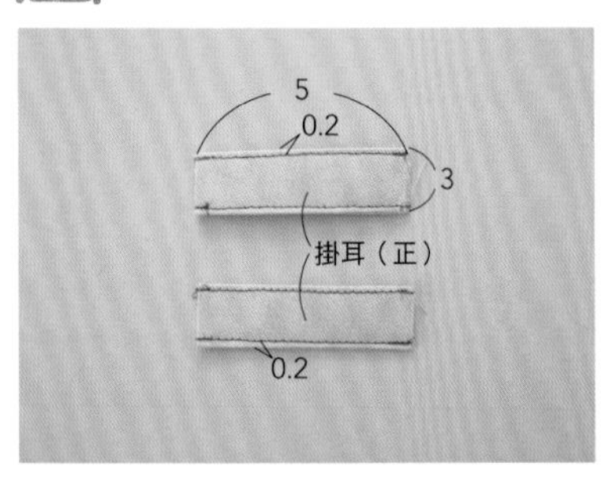

❶ 把掛耳摺成四摺後，車縫邊緣（P18 1 的作法 1）。

＜梯形化妝包＞

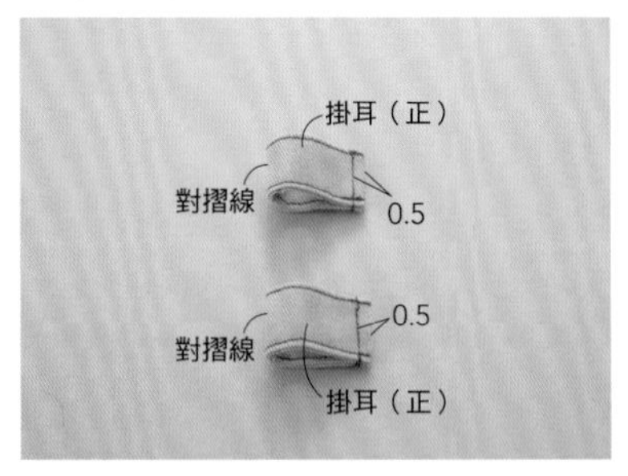

❷ 分別摺成兩半車縫邊端。

＜波士頓包＞

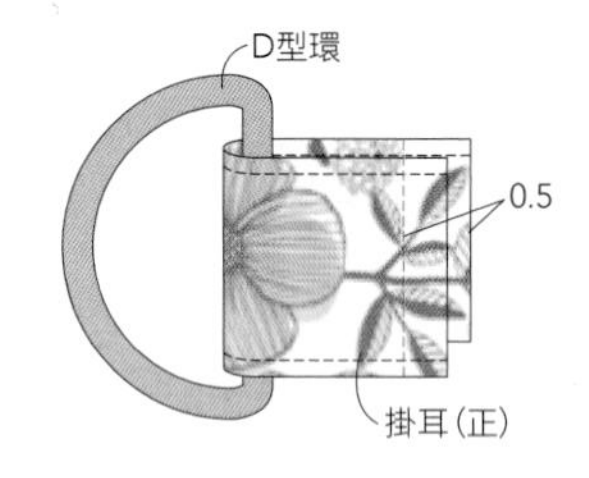

❸ 分別穿過D型環對摺起來，車縫邊端。

2 把外布本體和內布準備好

＜梯形化妝包＞

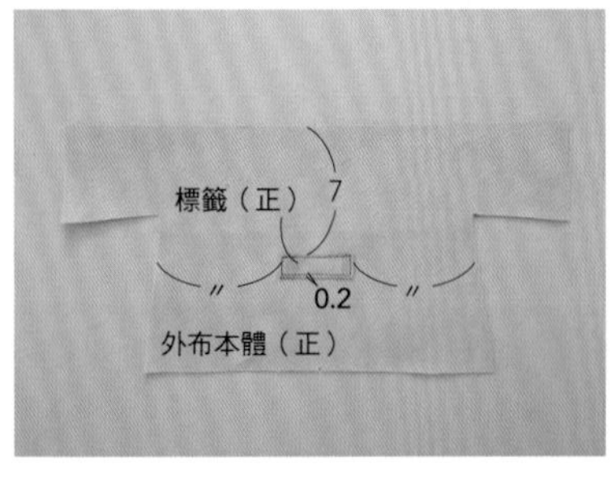

❶ 在1片外布本體的正面縫上標籤。這一面就是前側。

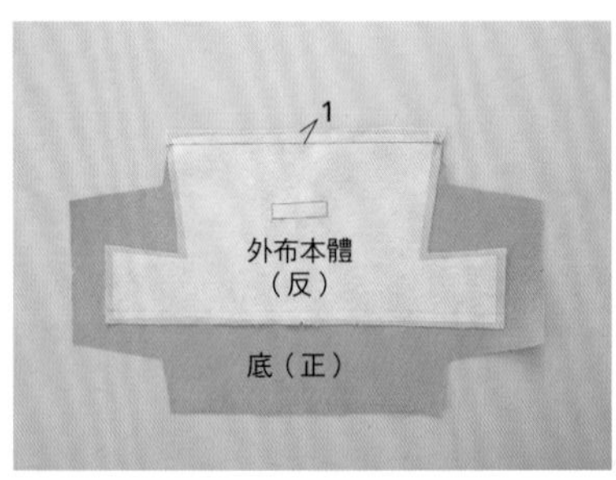

❷ 把1片外布本體和底正正相對車縫起來。

縫上小標籤

雙面膠帶
標籤（反）

小型的標籤若是用珠針固定的話會很難車縫，所以建議用雙面膠帶暫時固定。不要貼到車縫位置，在中央部分貼一小塊就行。無法用珠針固定的皮革標籤等，也可以用雙面膠來固定。但是要注意一點，在薄布上使用雙面膠帶的話，熨燙之後很容易造成膠帶變色而透出顏色。

❸ 把❷攤開，縫份倒向底側之後在邊緣車縫2道線。

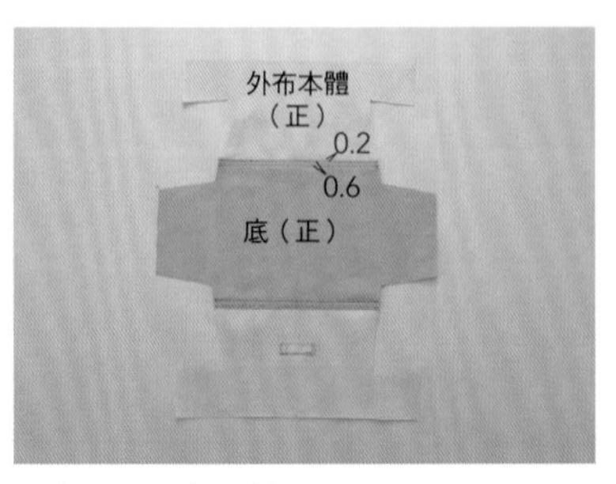

❹ 依照❷、❸的方式，把底的另一側和另1片外布本體正正相對車縫接合。

＜波士頓包＞

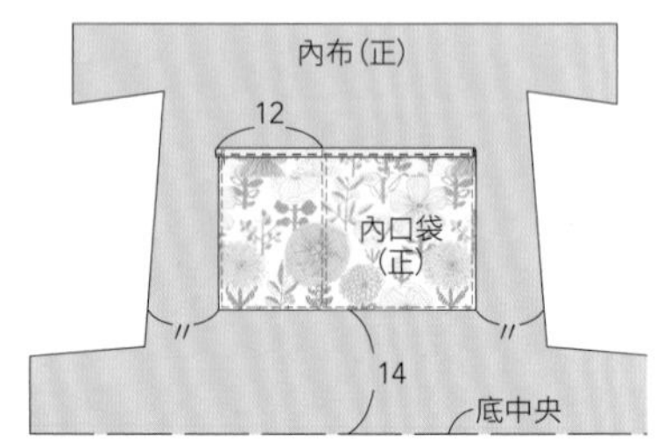

❺ 縫製內口袋（P58 14 的作法 3 －❶、❷），在內布的正面車縫固定之後，再車縫分隔部分。

3 縫上拉鍊

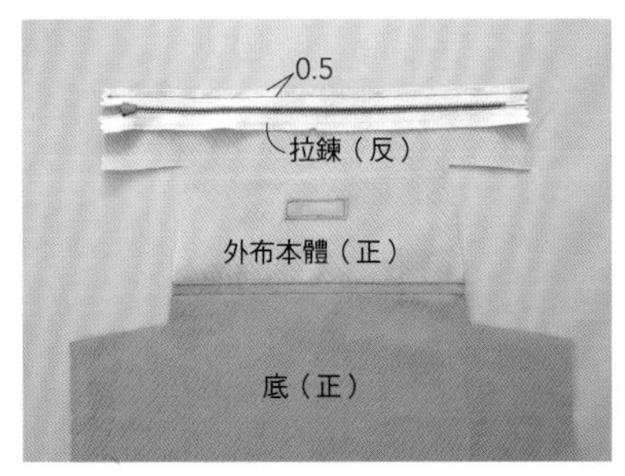

❶ 把縫紉機的壓布腳換成「拉鍊壓布腳」。在外布本體的正面的上端，對齊中央的位置之後，把拉鍊正正相對假縫固定。

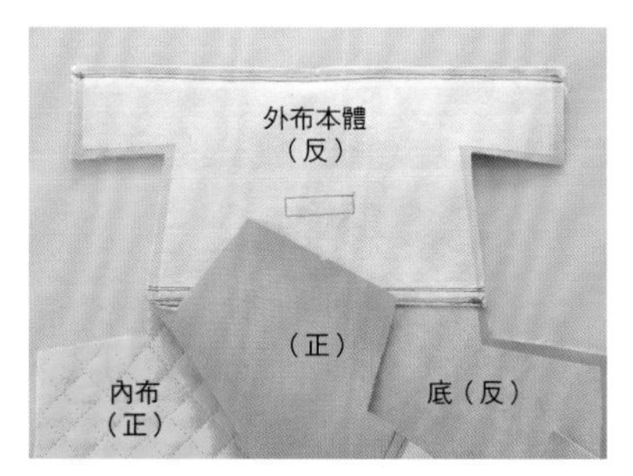

❷ 在內布上把❶正正相對車縫起來。

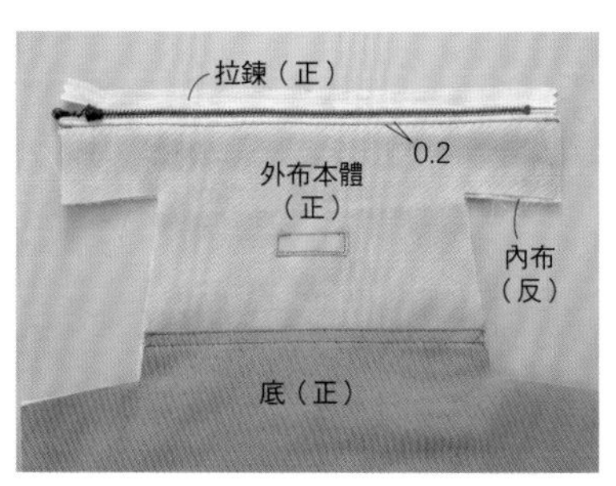

❸ 牢牢地把布料向下壓摺用熨斗燙平之後，在拉鍊的邊緣車縫壓線。途中，為了避免拉鍊的拉片卡住，要邊拉開邊車縫。

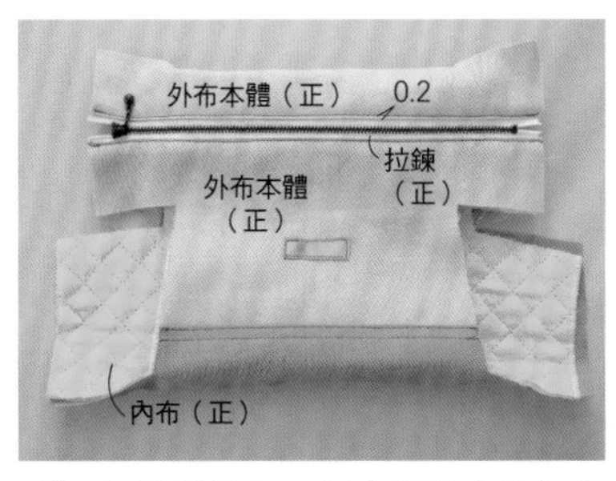

❹ 把拉鍊的另一側也同樣車縫起來（P96 26的作法3－❽～⓮）。

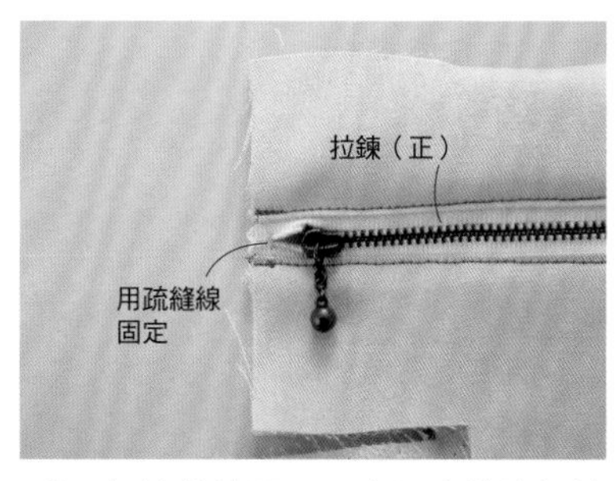

❺ 把拉鍊的開口，先用疏縫線假縫固定。

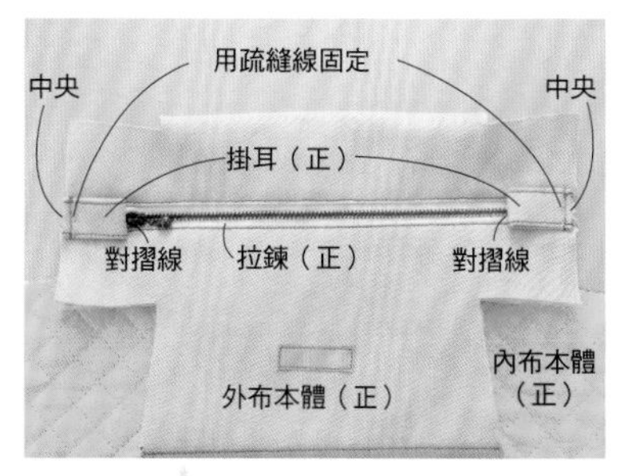

❻ 在拉鍊的兩端把掛耳對齊中央，用疏縫線假縫固定。用縫紉機車縫也行。

4 車縫側襠和側邊

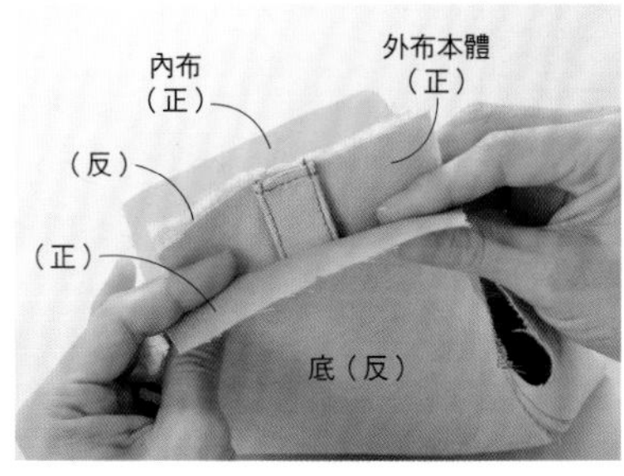

❶ 翻到反面，把外布本體的底和縫上拉鍊的面、以及內布縫上拉鍊的面和底的側邊分別正正相對疊好。

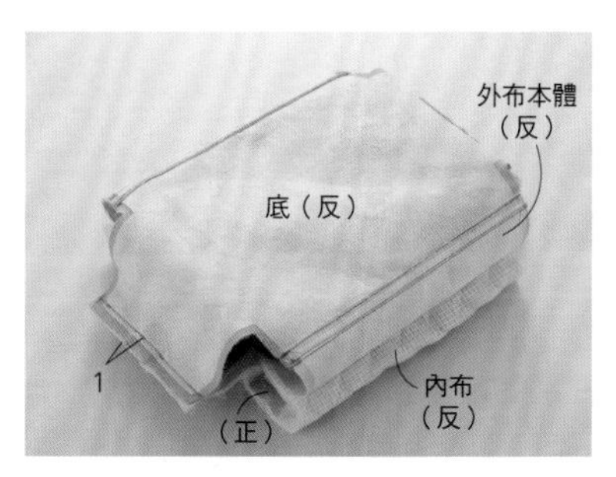

❷ 把❶摺疊好的側襠車縫起來。縫份倒向底側。

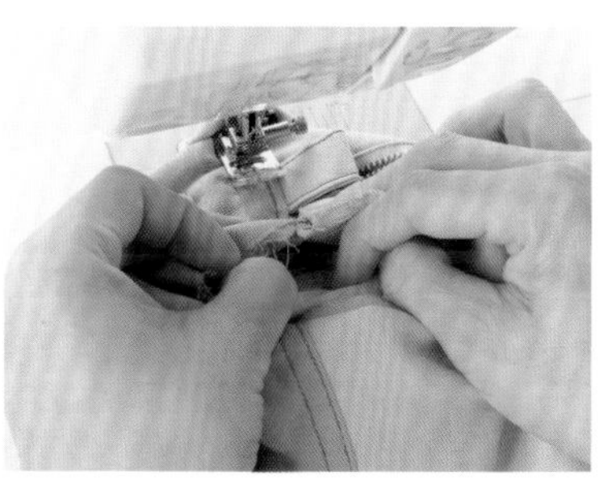

❸ 把外布本體和內布以重疊的狀態翻回正面，利用側邊開口在底的邊緣車2道線（參照❹照片）。

Point 不只是壓住縫份，也有裝飾的效果。若車縫2道線有困難的話，只車1道也行。

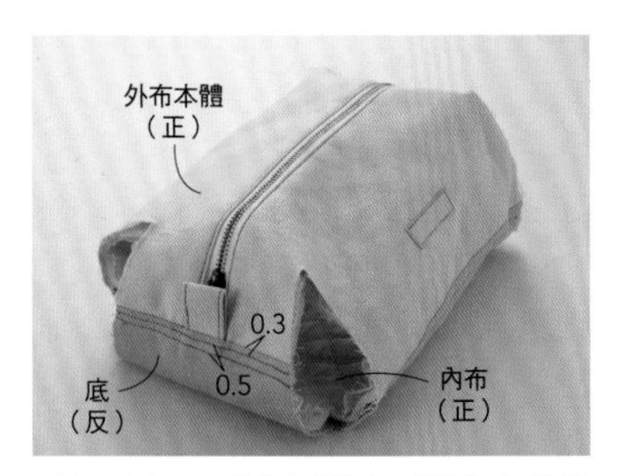

4 把另一側的側襠也同樣地車縫起來。翻成正正相對的狀態。

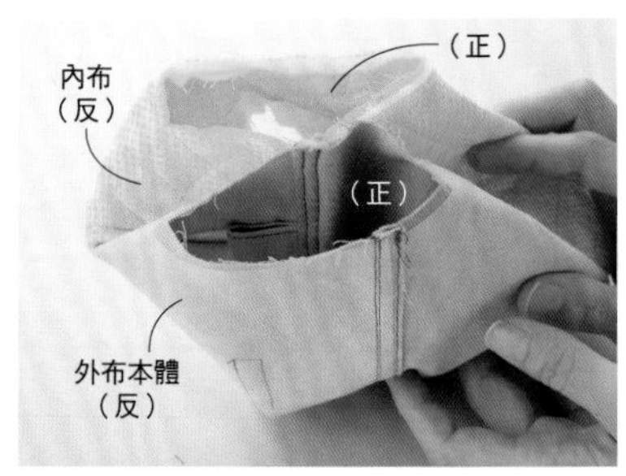

5 把外布本體和底、以及內布的側邊分別正正相對重疊摺好。

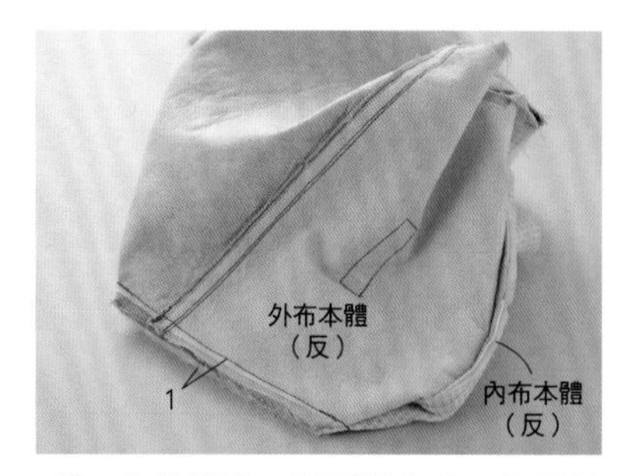

6 車縫側邊。以同樣方式，把另外2處的側邊車縫起來。

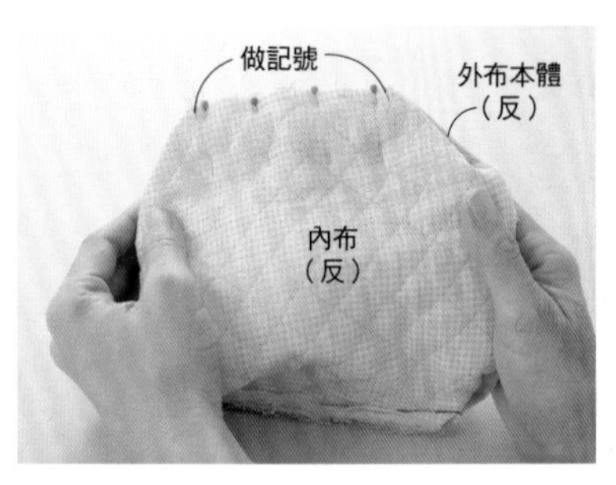

7 把最後的1處同樣地摺疊好，用珠針固定。

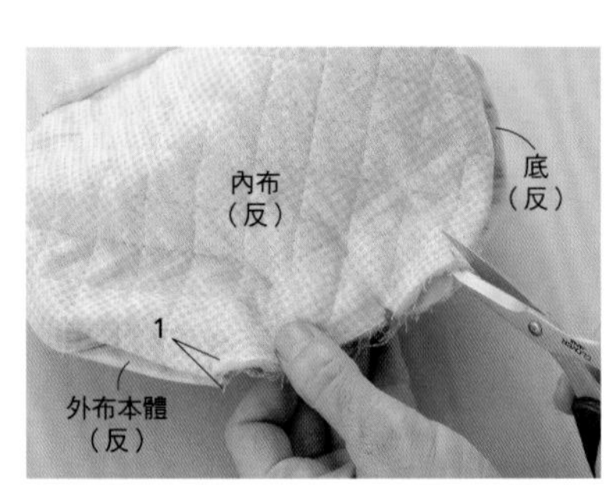

8 在內布兩端的2個位置，剪出1㎝的牙口。

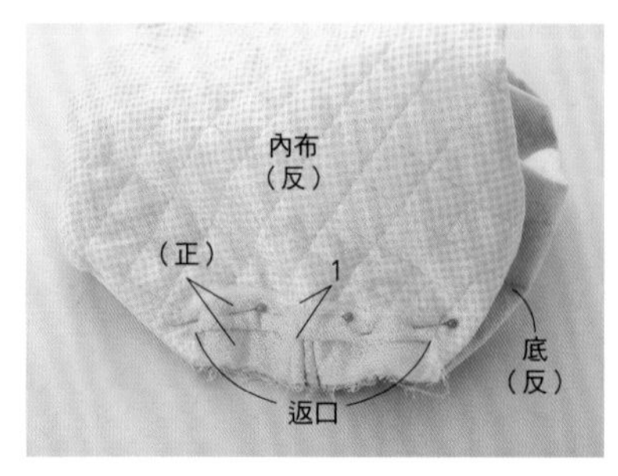

9 從牙口把布翻起挪開，重新用珠針固定。這個部分就是返口。

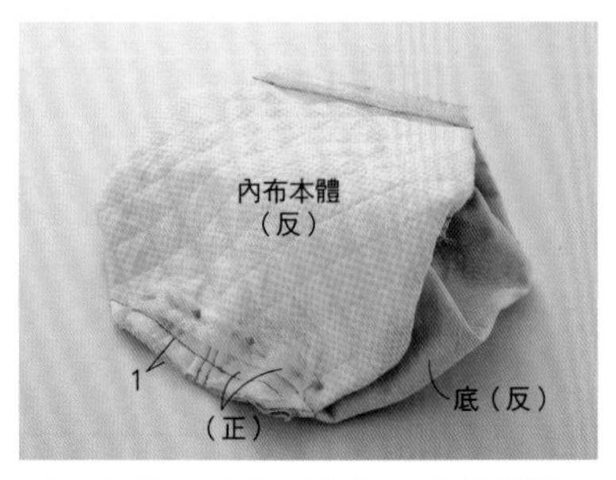

10 把翻起的部分挪開，車縫側邊。

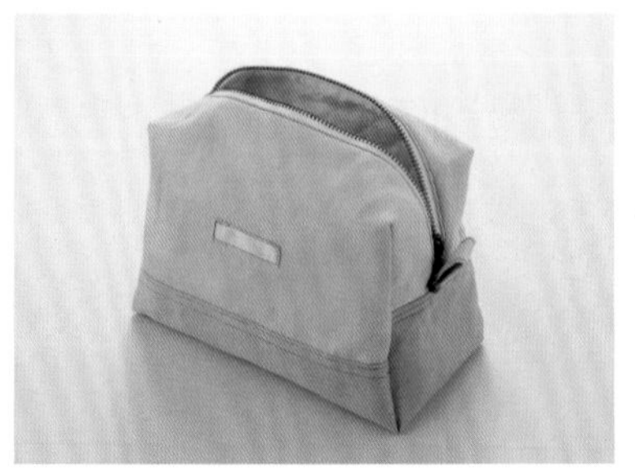

11 從返口翻回正面，以ㄇ字形縫法將返口縫合之後調整形狀。完成化妝包。

<波士頓包>

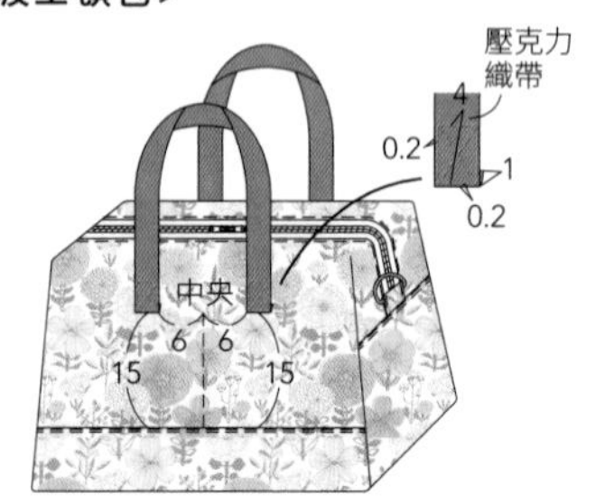

12 把壓克力織帶的兩端往反面摺疊，車縫起來（車縫順序見P33 5 的作法1－3）。完成波士頓包。

arrange 31

▶▶第105頁／實物大紙型B面

半月形包

難易度★★★

〖成品尺寸〗

橫寬36cm×高25cm×側襠14cm
（不含提把）

〖材料〗

- 棉麻帆布（花朵圖案）………99cm×47cm
- 棉牛津布（直條紋圖案）………28cm×62cm
- 棉麻鋪棉布（原色）………62cm×68cm
- 薄布襯………85cm×22cm
- 中厚布襯………60cm×25cm
- 斜布條（喜愛的樣式）
  ………寬4.5cm×75cm×2片
- 拉鍊（白）………寬2.5cm×50cm
- 皮革提把（手縫式）………1組

〖工具〗 拉鍊壓布腳

〖裁剪方法和尺寸〗 ※單位是cm。

※外布a、b、c、d、底、內布是利用紙型，加上指定的縫份畫線之後進行裁剪。

※在外布a、b、c、d的反面貼上薄布襯，在底的反面貼上中厚布襯，布襯要分別剪成比紙型大0.5cm的尺寸。

棉麻帆布（花朵圖案）

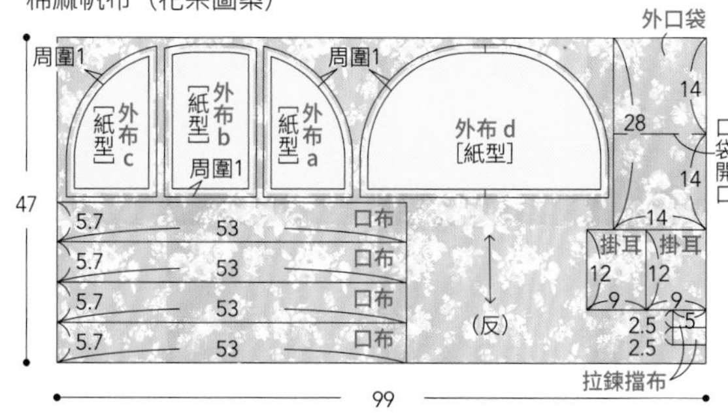

棉牛津布
（直條紋圖案）

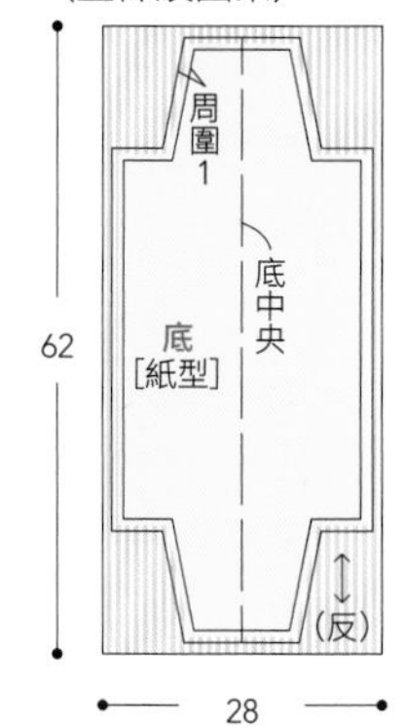

棉麻鋪棉布（原色）

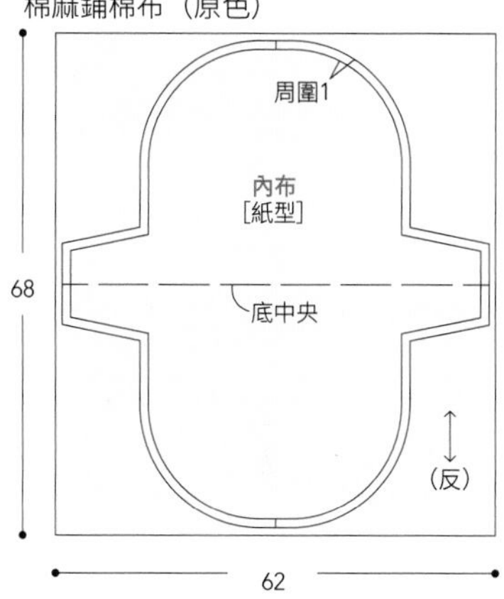

※單位是cm。

1 縫製掛耳

把掛耳摺成四摺，車縫邊緣，製作2條（P18 1 的作法 1 ）。

2 製作外布本體

❶ 把外口袋從口袋開口反反相對摺好。摺起邊端，在邊緣車縫固定。

❷ 把外口袋疊放在外布b的正面，在兩側假縫固定。

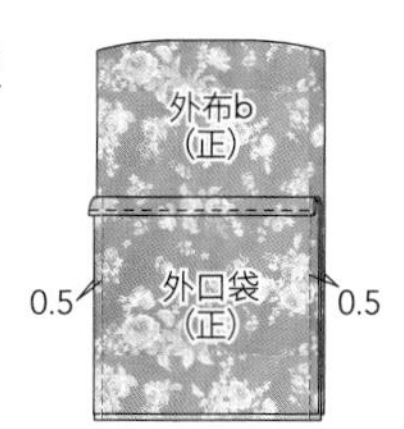

❸ 把❷和外布a正正相對車縫邊端。以同樣方式，把❷的另一側和外布c正正相對車縫起來。

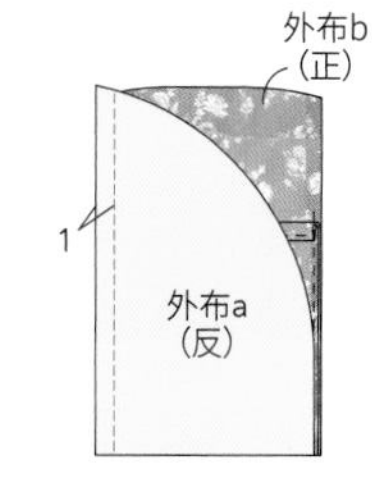

❹ 把縫份分別倒向外布a和外布c側，在邊緣車縫壓線。

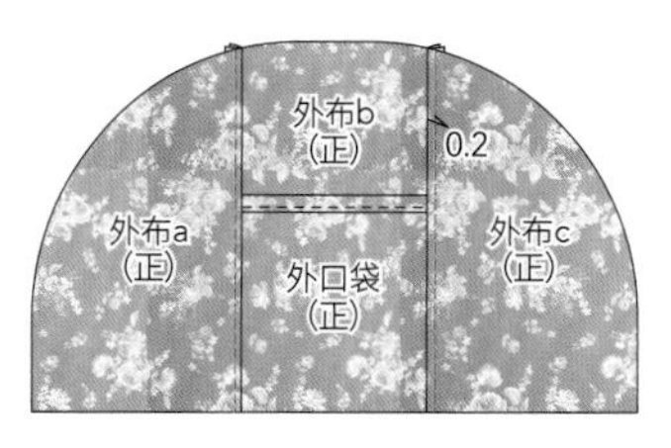

5 把❹和底正正相對車縫起來。

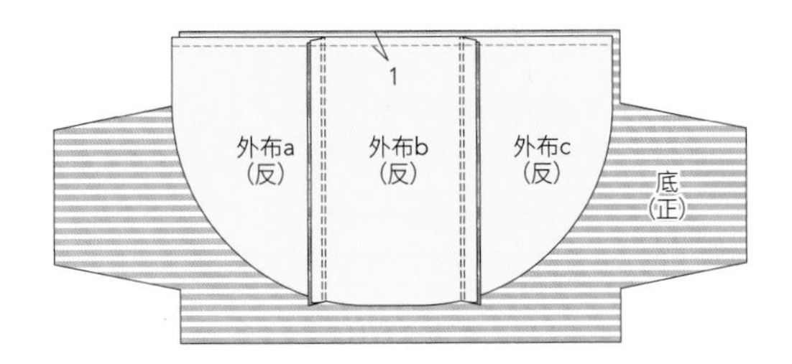

6 把縫份分別倒向底側，在邊緣車縫2道線。完成外布。

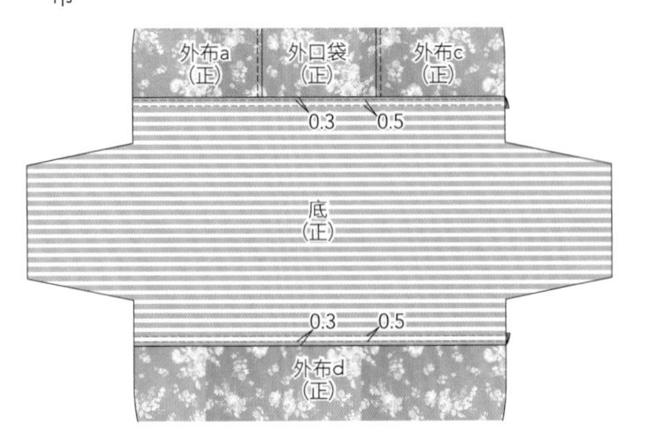

3 縫上拉鍊

1 在拉鍊的兩端分別縫上拉鍊擋布（P96 26的作法1－❺、❻）。

2 在1片口布上把❶正正相對假縫固定，再和另1片口布正正相對車縫起來，翻回正面（P96 26的作法3－❶～❻）。把拉鍊的另一側同樣和1片口布正正相對假縫固定，再和剩下的1片口布正正相對車縫起來。翻回正面，分別在拉鍊的邊緣車縫壓線。

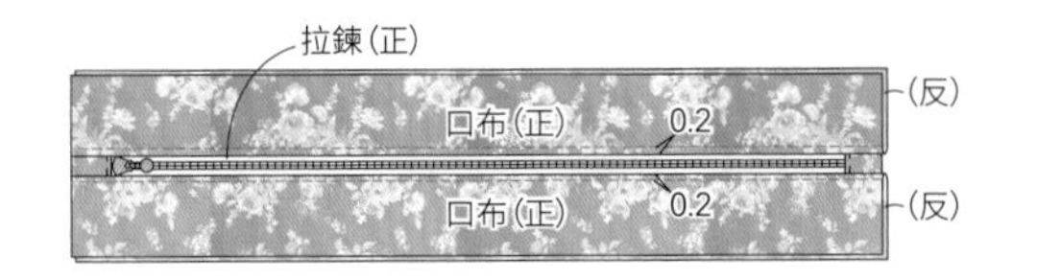

3 把掛耳摺成兩半，在拉鍊的兩側對齊中央假縫固定，接著在口布的周圍假縫1圈。

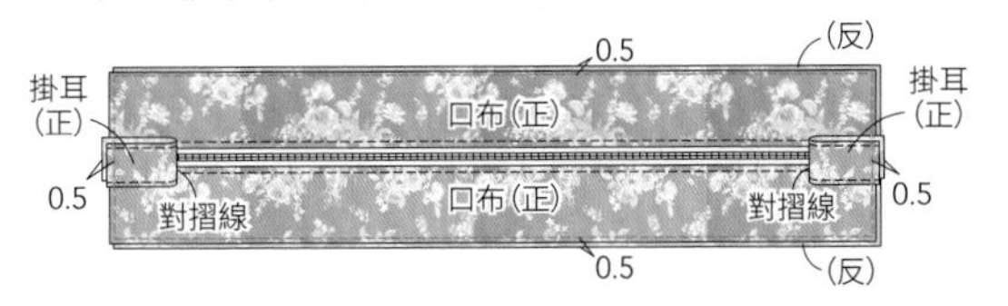

4 把外布、內布、口布縫合

1 把外布的底和3的口布正正相對假縫固定。

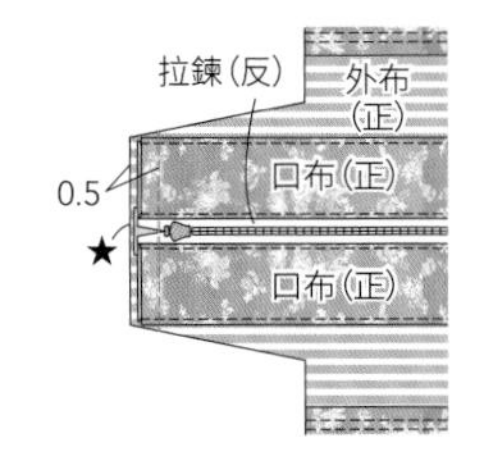

2 在❶的上面把內布正正相對車縫起來。

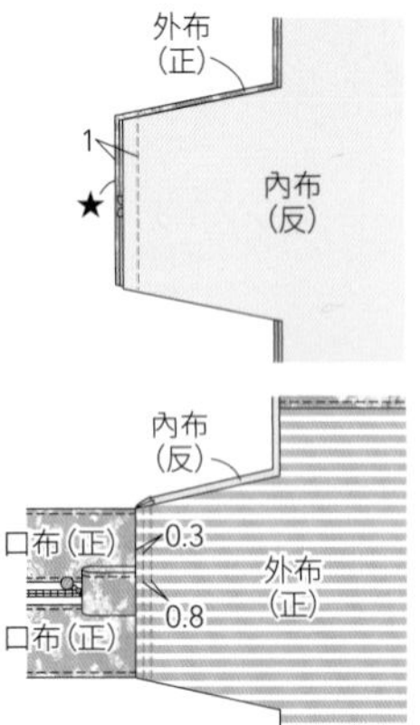

3 翻回正面，把外布和內布反反相對，在邊緣車縫2道線。

4 和❶～❸同樣，把口布的另一側和外布及內布的另一側車縫接合。

5 把外布和內布反反相對疊好，在周圍假縫1圈。

6 在口布的整個邊端，以1cm的間隔剪出0.5cm的牙口。

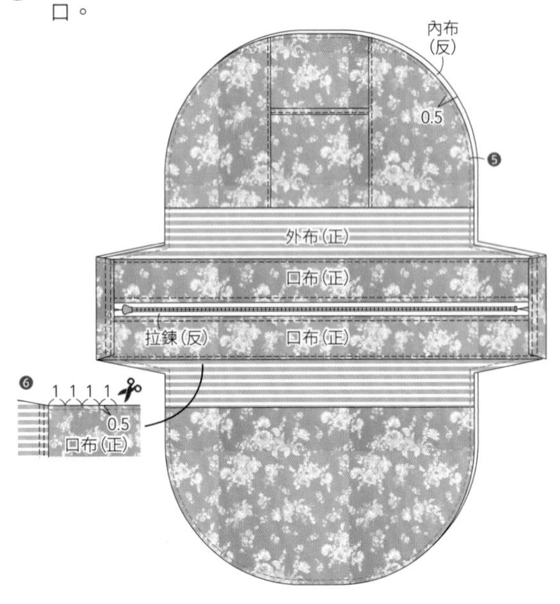

7 把口布和本體的側襠部分、以及本體的曲線部分（半月部分）正正相對疊好，邊車縫邊將口布側剪出的牙口拉開。

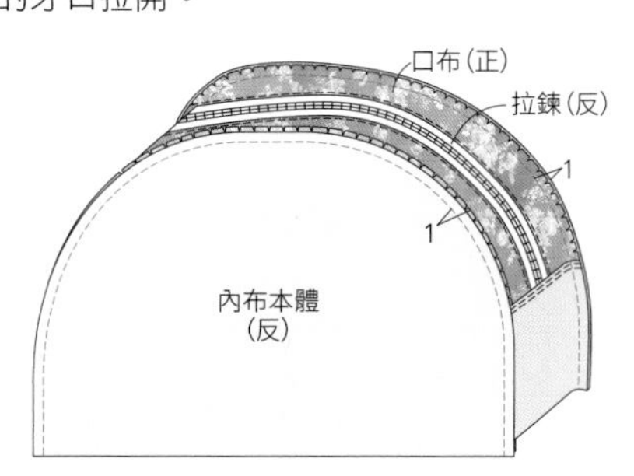

8 把斜布條正正相對摺成兩半之後攤開，將上下的邊端摺疊起來。

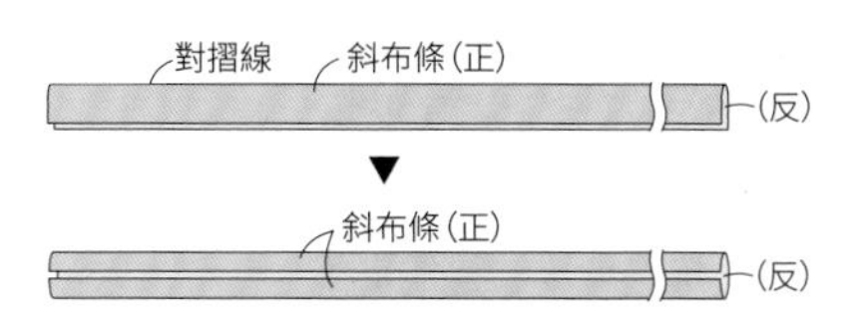

9 用斜布條分別把7的縫份包起來車縫（P46 11的作法4−4～6）。

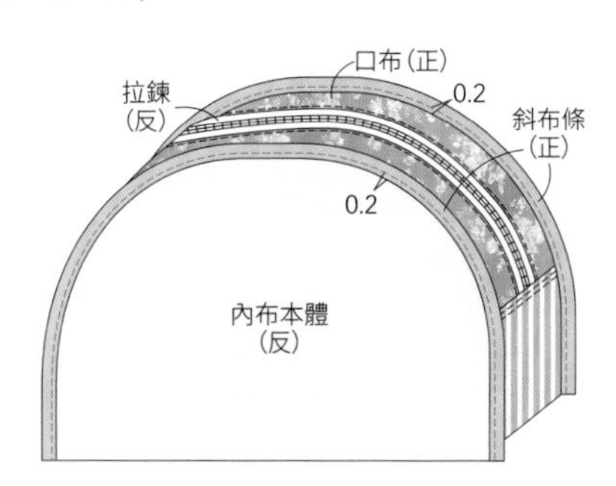

10 把皮革提把縫合安裝上去（P122「提把的縫合安裝方法」）。完成。

arrange 32

▶▶第106頁／實物大紙型B面

圓筒包

難易度★★★

〚成品尺寸〛

橫寬33cm×高25cm×側襠14cm（不含提把）

〚材料〛

丹寧布（藍）………109cm×50cm
平紋棉布（直條紋圖案）………14cm×13cm
鋪棉布（星星圖案）………70cm×49cm
斜布條………寬4.5cm×55cm×2片
拉鍊（芥末色）………寬2.5cm×30cm
標籤（喜愛的樣式）………寬1.8cm×4cm
緞帶（喜愛的樣式）………寬1cm×5cm

〚工具〛 拉鍊壓布腳

〚裁剪方法和尺寸〛 ※單位是cm。

※外布側面、內布側面是利用紙型加上指定的縫份畫線之後進行裁剪。

※除此之外都是用尺畫線之後進行裁剪。

丹寧布（藍）

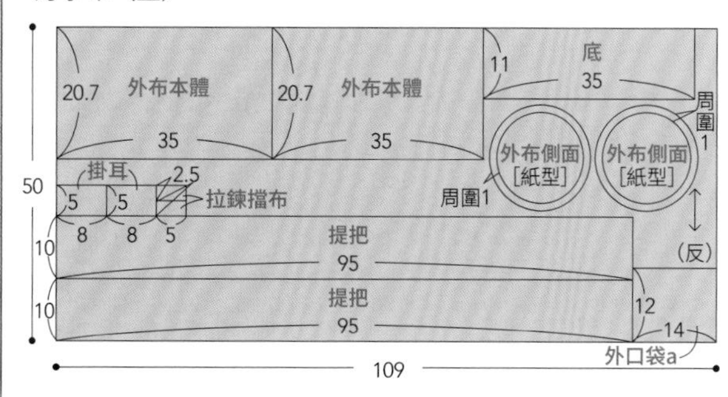

鋪棉布（星星圖案）

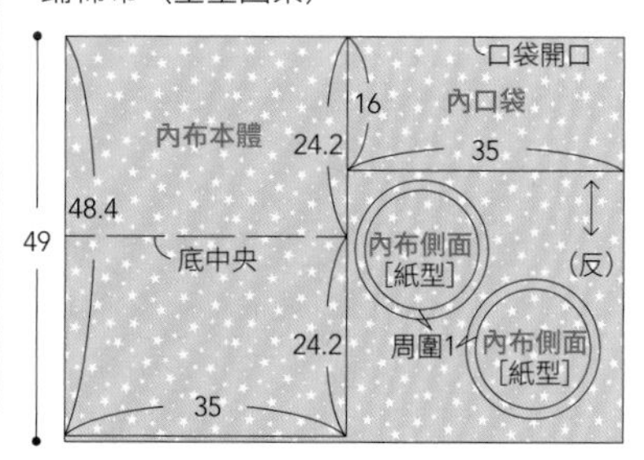

平紋棉布（直條紋圖案）

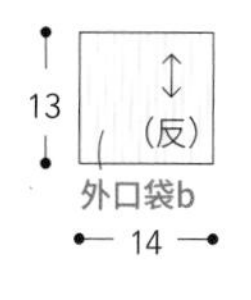

作法

1 縫製提把和掛耳

❶ 把提把摺成四摺，車縫邊緣，製作2條提把（P18 1 的作法1）。

❷ 把掛耳摺好車縫起來（P58 14 的作法1－❸～❻）。這一面就是正面。

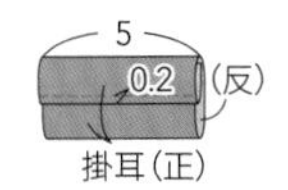

2 製作外布本體

❶ 把外口袋a和外口袋b正正相對車縫起來。

❷ 翻到正面，把接縫側（★）往外口袋a側摺起，在邊緣車縫壓線。在口袋a的正面縫上標籤。

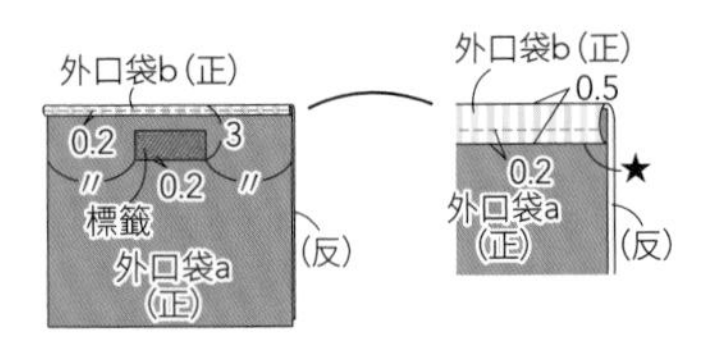

❸ 在1片外布本體的正面，把❷對齊中央疊好，在兩側假縫固定。

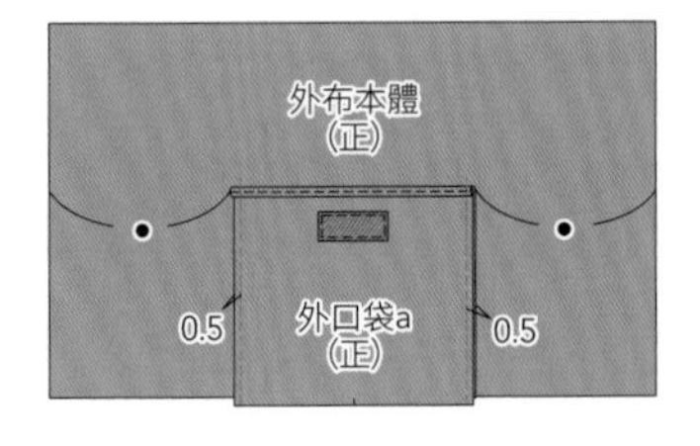

❹ 在❸的上面縫上1條提把（車縫順序見P33 5 的作法1－❸）。

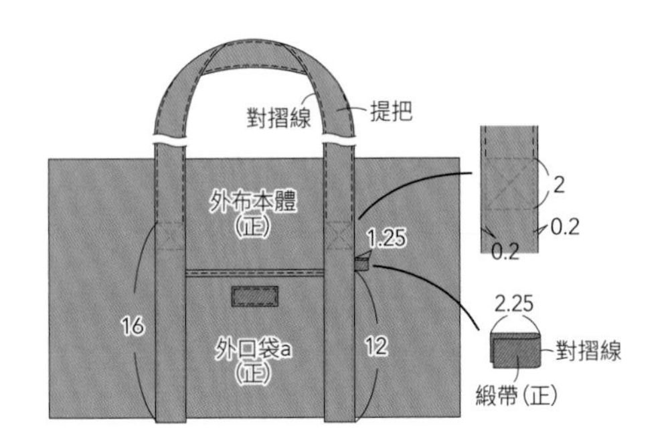

❺ 在另1片的外布本體上，同樣縫上1條提把。

❻ 把1片外布本體和底正正相對車縫起來。

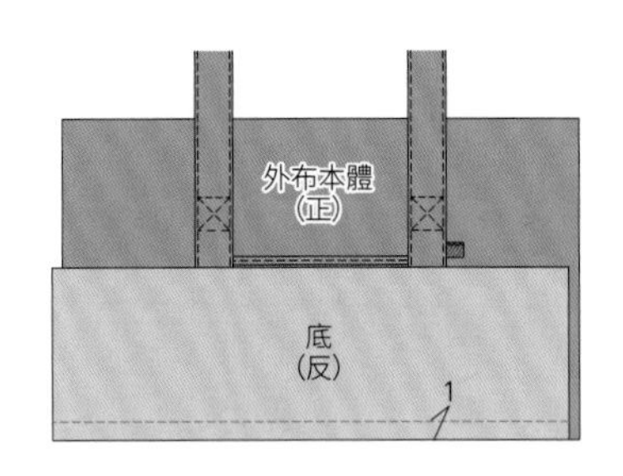

❼ 以同樣方式，把底的另一側與另1片外布本體正正相對車縫起來。

❽ 把縫份倒向底側，分別在邊緣車縫壓線。完成外布本體。

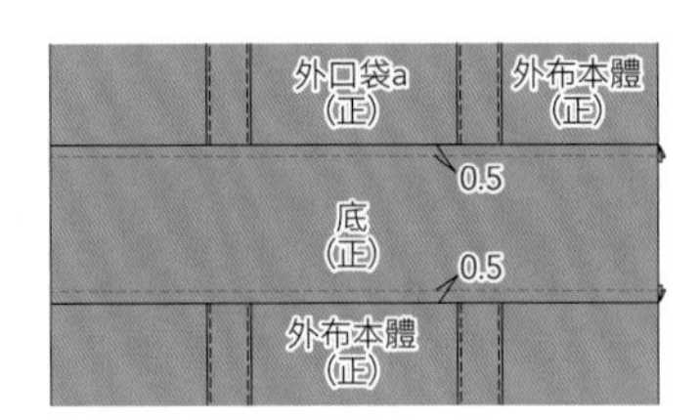

3 縫上內口袋

❶ 把內口袋的口袋開口往反面摺三摺，在邊緣車縫固定。

❷ 在內布本體上把內口袋正正相對車縫起來。

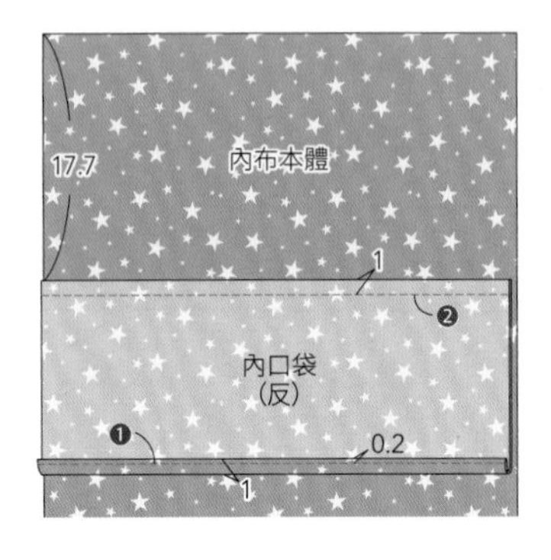

❸ 把內口袋翻回正面，車縫3邊。

❹ 在中央車縫分隔部分。完成內布本體。這一面就是後側。

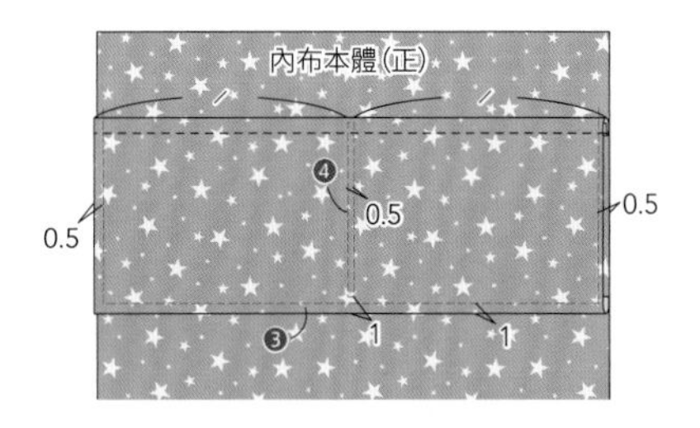

4 縫上拉鍊

❶ 在拉鍊的兩端分別縫上拉鍊擋布（P96 26 的作法 1 —❺、❻）。

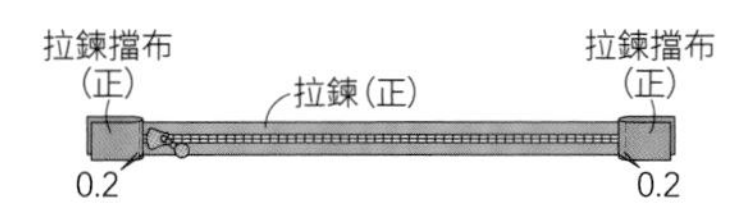

❷ 在外布本體上把拉鍊假縫固定，再和內布本體正正相對車縫起來（P96 26 的作法 3 —❶～❻）。翻回正面，在拉鍊的邊緣車縫2道線。

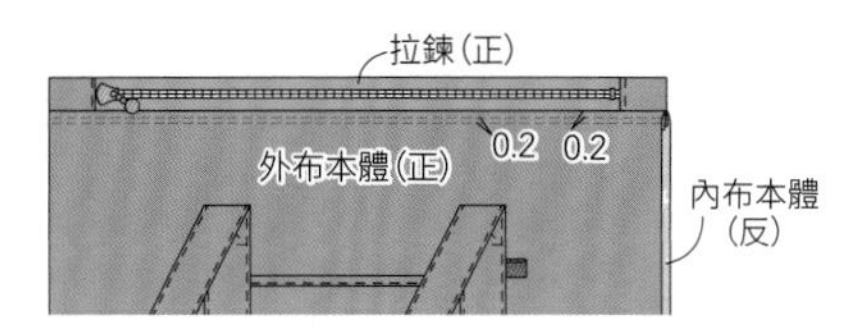

❸ 在外布本體和內布本體的另一側，車縫上拉鍊的另一側（P96 26 的作法 3 —❽～⓭）。翻回正面，和❷同樣地在邊緣車縫2道線。

❹ 把外布本體和內布本體反反相對疊好，在兩側假縫1圈。在底中央和兩側的中央做出合印記號（P12「途中加入中央記號的時候」）。

❺ 在兩側以1cm為間隔剪出0.5cm的牙口。

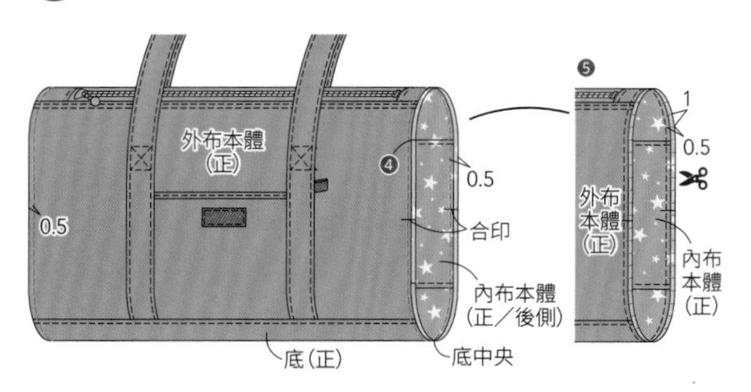

❻ 把掛耳摺成兩半，分別疊放在拉鍊的兩側假縫固定。

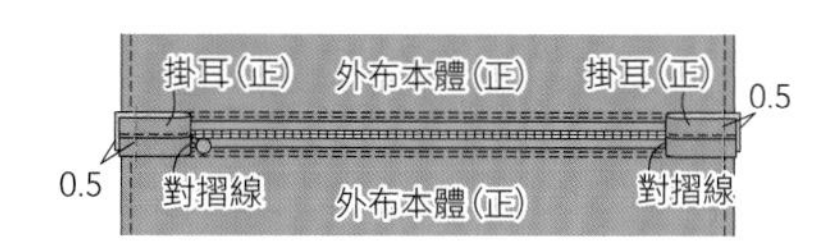

❼ 把1片外布側面和1片內布側面分別反反相對疊好，假縫1圈。

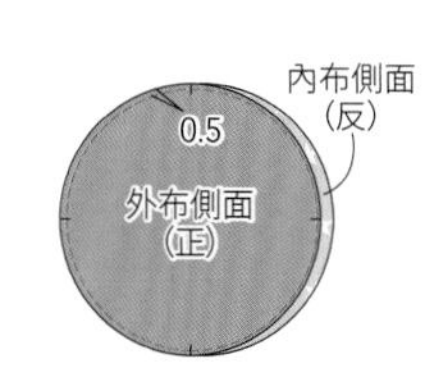

❽ 把❺翻到反面，對齊❼的合印之後，把外布和外布重疊起來。邊車縫邊把本體側剪出的牙口拉開，從本體側開始車縫1圈（P74 19 的作法 1 —❸、❺）。

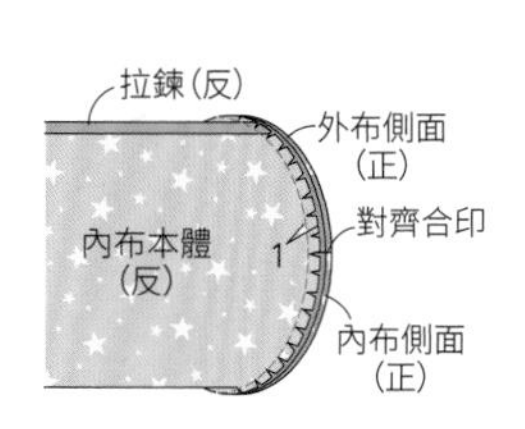

❾ 在內布側面，把斜布條從底中央開始正正相對疊好，從內布側面側開始，在距離❽的縫線外側0.1cm處車縫。

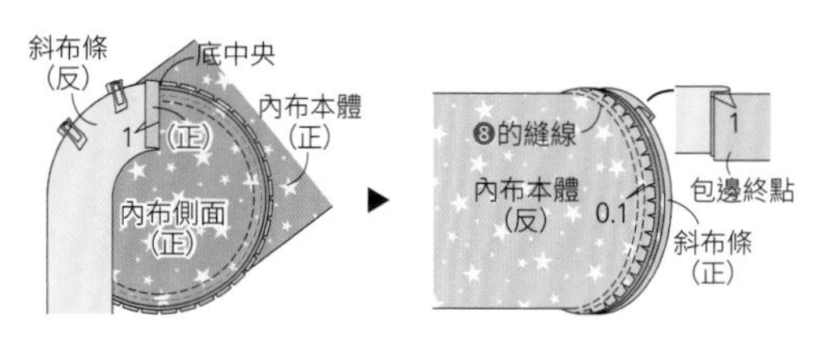

❿ 用斜布條把縫份包起來，車縫邊緣。

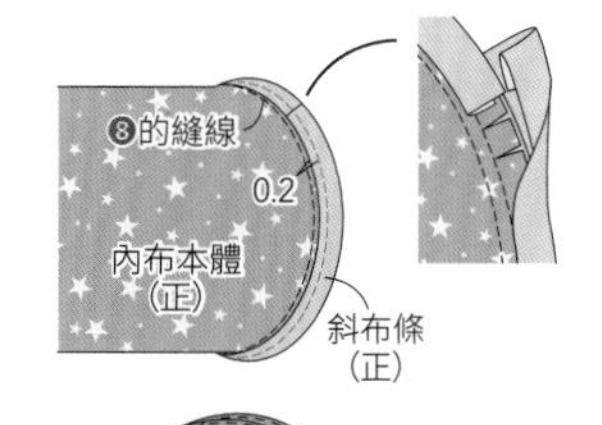

⓫ 另一側的側邊也依照❽～❿的方式在側面做包邊處理。翻回正面，調整形狀。完成。

TYPE 9 口金包款

介紹開口使用口金設計的包款，
使用的口金包含蛙口口金或彈片口金等。

basic 33 蛙口手提包

以裝飾著大型珠扣的蛙口口金搭配整面施以刺繡的布料，做出個性十足的手提包。

作法…第119頁

basic 34 蛙口化妝包

小型的蛙口包用途很廣，除了當作化妝包之外，也可以當成零錢包來使用。對於包中物品的整頓也很有幫助。

作法…第119頁

arrange 35

彈片開口 斜背小包

迷你袋身的作法和束口袋背包相同，只要把束繩換成彈片口金，就能做成斜背小包。

作法…第123頁

arrange
36

支架口金背包

因為袋口可以大大張開，所以能輕易看到內容，取放物品也很方便。支架口金還可以防止變形。

作法…第124頁

▶▶第116頁／實物大紙型B面

蛙口手提包

難易度★★☆

▶▶第116頁／實物大紙型B面

蛙口化妝包

難易度

【材料】
<蛙口手提包>
細棉布（刺繡圖案）………38cm×49cm
棉麻鋪棉布（原色）………38cm×49cm
薄布襯………適量
蛙口口金（寬26cm）………1個
紙繩………35cm×2條
皮革提把（手縫式）………1組
<蛙口化妝包>
棉麻帆布（花朵圖案）………18cm×30cm
11號帆布（灰）………18cm×30cm
蛙口口金（寬10cm）………1個
紙繩………20cm×2條

【工具】 錐子、牙籤、口金專用填縫夾、平口老虎鉗、白膠、美紋膠帶、記號用筆

【成品尺寸】

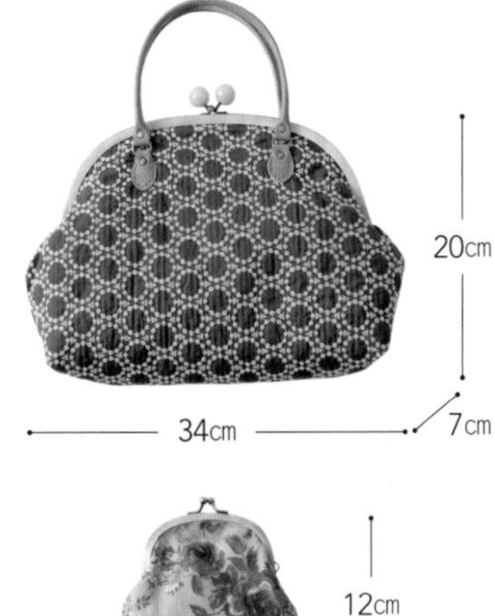

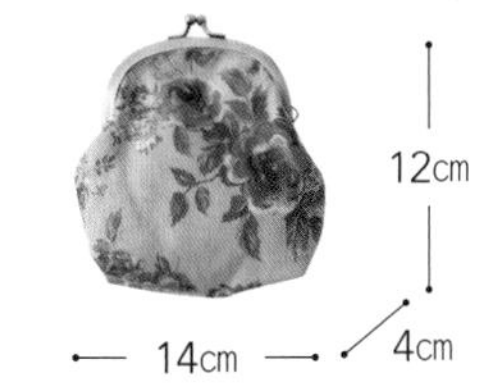

【裁剪方法和尺寸】 ※單位是cm。
※利用紙型畫線，做出中央和止縫的記號之後進行裁剪。
※（ ）內的數字是**<蛙口化妝包>**的尺寸。
※在**<蛙口手提包>**的外布反面，貼上依照紙型尺寸裁剪的薄布襯。

細棉布（刺繡圖案）、棉麻帆布（花朵圖案）、
棉麻鋪棉布（原色）、11號帆布（灰）共通

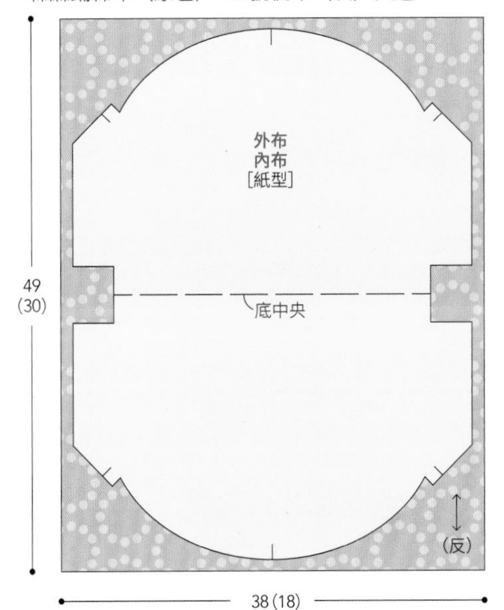

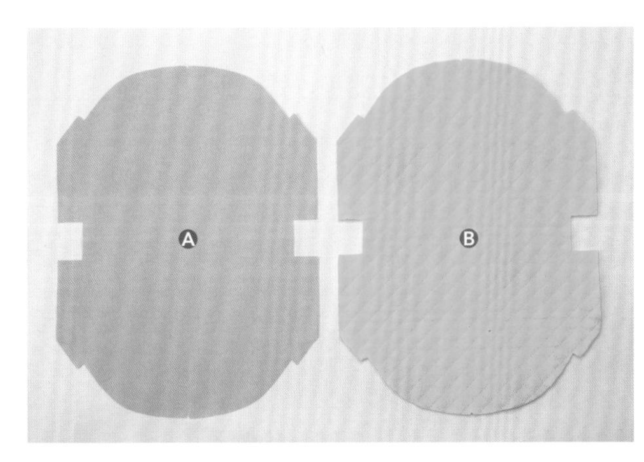

Ⓐ外布、Ⓑ內布

作法

※單位是㎝。

1 把外袋和內袋縫合

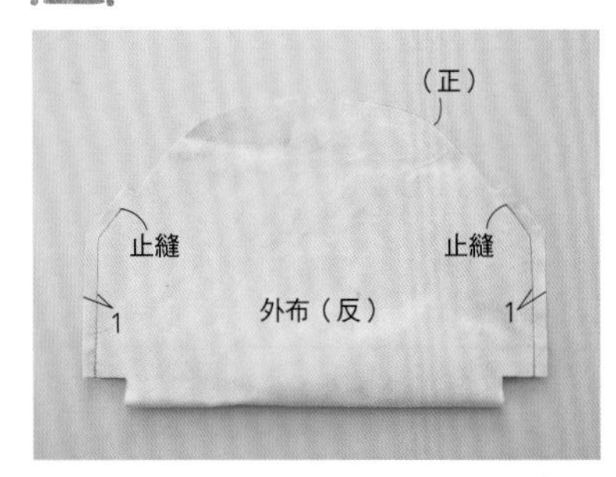

❶ 把外布從底中央正正相對摺好，車縫兩側至止縫點為止。

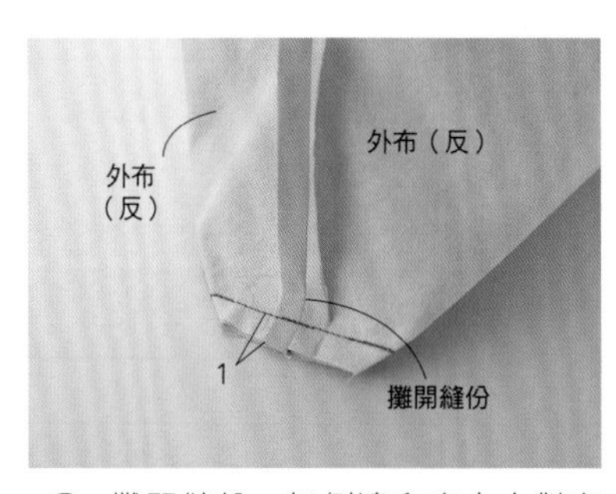

❷ 攤開縫份。把側邊和底中央對齊疊好，車縫側襠。

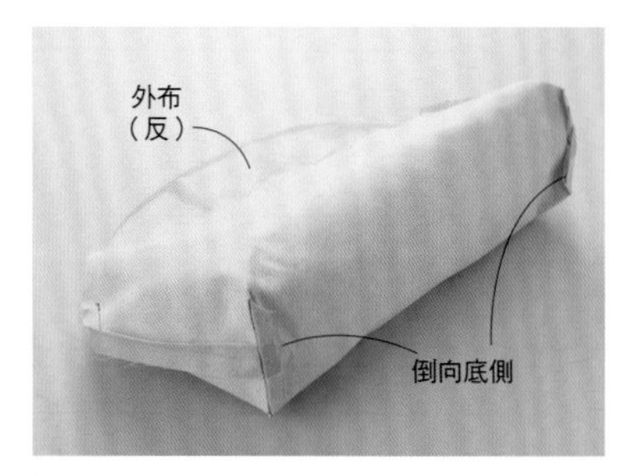

❸ 把另一側的側襠也同樣地縫好。完成外袋。

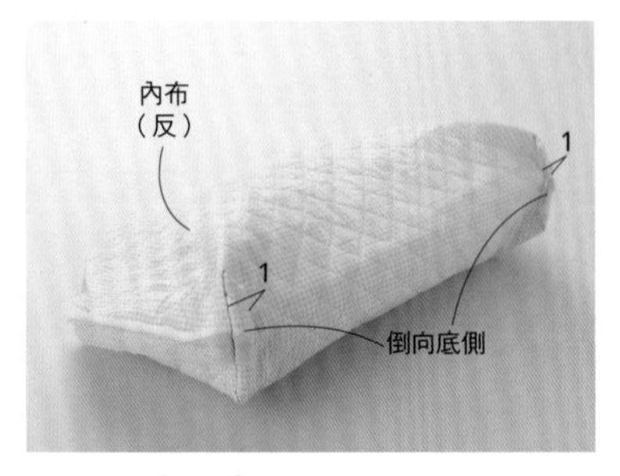

❹ 和❶～❸同樣，把內布縫好。完成內袋。

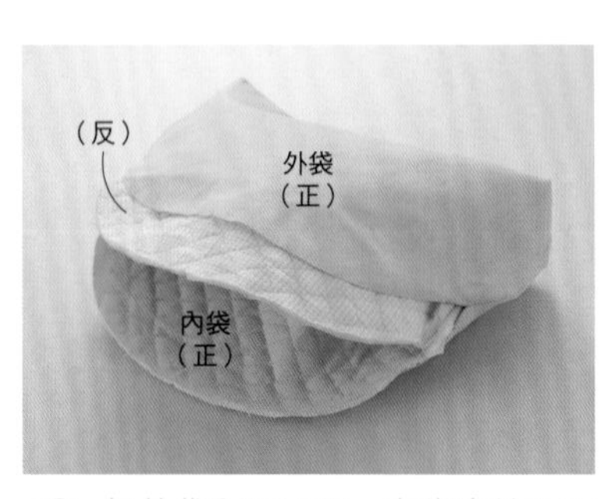

❺ 把外袋翻回正面，在當中放入內袋，正正相對縫合袋口。

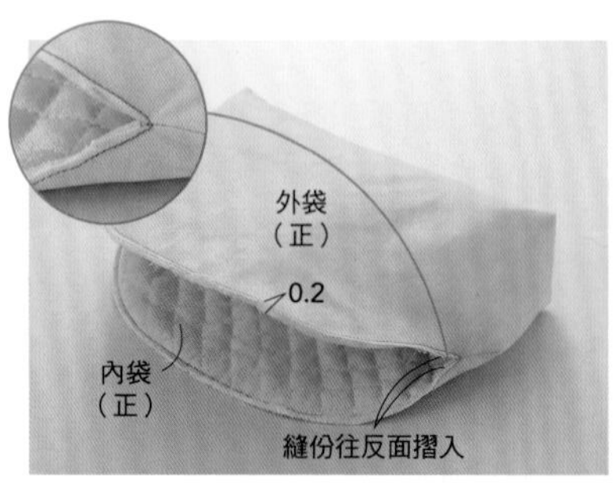

❻ 對齊中央的記號，把止縫點以上的未縫合部分往反面摺入，在袋口車縫1圈。完成袋身。

Point 止縫點以上的未縫合部分，因為不會塞進口金裡，所以必須把縫份摺入反面車縫固定。

2 安裝口金和提把

<蛙口手提包>

❶ 安裝蛙口口金（P121「蛙口口金的安裝方法」）。完成蛙口化妝包。

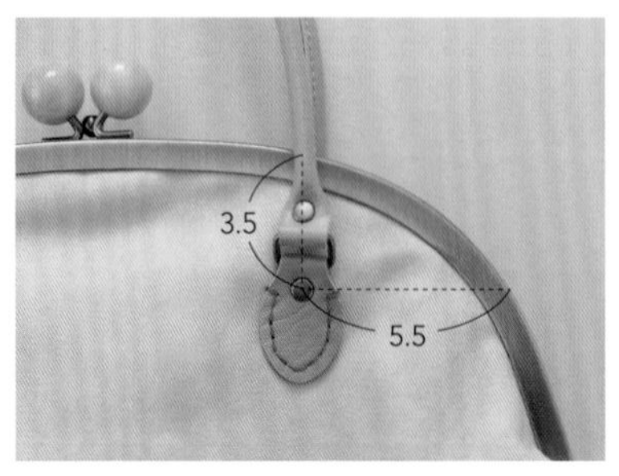

❷ 把提把用手縫線縫合固定（P122「提把的縫合安裝方法」）。

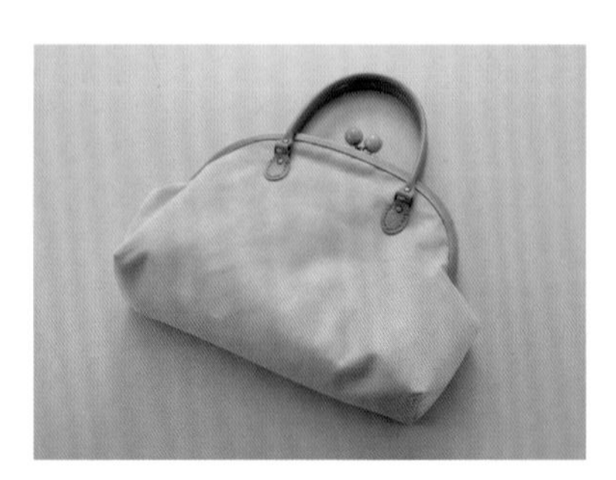

❸ 完成蛙口手提包。

蛙口口金的安裝方法

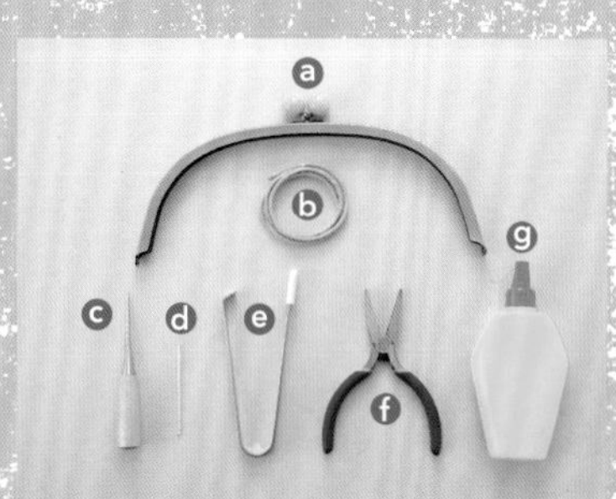

［需要的用具］ ⓐ口金、ⓑ紙繩、ⓒ錐子、ⓓ牙籤、ⓔ口金專用填縫夾、ⓕ平口老虎鉗、ⓖ白膠
※若有墊布或用來做中央記號的美紋膠帶和筆的話更好。

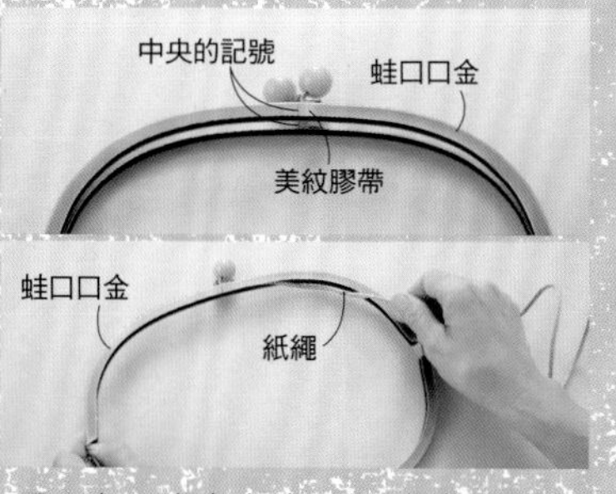

1 在口金中央的內外4個位置貼上美紋膠帶或用筆做出中央的記號（照片上）。配合口金溝槽的長度，剪下2條紙繩（照片下）。

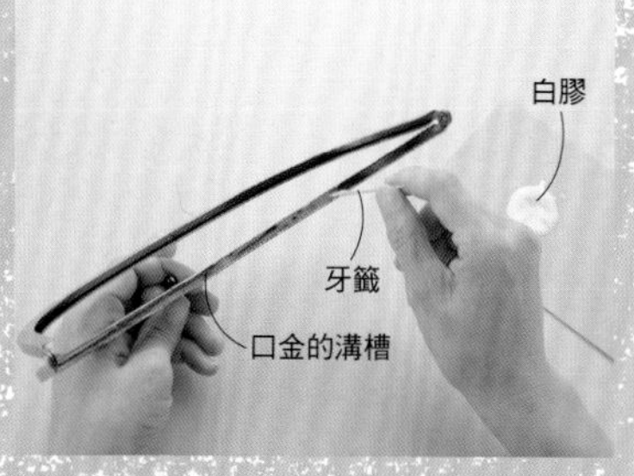

2 在口金的一側溝槽裡，用牙籤塗抹白膠。

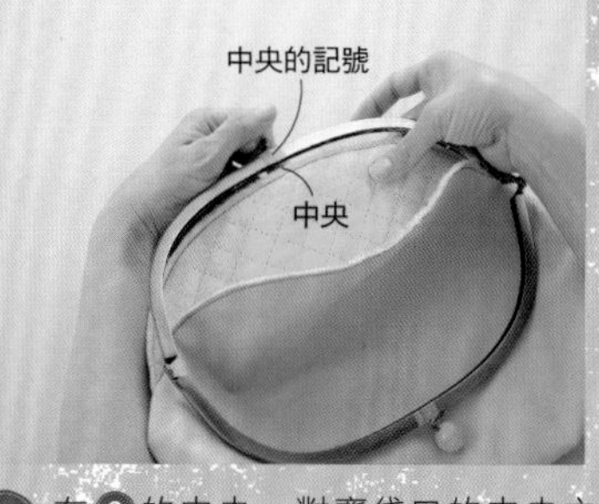

3 在2的中央，對齊袋口的中央之後，從袋身的內袋側開始塞入。

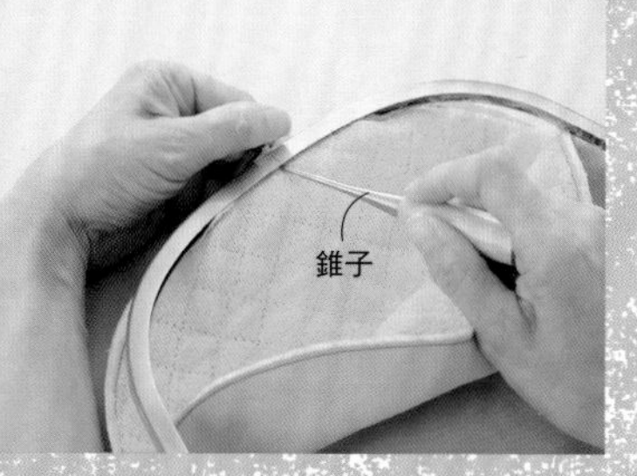

4 利用錐子，確實塞進溝槽深處。

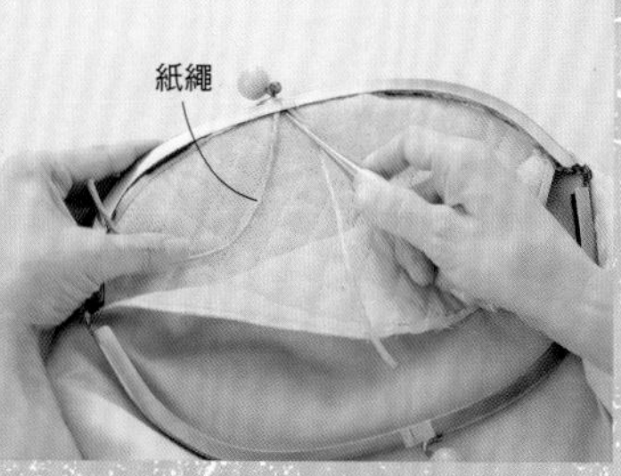

5 把剪好的紙繩的中央，用錐子塞入3的相同位置。

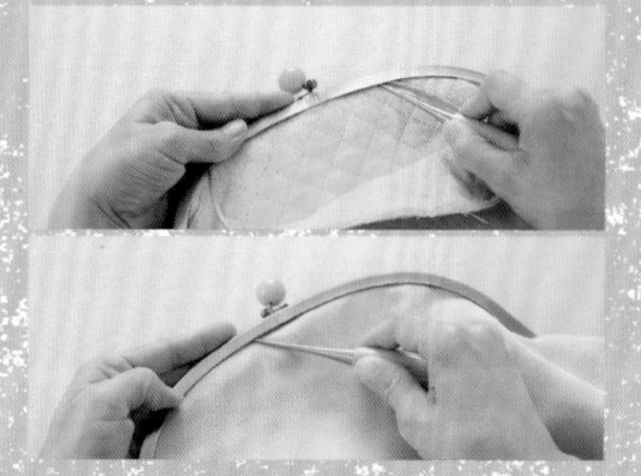

6 用錐子把袋身和紙繩一起塞進口金的溝槽裡，從中央往左右兩端進行。外袋側也用錐子塞入之後，調整形狀。

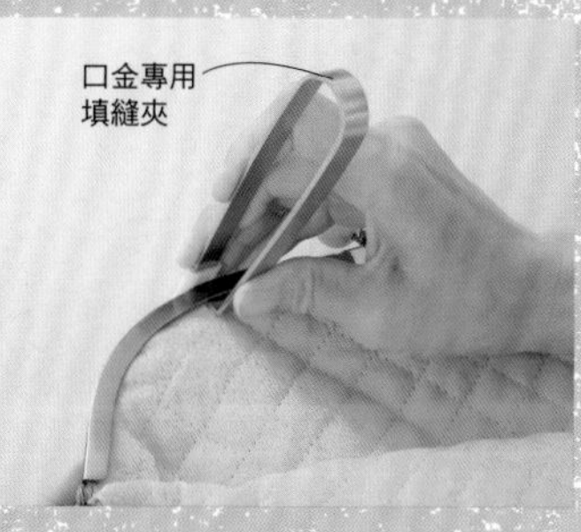

7 利用口金專用填縫夾，進一步使口金溝槽牢牢塞緊。在口金的另一側也同樣塞入袋口以白膠固定。

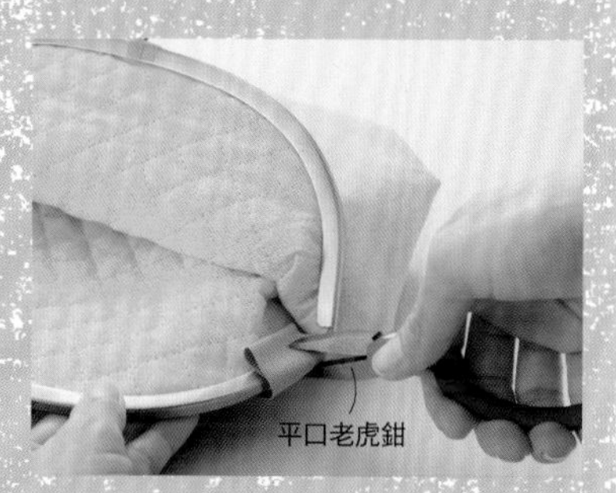

8 在口金兩端的4個位置用墊布（多餘的布）包住，以老虎鉗輕輕壓合固定。

Point 直接用平口老虎鉗夾住口金的話，很可能會在口金上留下刮傷。所以一定要先用墊布包住口金再使用老虎鉗。

提把的縫合安裝方法

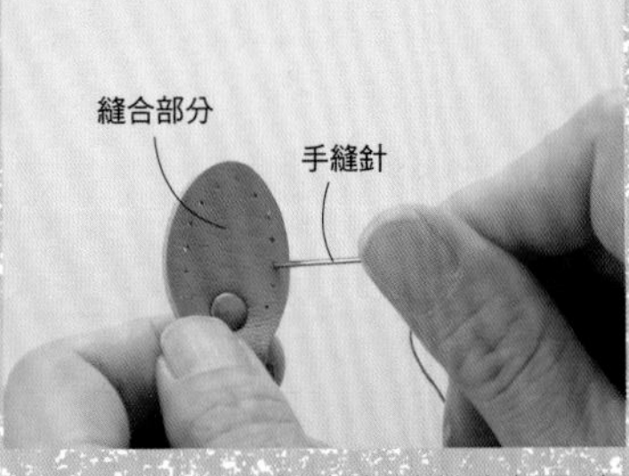

1 用手縫針刺入提把的縫合部分的洞裡，把洞口撐大。

Point 提把的縫合部分的洞，有時很難用針穿過，所以要先把洞口撐大，以便順利穿針。

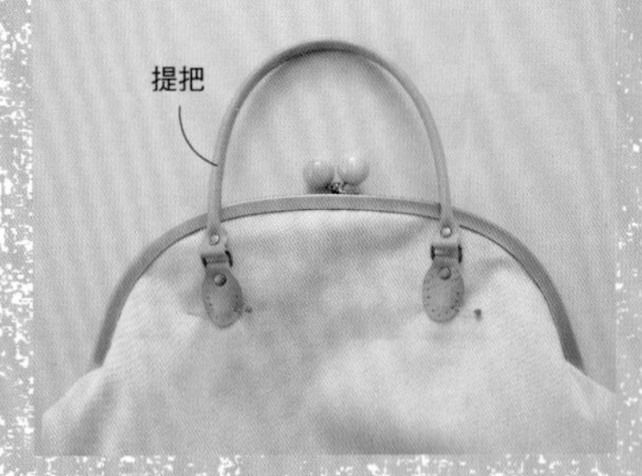

2 在提把的安裝位置，把縫合部分對齊擺好，用珠針固定。

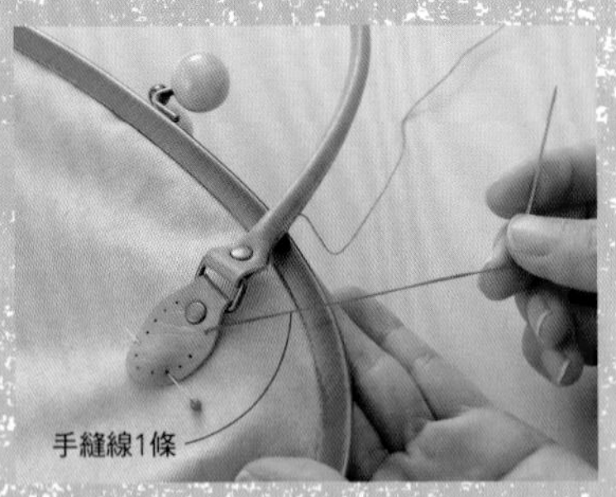

3 用1條手縫線，從內袋側把針穿出，在提把縫合部分的右上端的洞把線拉出。線端要保留5cm左右。

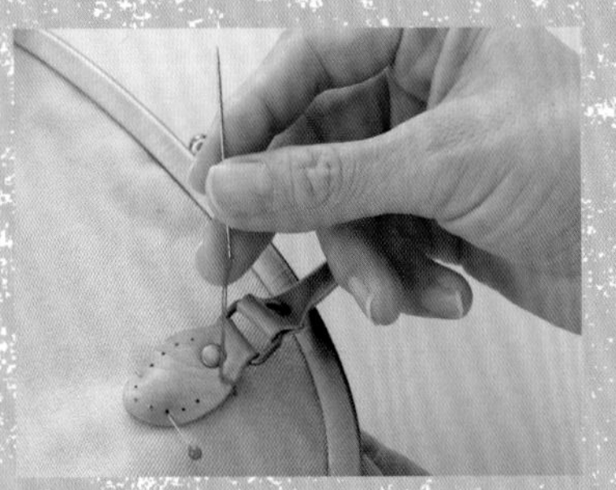

4 在3的洞口旁邊入針，再次從相同的洞出針。

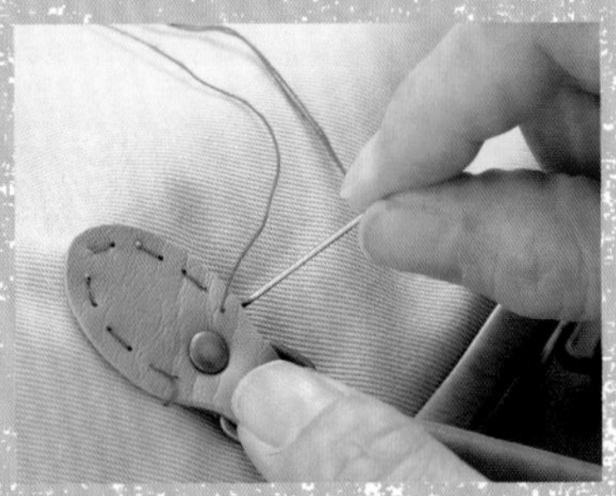

5 1針1針地，以平針縫的要領縫合。縫到邊端的洞時，要從洞的旁邊入針。

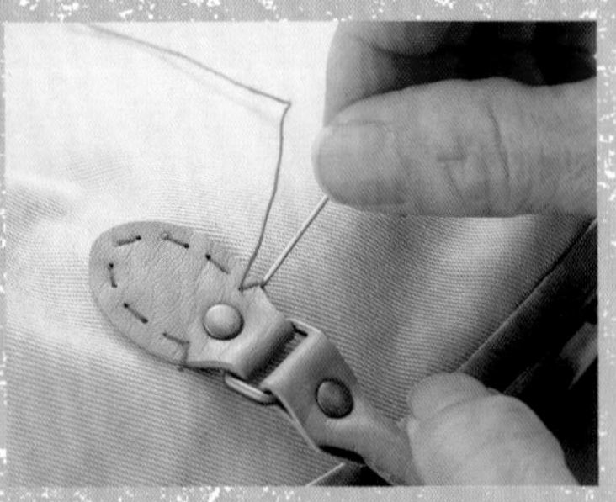

6 再次從相同的洞出針。再一次從洞的旁邊入針，從相同的洞出針。

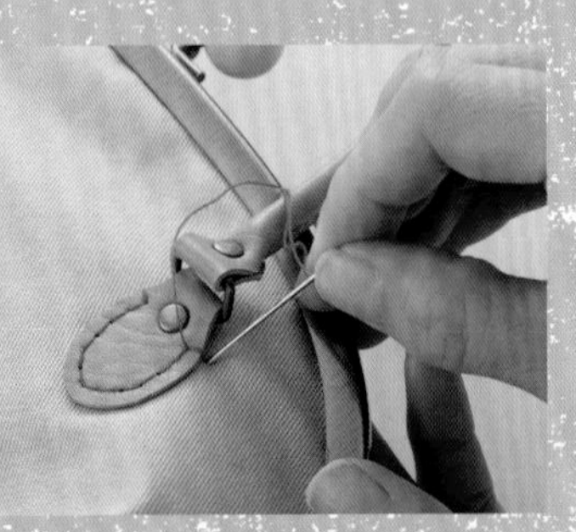

7 和5同樣，縫到起點的洞為止。再次從洞的旁邊入針，從內袋側出針。

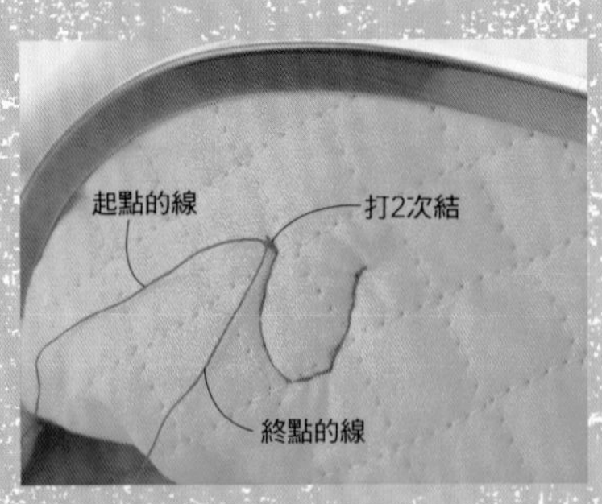

8 用起點的線端和終點的線端打2次結。

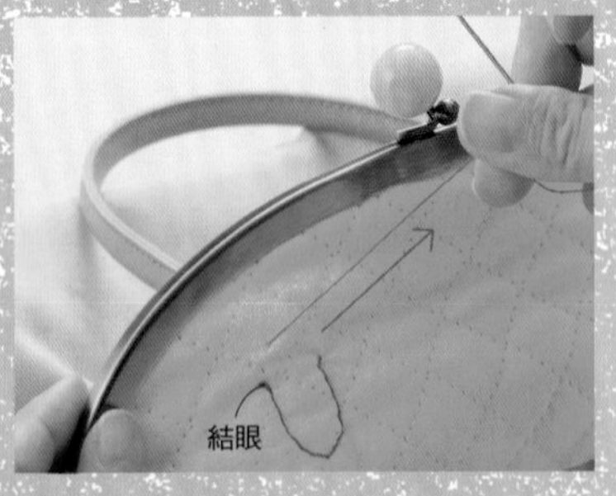

9 在結眼附近的內袋上挑起少許布料出針。輕輕拉一下，把結眼拉進內側之後把線剪斷。以同樣方式，把其餘3處的縫合部分縫好。

arrange 35

▶▶第117頁／實物大紙型A面

彈片開口斜背小包

難易度 ★☆☆

【成品尺寸】
橫寬22cm×高21cm
（不含背帶）

【材料】
棉絨面呢（花朵圖案）………51cm×22cm
亞麻布（芥末色）………51cm×25cm
背帶（喜愛的樣式・附問號勾）
………寬1cm×1條
彈片口金（寬1cm×14cm）………1組

【工具】 平口尖嘴鉗

【裁剪方法和尺寸】 ※單位是cm。
※外布和內布是利用紙型加上指定的縫份畫線，做出中央的記號之後進行裁剪。

棉絨面呢（花朵圖案）

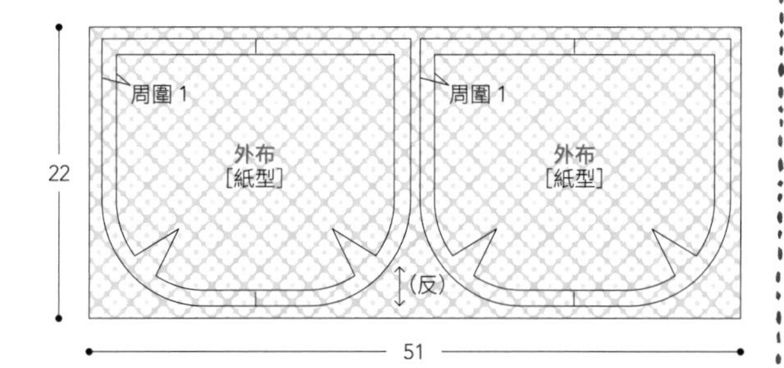

亞麻布（芥末色）

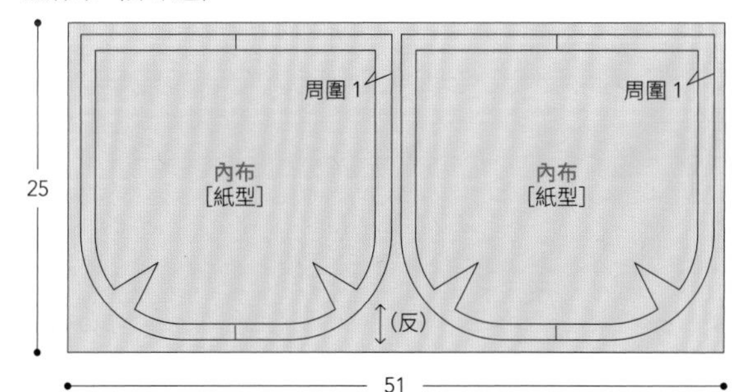

作法 ※單位是cm。

1 把外布和內布縫合

❶ 把外布和內布各自的褶子縫好（P88「褶子的縫法」）。

❷ 把1片外布和1片內布正正相對車縫起來。把布攤開，縫份倒向外布側。另1片的外布和內布也同樣車縫起來。

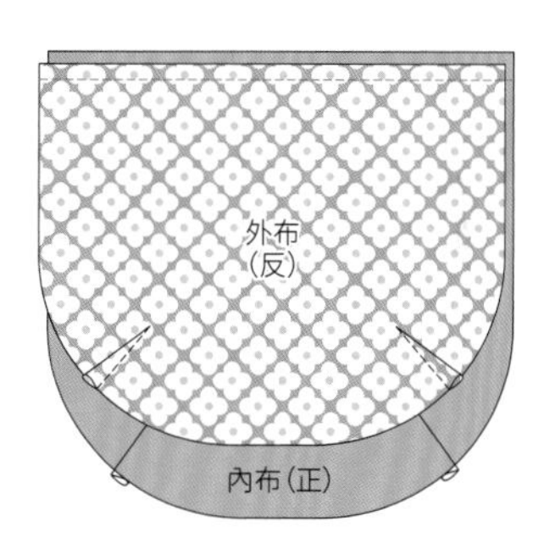

❸ 把2片❷錯開褶子的縫份正正相對疊好，在內布側預留口金穿入孔和返口之後車縫起來。

❹ 在外布本體縫份的曲線部分剪出牙口。翻面摺入燙平之後，以ㄇ字形縫法將返口縫合（P87 23的作法3—❹、❺）。

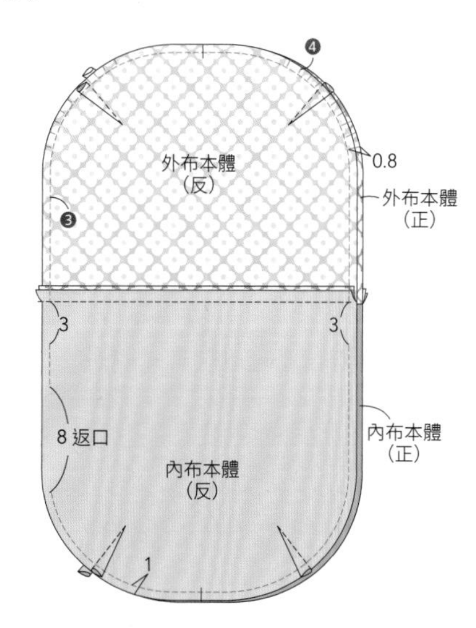

2 穿入口金

❶ 把內布放入外布的內側，在外布的邊緣車縫1圈。

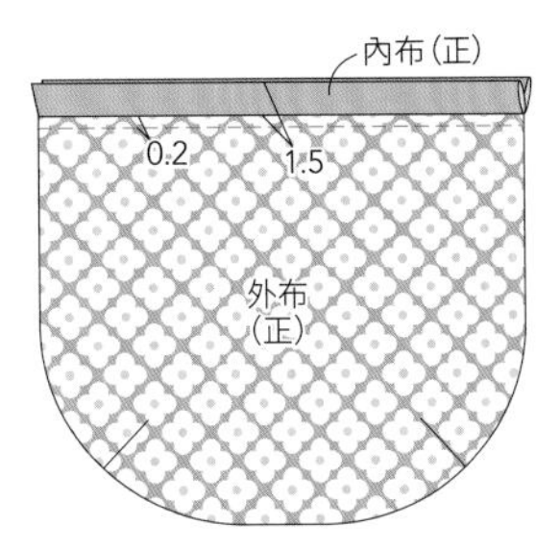

❷ 從口金穿入孔穿入彈片口金（見下方「彈片口金的安裝方法」）。把背帶勾在彈片口金兩端的環圈上。完成。

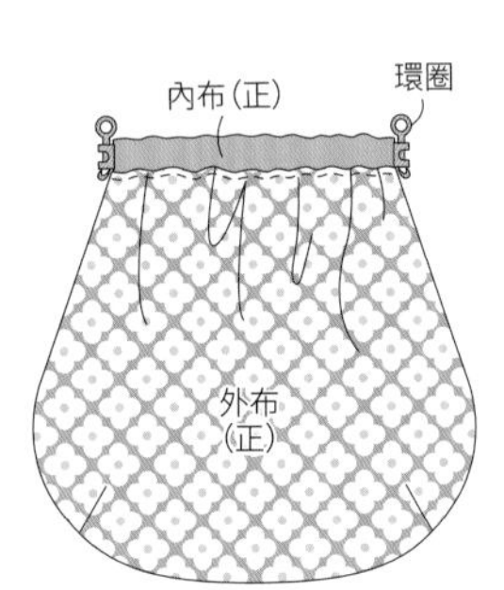

arrange 36

▶▶第118頁

支架口金背包

難易度★★★

【成品尺寸】
橫寬24㎝×高37㎝×側襠12㎝

【材料】
棉麻帆布（英文圖案）
………106㎝×39㎝
棉牛津布（直條紋圖案）
………95㎝×38㎝
棉麻防潑水布（直條紋圖案）
………38㎝×82㎝
薄布襯………75㎝×55㎝
雙面拉鍊（原色）
………寬2.5㎝×40㎝
壓克力織帶（米黃）
………寬3㎝×90㎝×2條
寬3㎝×10㎝×2條
支架口金（24㎝）………1個
D型環（30㎜）………2個
日型環（30㎜）………2個

【工具】 拉鍊壓布腳

彈片口金的安裝方法

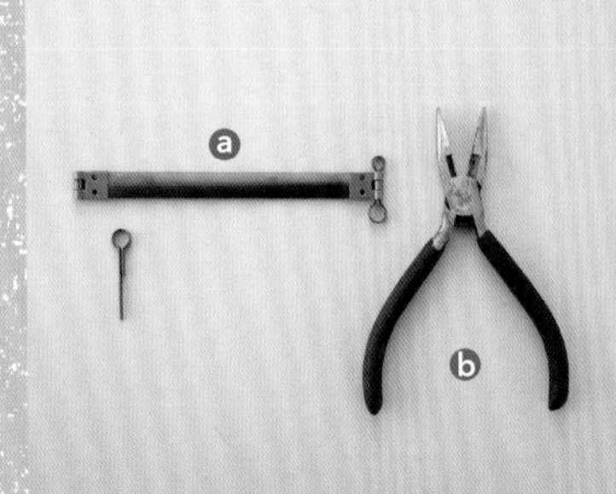

[需要的用具]
ⓐ彈片口金（上／彈片夾、下／圓形吊耳）、ⓑ平口尖嘴鉗

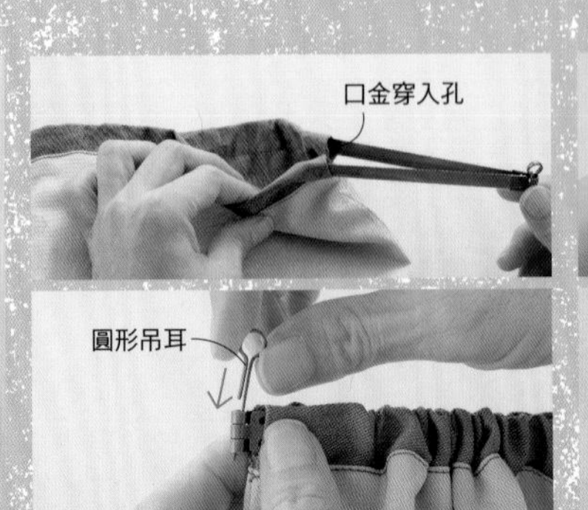

❶ 把沒有吊耳的一側打開，從袋口的口金穿入孔1根1根地分別穿入。穿到盡頭之後把打開的五金閉合，插入圓形吊耳。

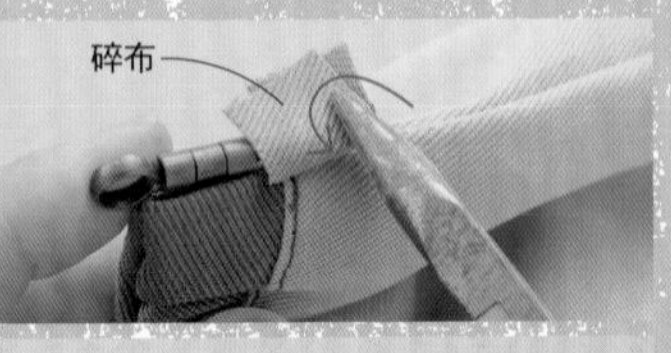

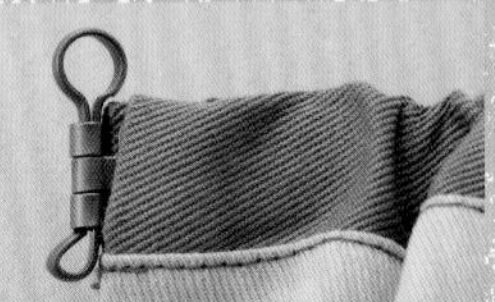

❷ 把圓形吊耳的尖端用平口尖嘴鉗夾住，往袋身方向扭轉鉗子將尖端彎成圈狀。為免夾傷吊耳，最好先用碎布包住吊耳再加以扭轉。

〖 裁剪方法和尺寸 〗 ※單位是cm。

※分別把底、內布的底中央的左右兩側剪成四方形。

※在外布a、外布b、底的反面、距離周圍0.5cm的內側貼上布襯。

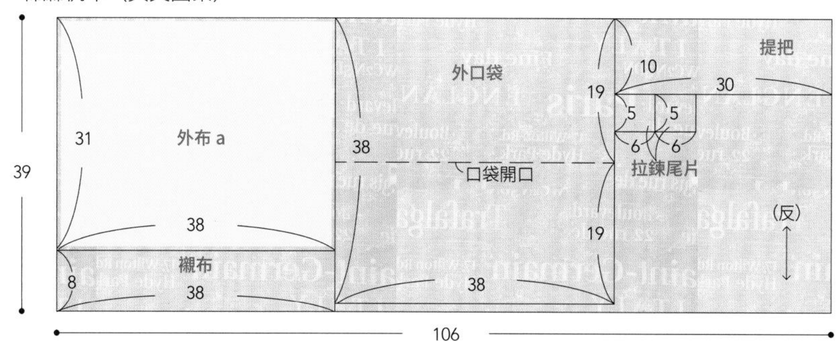

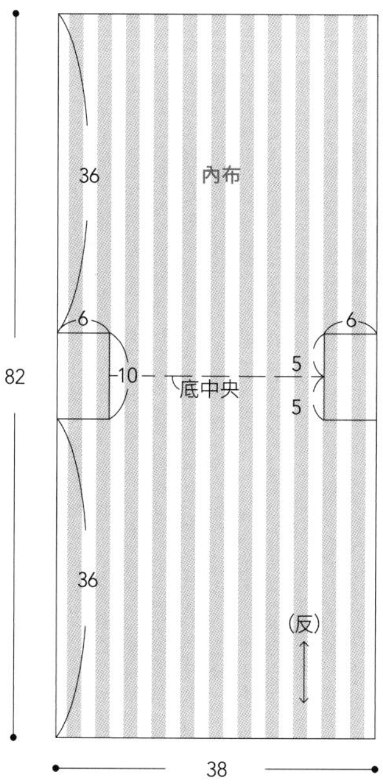

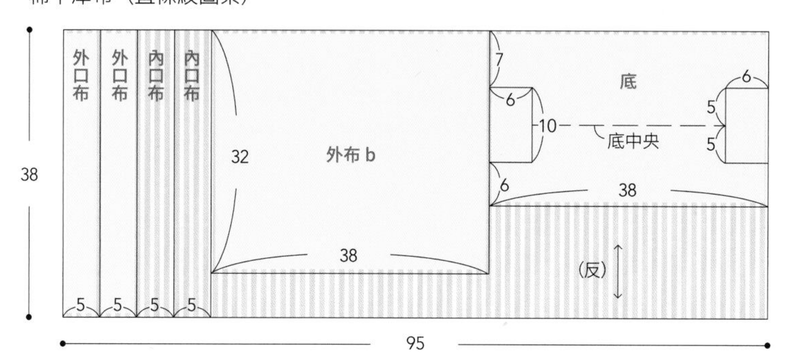

作法 ※單位是cm。

1 製作內袋

1. 把內布從底中央正正相對摺好，預留返口之後車縫兩側。

2. 把側邊和底中央對齊疊好，車縫側襠。完成內袋。

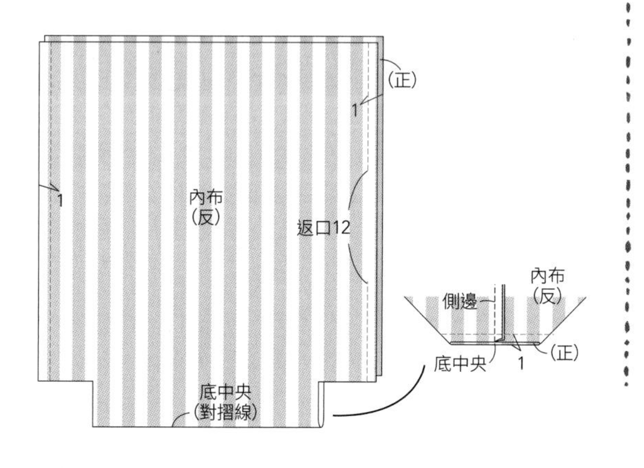

2 縫製外口袋

1. 把外口袋從口袋開口反反相對摺好，上端往前方摺疊，在邊緣車縫固定。

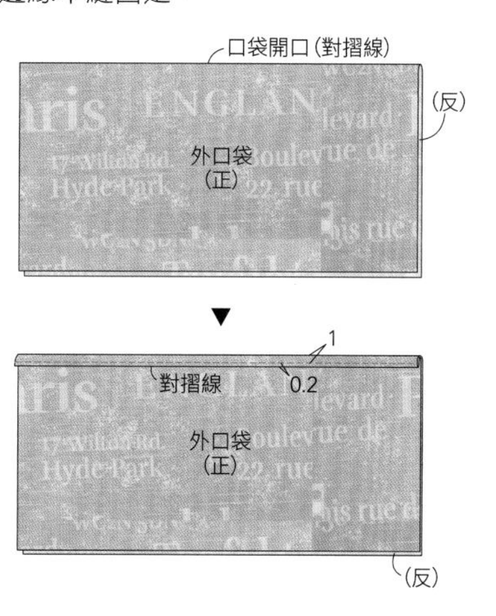

❷ 把❶疊在外布b的正面，在兩側假縫固定，車縫中央的分隔部分。

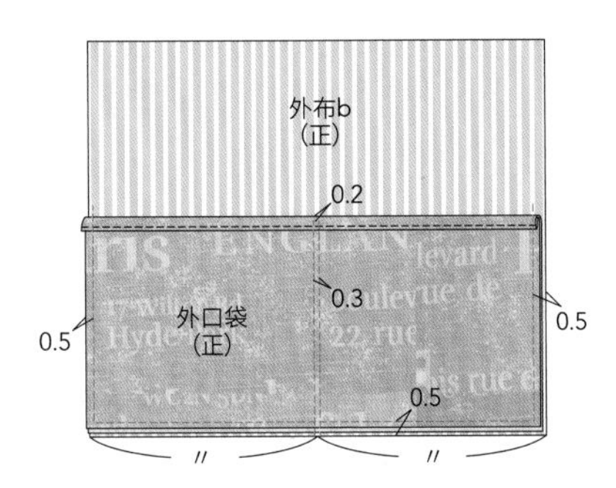

3 把提把和織帶車縫在襯布上

❶ 把提把摺成四摺，車縫邊緣（P18 1 的作法3－❶、❷）。

❷ 在襯布的正面，把2條90㎝的壓克力織帶的其中一端和提把如圖假縫固定。

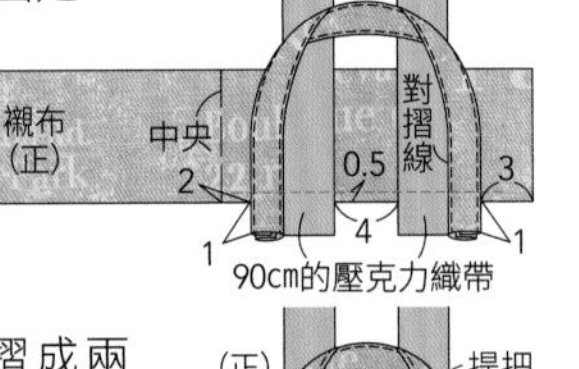

❸ 把襯布正正相對摺成兩半，預留返口車縫起來。車縫時要注意，不要將提把一起車縫進去。

❹ 從返口翻回正面，調整形狀。

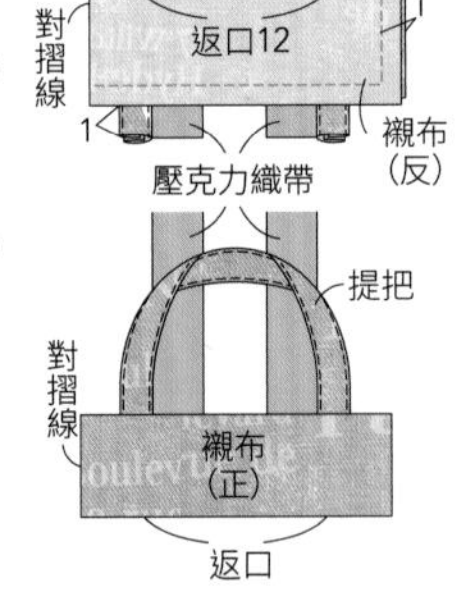

4 製作外袋

❶ 把2和底正正相對車縫起來。

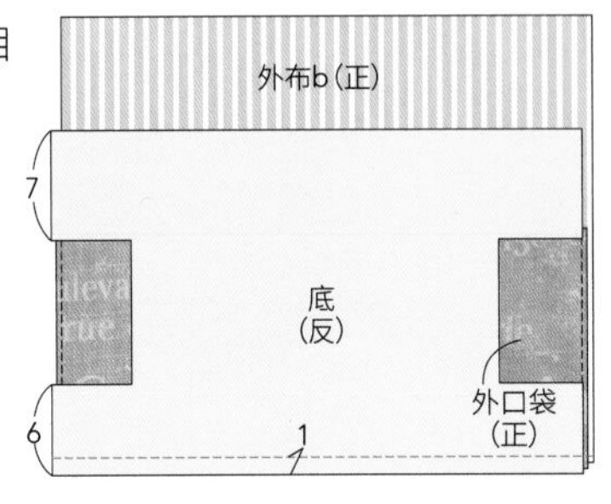

❷ 把底的另一側和外布a正正相對，和❶同樣車縫。

❸ 把❶和❷攤開，縫份分別倒向底側，在邊緣車縫2道線。

❹ 把3疊放在外布b的正面，在周圍車縫2圈固定。

❺ 把10㎝的壓克力織帶分別穿過D型環，在底中央的兩側將織帶對齊中央假縫固定。

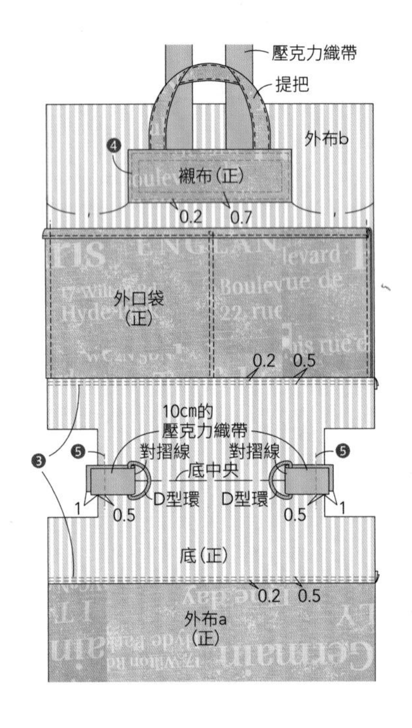

❻ 把❺從底中央正正相對摺好，和1同樣車縫兩側後，再車縫側邊。但是，不需要預留返口。完成外袋。

5 縫合拉鍊和口布

❶ 把2片拉鍊尾片的3邊摺到反面。

❷ 用❶分別夾住拉鍊的兩端，在上止和下止的邊緣車縫固定。

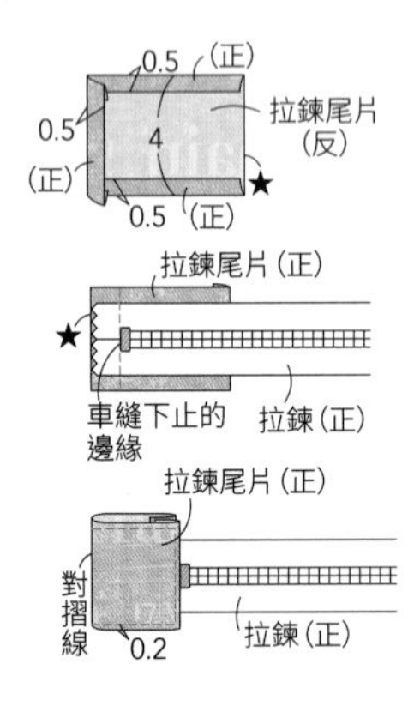

❸ 把外口布和❷正正相對疊好，對齊中央之後假縫固定。

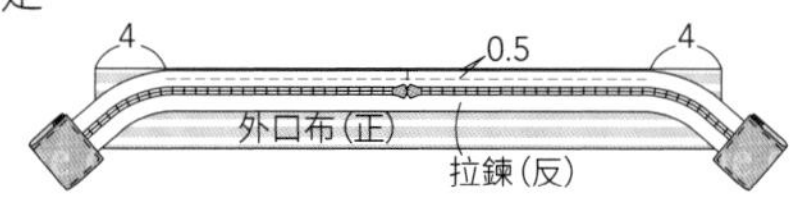

❹ 把❸正正相對疊在內口布上車縫起來。

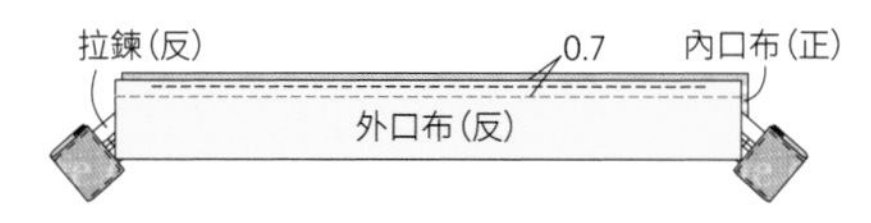

❺ 和❸、❹同樣，把另一側拉鍊與另1片外口布和內口布車縫接合。

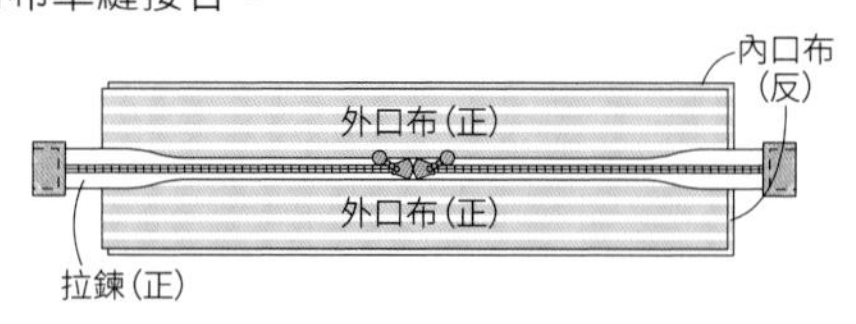

❻ 把外口布、內口布分別正正相對疊好，預留支架穿入孔之後車縫兩側。

❼ 把❻的縫份攤開，車縫兩側。

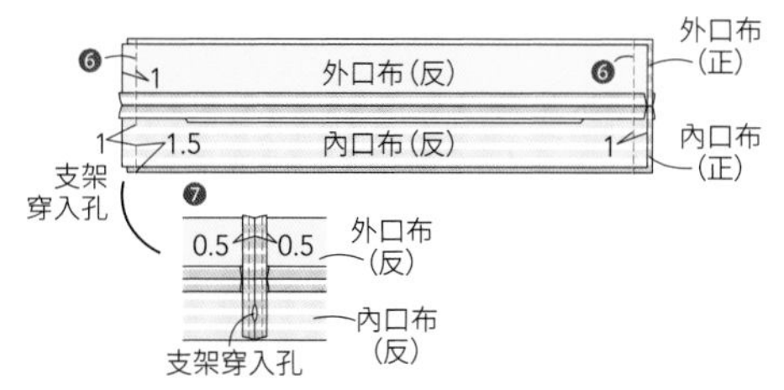

❽ 把外口布和內口布反反相對疊好，在拉鍊的邊緣車縫1圈。在支架穿入孔的另一側的接縫邊緣車縫壓線。

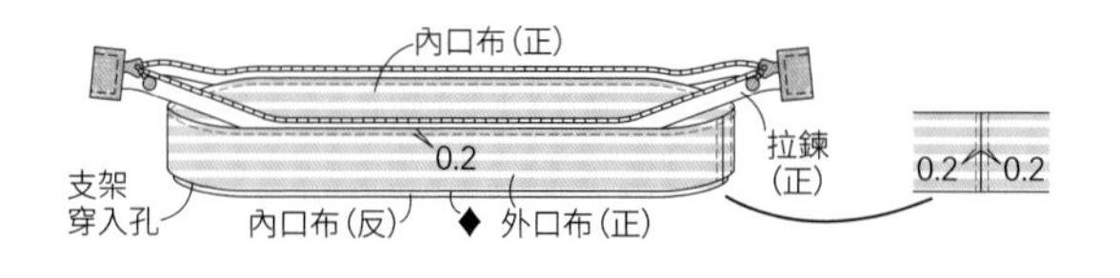

6 縫合外袋、內袋、拉鍊修飾完成

❶ 把❺的下端和外袋的袋口對齊疊好，假縫固定。

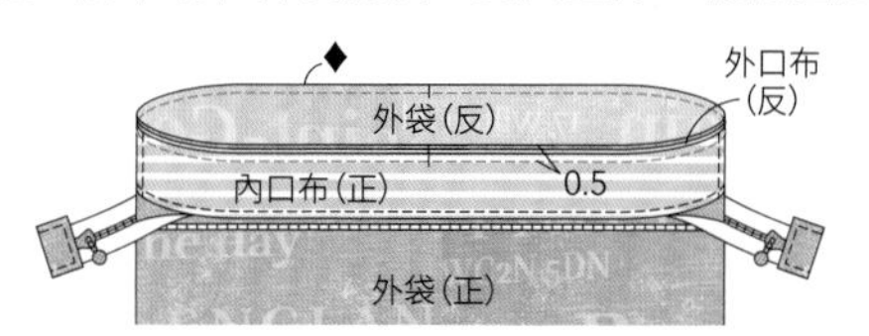

❷ 把❶正正相對放入內袋中，在袋口車縫1圈。

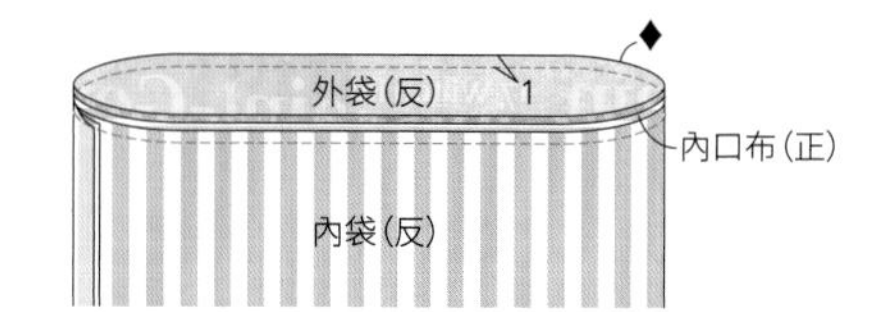

❸ 從返口翻回正面，縫份倒向袋身側之後，在外袋的邊緣車縫1圈。以ㄇ字形縫法將返口縫合。

❹ 從口布的支架穿入孔把支架1支1支穿入。把支架穿入孔從上面縫合關閉。

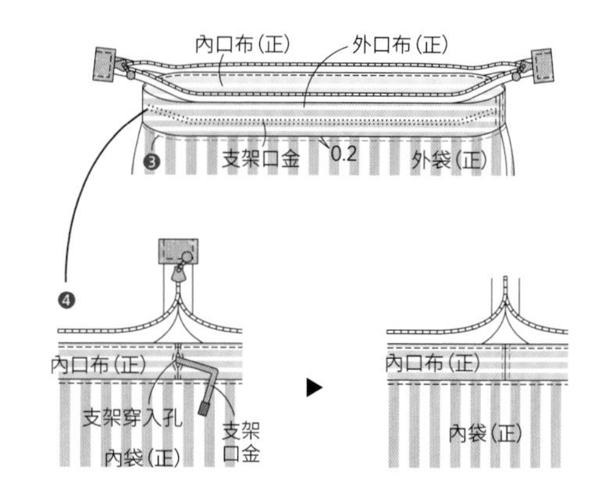

❺ 把壓克力織帶穿過日型環和D型環，將邊端車縫固定。完成。

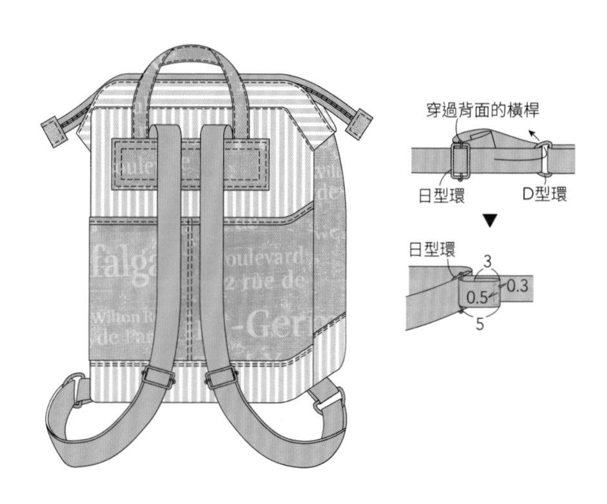

TYPE 10

非布料材質的包款

試著用防水布、尼龍布或野餐墊等等
布料以外的材質來製作時尚的包包吧。

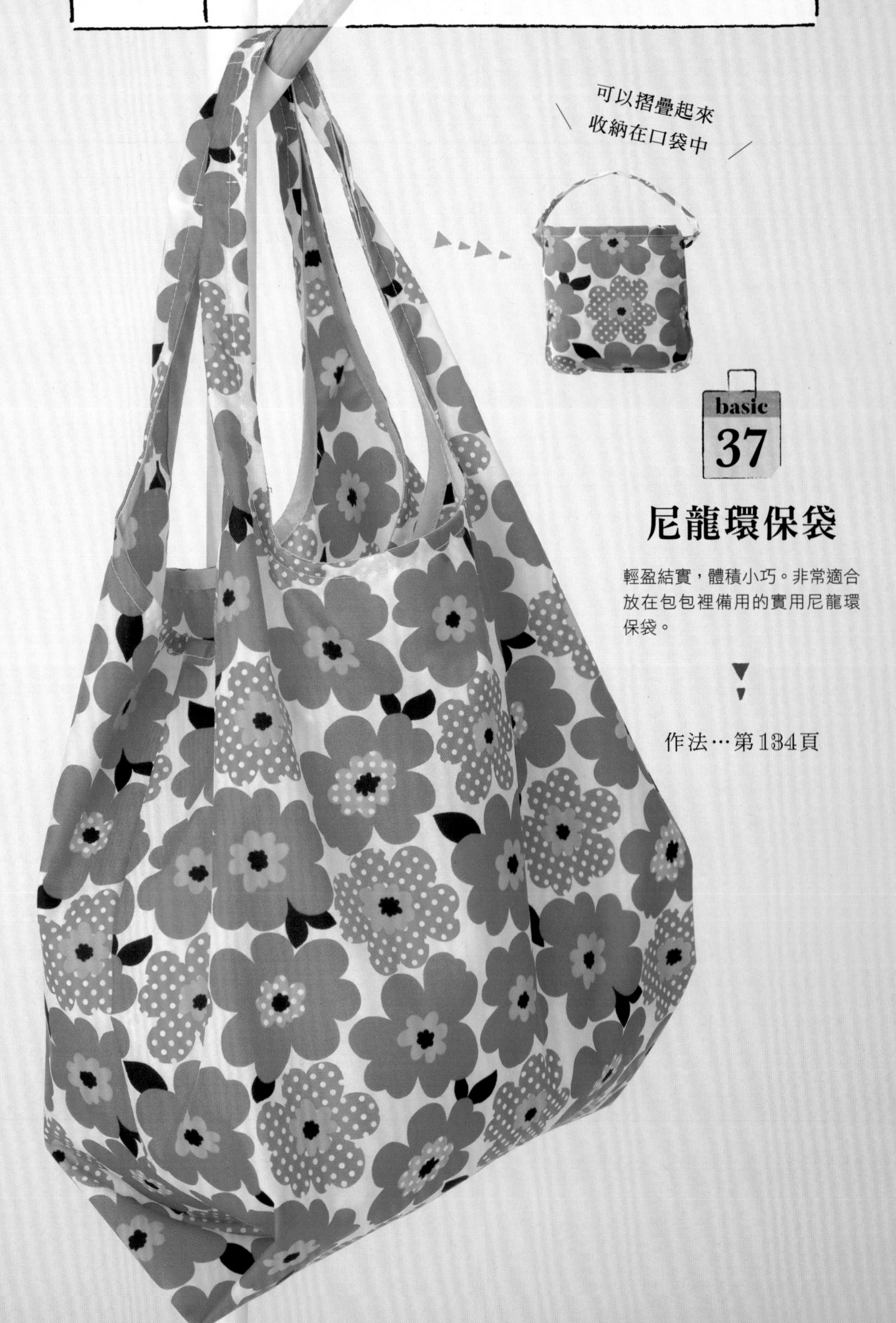

basic 37

尼龍環保袋

輕盈結實，體積小巧。非常適合放在包包裡備用的實用尼龍環保袋。

作法…第134頁

PVC透明托特包

透明袋身、配上花色優美的束口袋的成套設計。利用帆布和皮革的組合，來做出充滿大人氛圍的包包。

作法…第139頁

arrange
39

野餐墊大托特包

以耐水耐髒的野餐墊縫製而成的包包。提把是採用大型雞眼釦配上粗繩的簡單設計。

▼
▼

作法…第142頁

防水布環保袋

乍看之下是扁平提袋，其實底部暗藏著摺疊側襠。很適合當作備用包使用。

作法…第143頁

防水布保冷托特包

在具有防水性的防水布外袋中，縫上了保冷墊的內袋。帶著便當或飲料出門時尤其方便。

作法…第145頁

內袋的材質是保冷墊，最適合休閒活動使用！

泰維克Tyvek®手拿包

看上去像紙一樣的泰維克，其實是出乎意料的結實素材。搭配休閒裝扮也很出色。

作法…第147頁

arrange 43

合成皮極簡風包包

arrange 44

合成皮雙色包

薄的合成皮，不但顏色眾多，也是家用縫紉機可以車縫的材質。簡單的設計，在各種場合都能使用。

作法…第149頁

HOW TO MAKE

basic 37

▶▶第128頁／實物大紙型B面

尼龍環保袋

難易度★★☆

【成品尺寸】

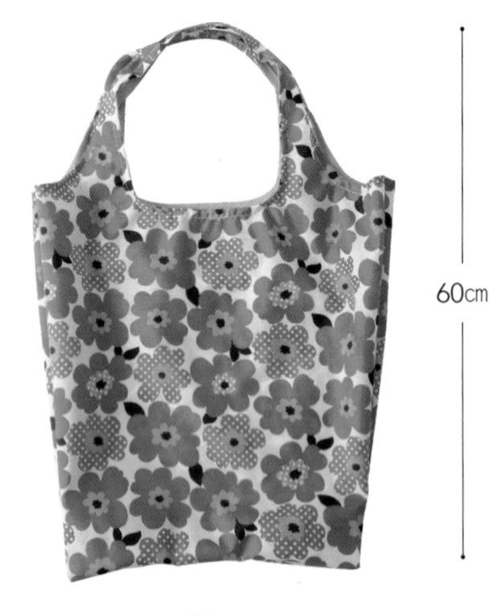

【材料】

尼龍布（花朵圖案）………115cm×72cm

棉斜布條（黃）

………寬3cm×80cm×4條

※斜布條是用60cm×60cm左右的正方形布料，在對角線上以3cm的寬度作45度斜裁而成（P15「布料的名稱與正反面的分辨方法」）。使用市售的商品亦可。

【裁剪方法和尺寸】※單位是cm。

※本體是先將部分紙型描繪好，然後在下方用尺畫出指定的線條。做出中央和口袋安裝位置的記號，加上指定的縫份之後進行裁剪。

※口袋a和口袋b是分別利用剪下本體之後剩下的部分來裁剪。

尼龍布（花朵圖案）

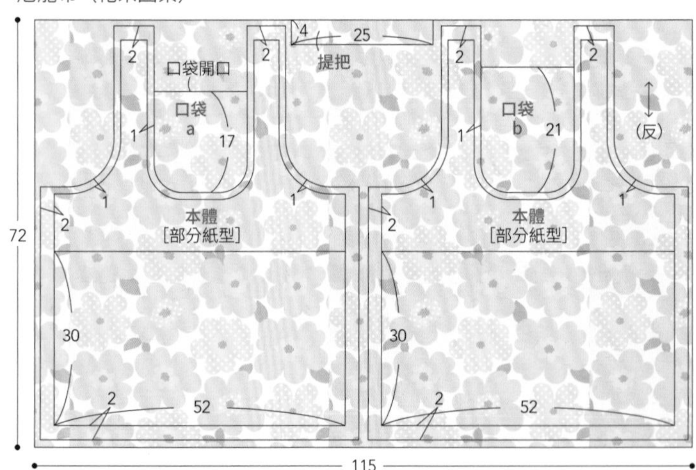

Ⓐ本體2片、Ⓑ提把、Ⓒ口袋b、Ⓓ口袋a

作法 ※單位是㎝。

1 製作三摺的包邊條

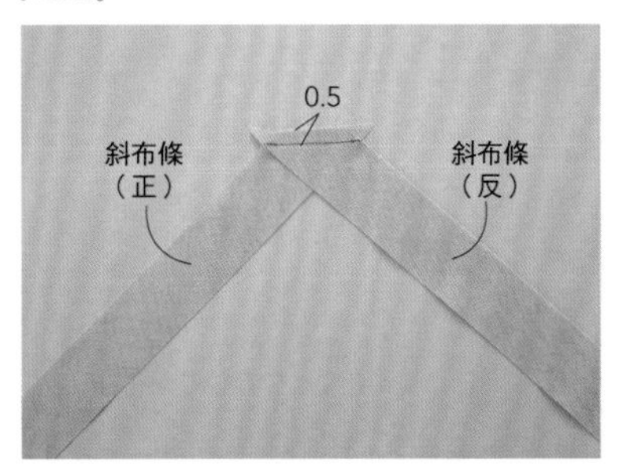

❶ 把2片斜布條的邊端正正相對車縫起來。剩下的2條不需車縫。

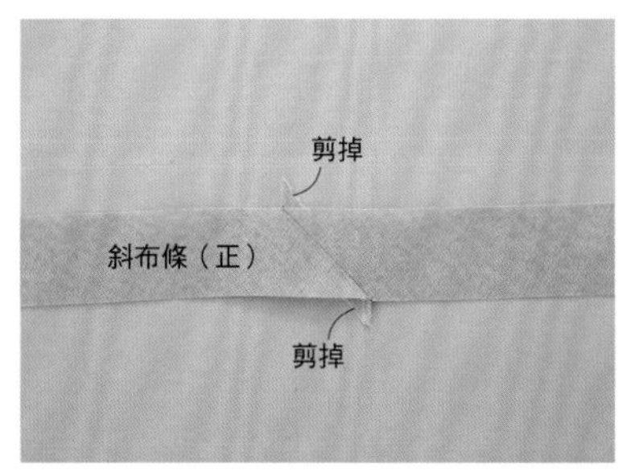

❷ 把❶的縫份攤開，剪掉突出的部分。

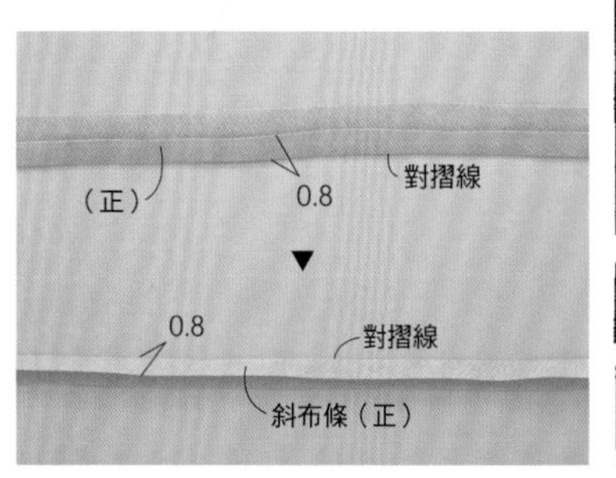

❸ 把斜布條分別依照下端、上端的順序摺成三摺，用熨斗燙平。完成包邊條。

2 製作口袋

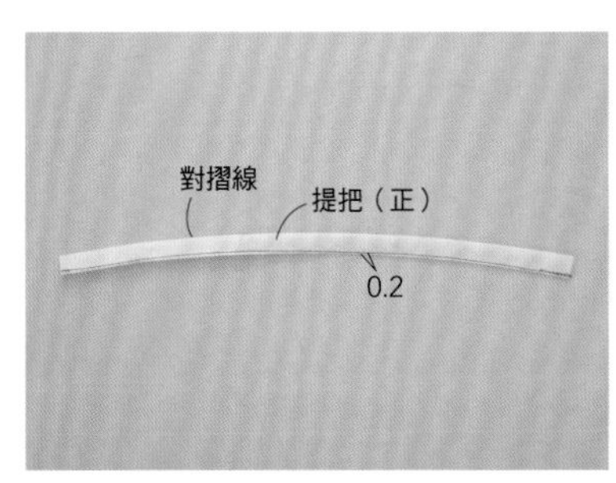

❶ 把提把摺成四摺（P18 1 的作法 1－❶）。在開口側（和對摺線相反的一側）的邊緣車縫固定。

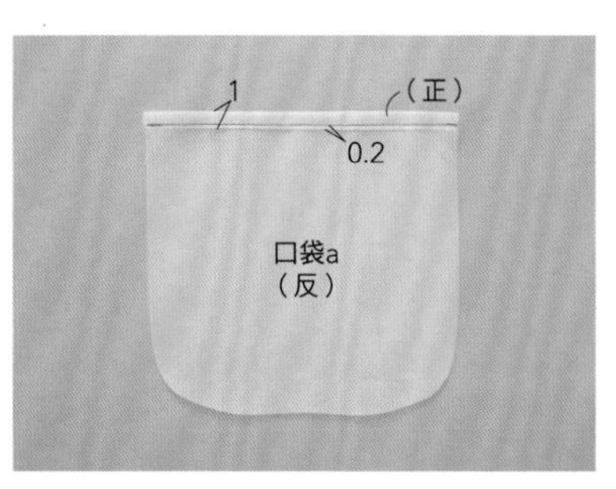

❷ 把口袋a的口袋開口往反面摺三摺，在邊緣車縫固定。

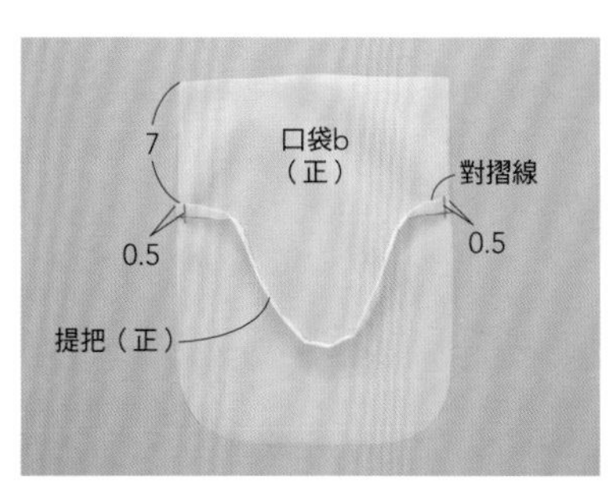

❸ 在口袋b的正面，將提把假縫固定。

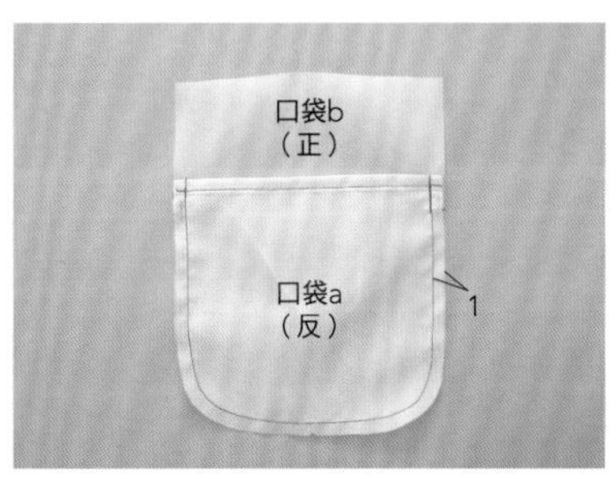

❹ 在❸的上面把❷正正相對車縫起來。

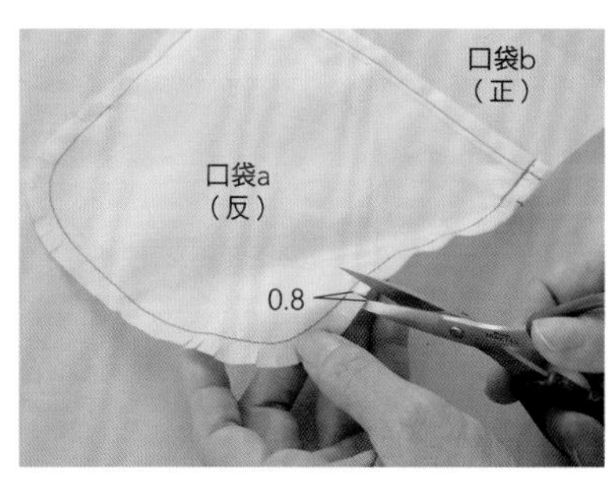

❺ 在曲線部分的縫份剪出牙口。

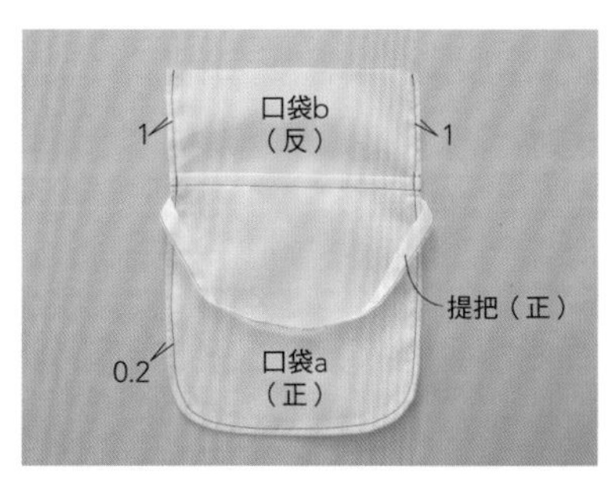

❻ 翻回正面，在邊緣車縫壓線。完成口袋。這一面就是口袋的正面。

3 縫合本體完成袋身

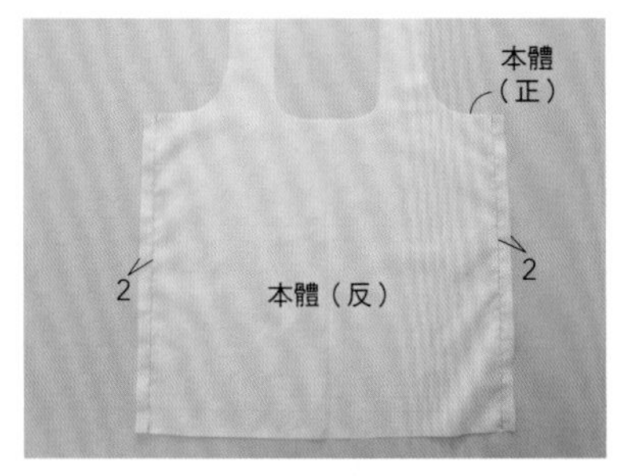

❶ 把2片本體正正相對疊好，車縫兩側。

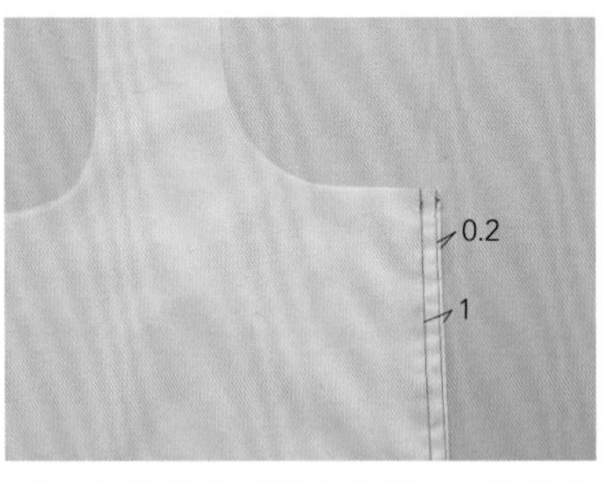

❷ 把縫份分別摺入內側，在邊緣車縫固定（P29 4 的作法 2－❹、❺）。

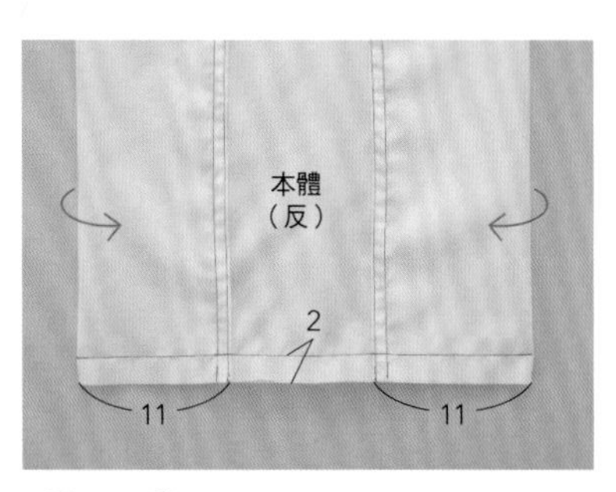

❸ 把❷的兩側往內側摺疊，車縫下端。

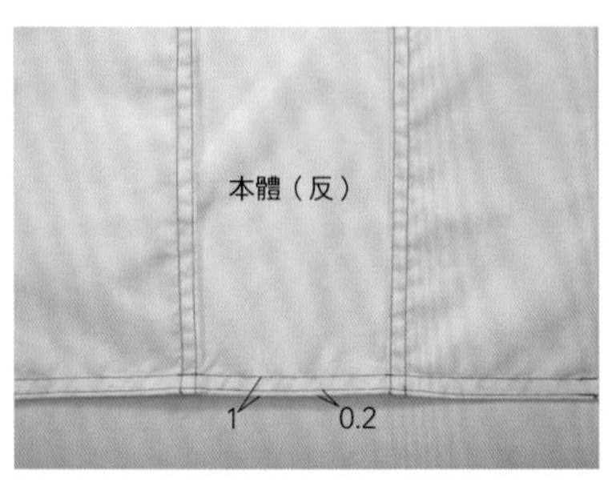

❹ 和❷同樣，把縫份分別摺入內側，在邊緣車縫固定。這一面就是袋身的後側。

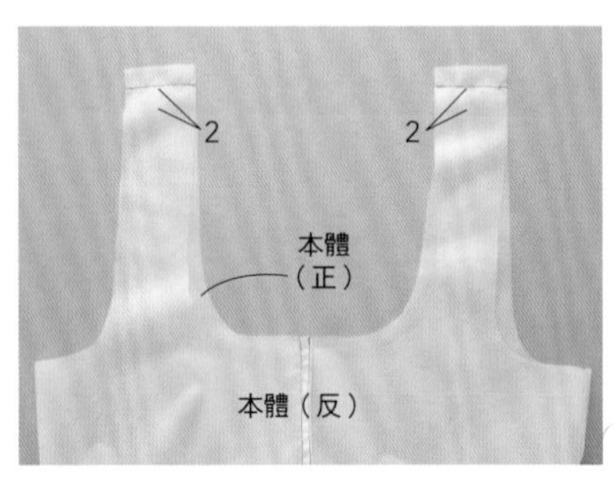

❺ 以兩側作為中央重新摺疊，將提把部分正正相對疊好，車縫邊端。

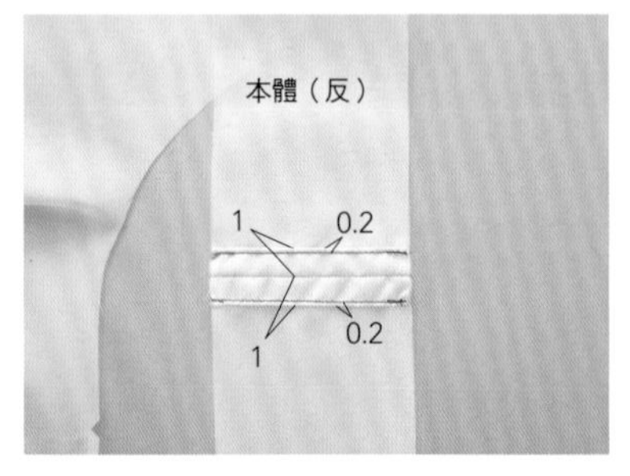

❻ 把❺的縫份攤開，分別摺入背面，在邊緣車縫壓線。另一側也同樣地車縫。完成袋身。

4 在袋身縫上口袋

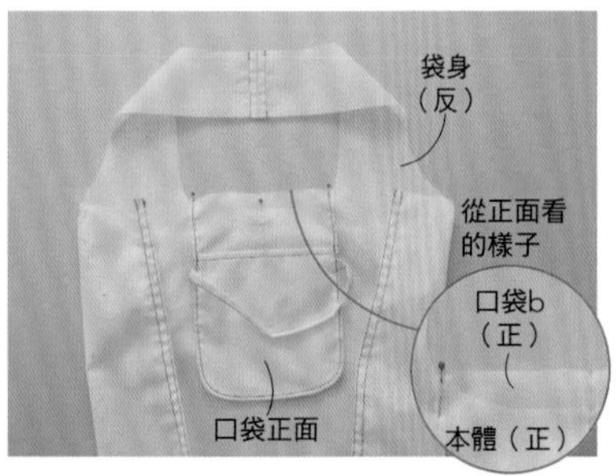

❶ 把兩側回復成 3－❸的狀態，將口袋的背面對著袋身的上端疊好。對齊中央的記號，再將口袋左右的角對準口袋縫合位置，用珠針固定。

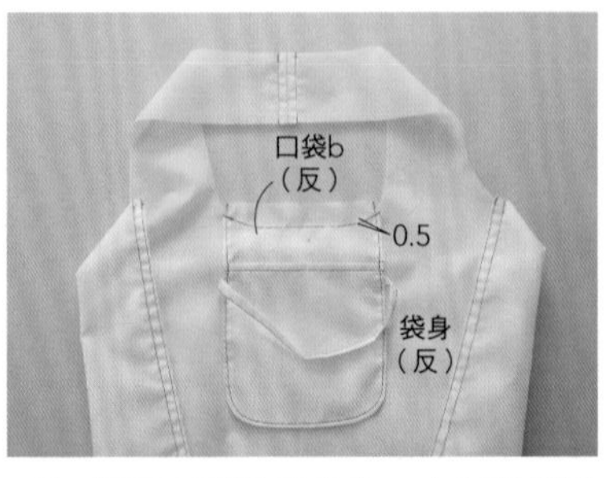

❷ 從正面側沿著袋身、在距離邊端0.5㎝的內側假縫固定。

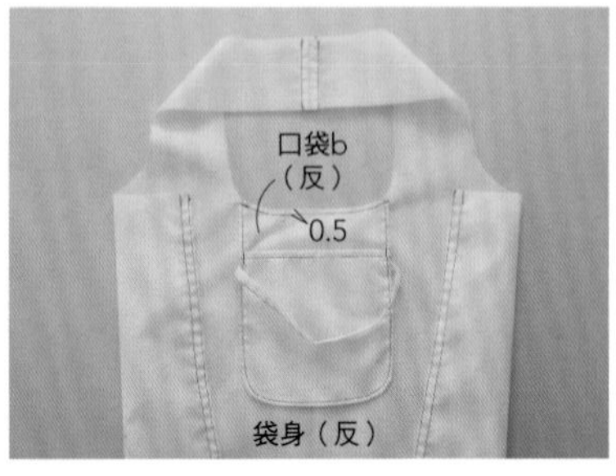

❸ 把超出的部分，沿著袋身剪掉。

5 用包邊條作收邊處理

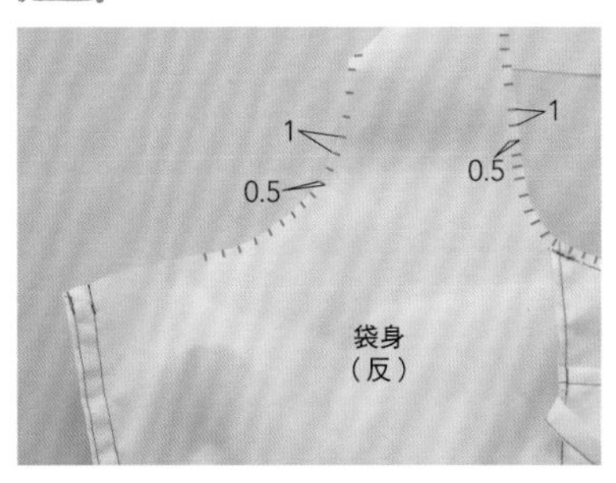

❶ 把袋身的曲線部分全部以1㎝為間隔剪出0.5㎝的牙口。

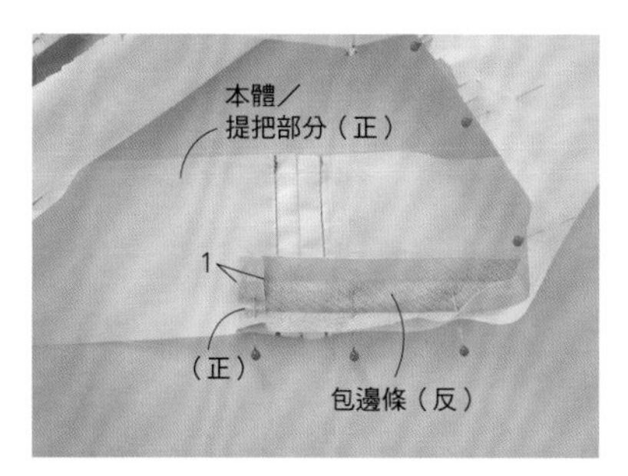

❷ 把80㎝的包邊條打開，在縫上口袋的袋身圓圈部分的內側正正相對疊好，從袋身的正面用珠針固定。

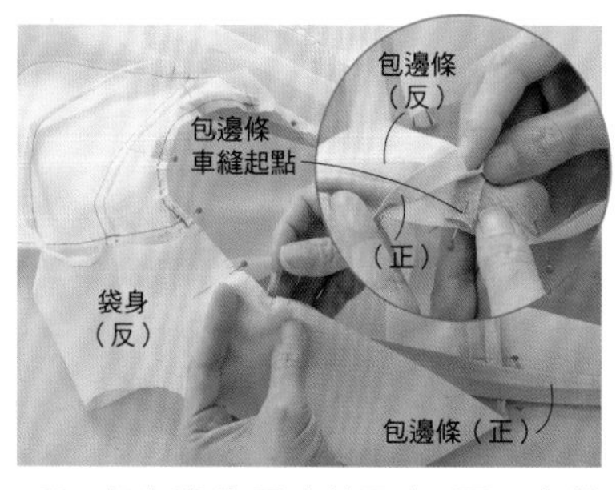

❸ 把包邊條用珠針固定1圈。車縫終點和車縫起點要重疊1㎝，剪掉多餘的部分。

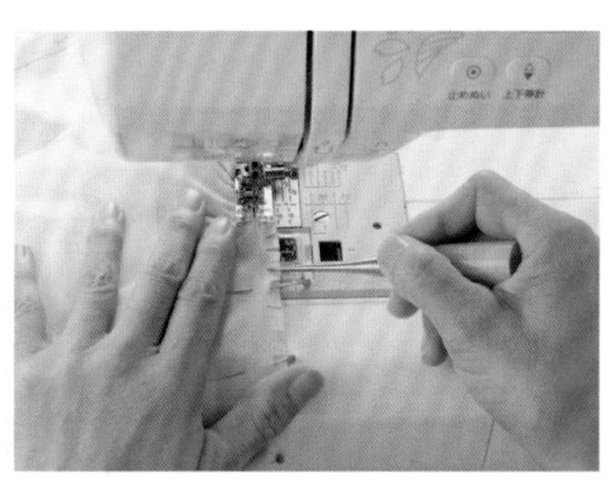

❹ 車縫1圈。曲線部分要盡量拉成直線來車縫。

Point 不是沿著曲線，要盡量把牙口拉開、筆直地在布料上車縫才會好看。

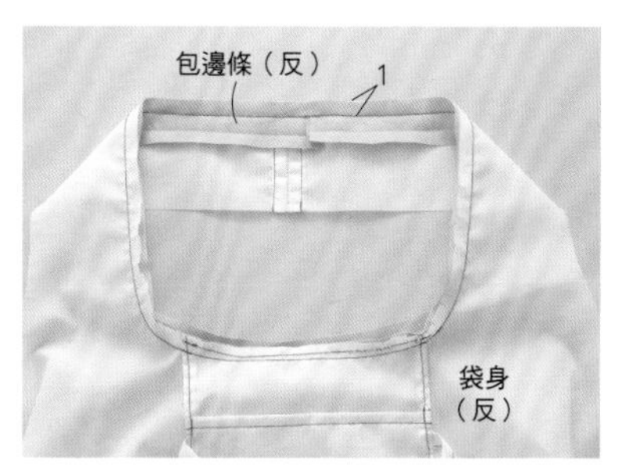

❺ 車縫1圈之後的樣子。

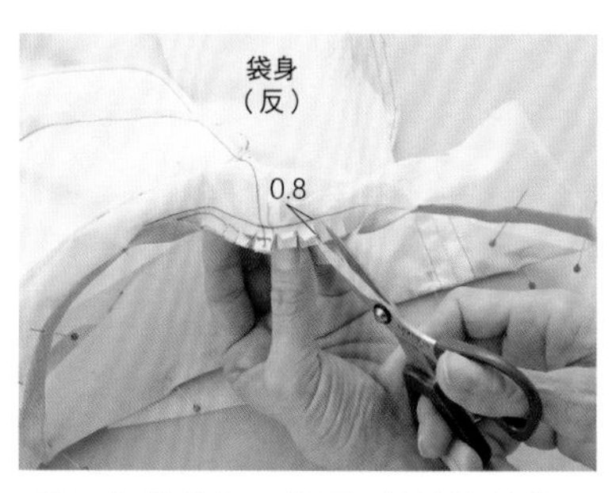

❻ 在❶的牙口位置，連同包邊條一起剪出0.8㎝的牙口。

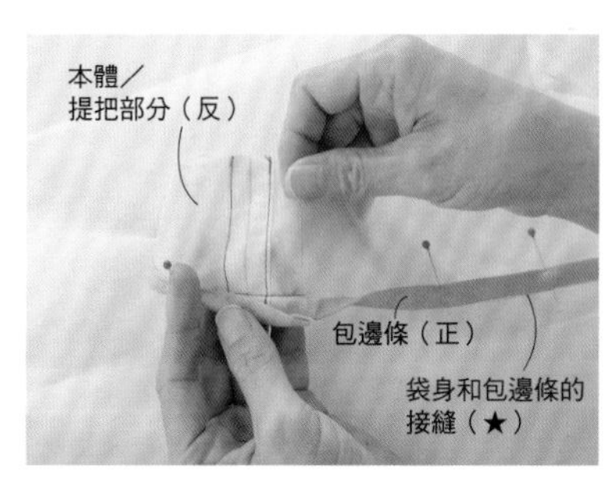

❼ 把包邊條的山摺復原，摺入袋身的背面，用珠針固定1圈。

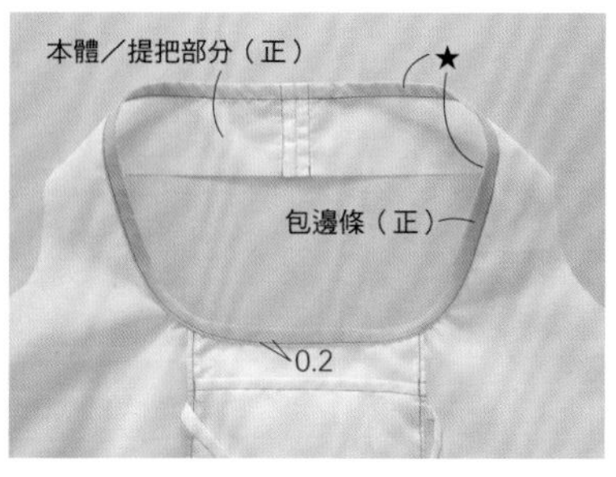

❽ 在邊緣車縫固定。把另1條80㎝的包邊條，以同樣方式車縫在袋身相反側的圓圈部分。

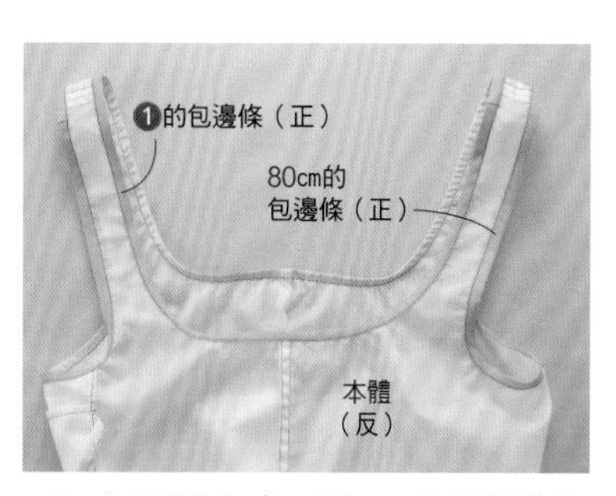

❾ 以同樣方式，用■－❶縫好的包邊條，在剩下的邊緣車縫1圈。

6 縫製提把

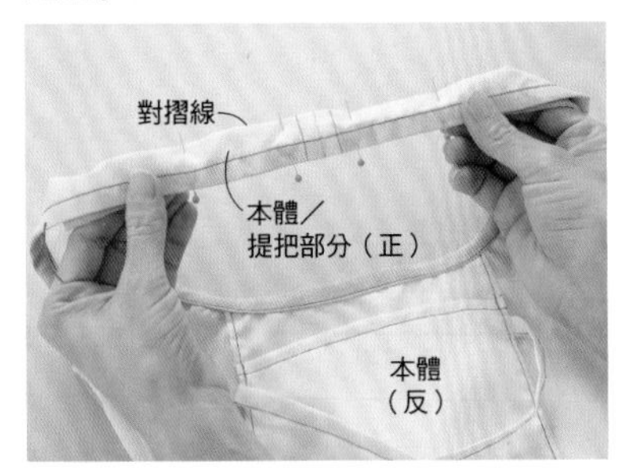

1. 把袋身的提把部分的接縫兩側反反相對摺成兩半，用珠針固定。

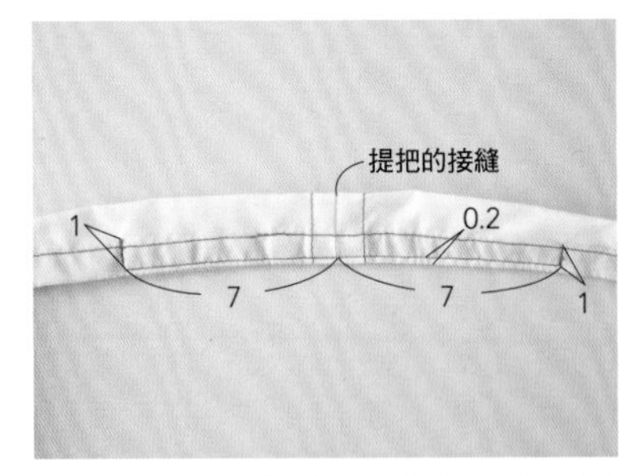

2. 從5－8的縫線開始以ㄇ字形縫法把邊緣縫合起來。另一側的提把也以同樣方式縫好。

3. 完成。

布料以外的材質

這裡介紹本書包包所使用之布料以外的材質。每一種都能在手藝用品店等地方買到。

尼龍布
結實輕盈，不易產生皺褶。由於速乾性佳、吸溼性低，所以很適合用於環保袋及雨具。

PVC
全名是聚氯乙烯，一種具有透明感的塑膠材質。除了透明無色之外，也有染色及印花的產品。

野餐墊
以塑膠及聚丙烯等等的材質居多，顏色也相當豐富。由於輕盈結實且具有潑水性，所以染上髒汙也能輕易去除。

防水布
將布料施以防水加工處理，結實且耐水性佳。表面有亮面和霧面兩種不同的光澤。不可使用熨斗。

泰維克Tyvek®
由作為建築材料使用的高密度聚乙烯製作而成的不織布。外觀和觸感都像紙一樣，輕盈而具有強度，非常耐用。

合成皮
在布料上覆以合成樹脂塗層，做出如皮革般質感的商品。比真皮更加柔軟，可用家用縫紉機車縫。

▶▶第129頁／實物大紙型A面

arrange 38

PVC透明托特包

難易度 ★★☆

【成品尺寸】

包包本體／橫寬22cm×高25cm×側襠12cm（不含提把）

束口袋／橫寬30cm×高35cm

【材料】

PVC塑膠布（透明）………56cm×36cm
11號帆布（原色）………72cm×12cm
棉絨面呢（花朵圖案）………70cm×38cm
棉麻先染斯貝克（直條紋圖案）………70cm×41cm
皮帶條（天然原色）………寬1.5cm×35cm×2條
雙面固定釦（中・腳長6mm）………8組
彈簧釦（直徑1.2cm）………1組
編織繩（米黃）………70cm×2條

【工具】

鐵氟龍壓布腳、橡膠墊板、座台、固定釦／彈簧釦斬、木鎚、皮帶打孔器（沒有的話就用直徑2.5mm的打洞斬）、錐子、穿繩器

【裁剪方法和尺寸】※單位是cm。

※把本體的底中央的左右兩側剪成四方形。

※外布和內布是利用紙型加上指定的縫份畫線，做出中央的記號之後進行裁剪。

PVC塑膠布（透明）

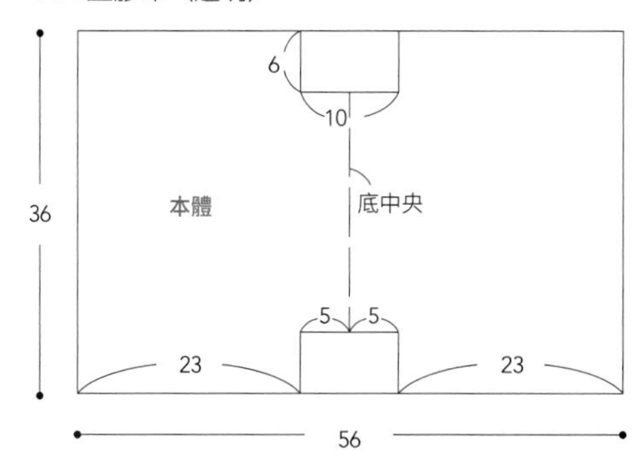

棉絨面呢（花朵圖案）

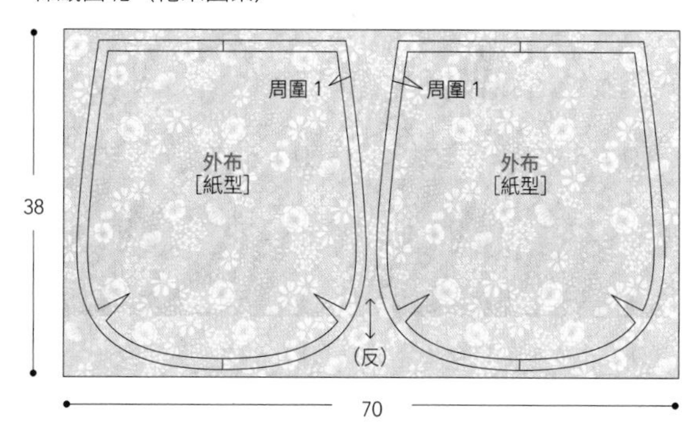

11號帆布（原色）

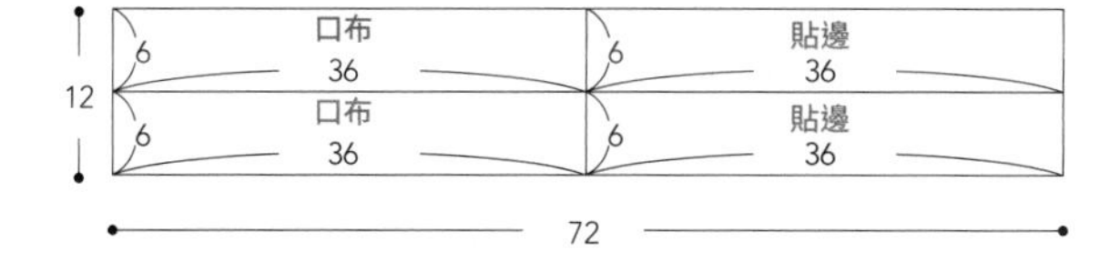

棉麻先染斯貝克（直條紋圖案）

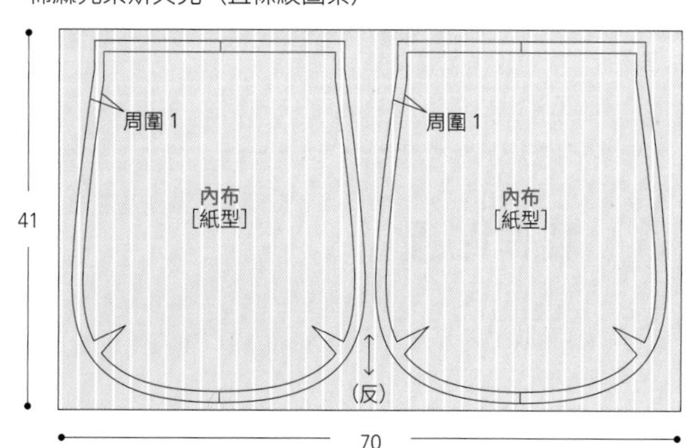

作法 ※單位是cm。

1 製作本體

❶ 把本體和1片口布正正相對車縫起來。

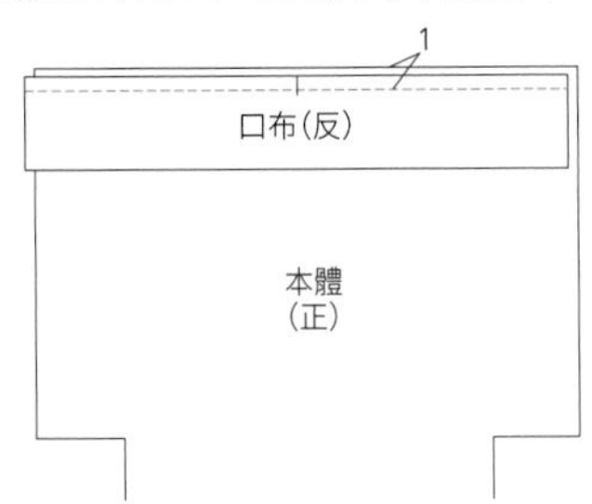

❷ 把❶攤開，縫份倒向口布側，在邊緣車縫壓線。

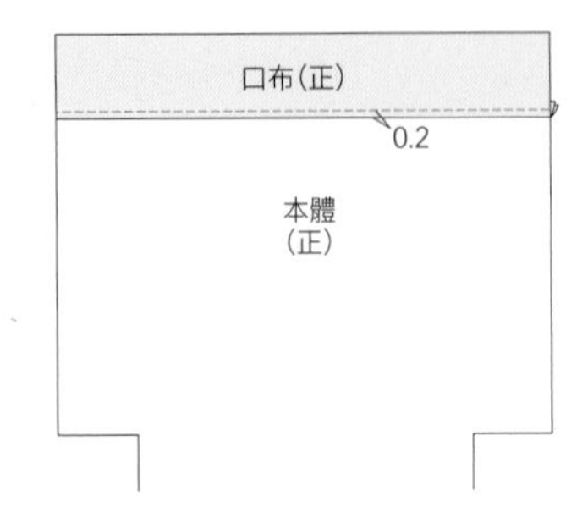

❸ 和❶、❷同樣，在本體的另一側把另1片口布車縫接合。

❹ 把❸從底中央正正相對摺好，車縫兩側。

❺ 攤開縫份，把側邊和底中央對齊疊好，車縫側襠。

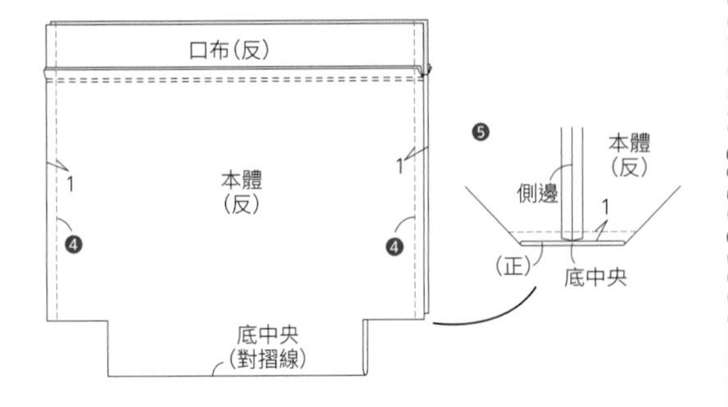

2 製作貼邊

把2片貼邊做鋸齒車縫，接合起來。縫份倒向單側，將邊端摺到反面車縫固定（P29 4 的作法 3）。

3 縫上貼邊和提把

❶ 把 1 翻回正面，將貼邊正正相對疊好，在袋口車縫1圈（P29 4 的作法 3 —❺）。

❷ 把貼邊翻到內側，在袋口車縫2圈。

❸ 在皮帶條的兩端各打2個洞，用固定釦安裝在口布上（P50「固定釦的安裝方法」）。

❹ 在袋口上安裝彈簧釦（P141「彈簧釦的安裝方法」）。

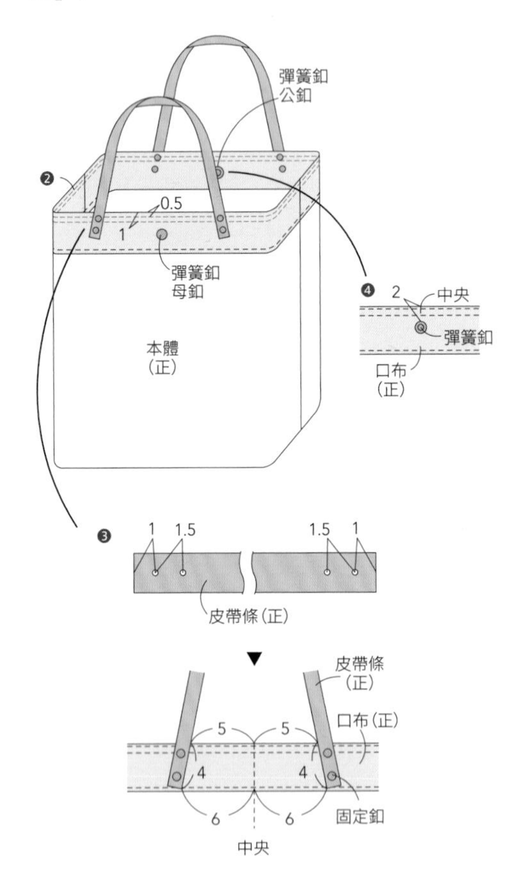

4 製作束口袋

❶ 把外布和內布，預留穿繩口和返口之後車縫，翻回正面，以ㄇ字形縫法將返口縫合（P87 23 的作法 1 、 3 －❶～❻）。

❷ 從左右的穿繩口把編織繩1條1條穿入，分別將兩端拉齊，2條一起打單結。完成。

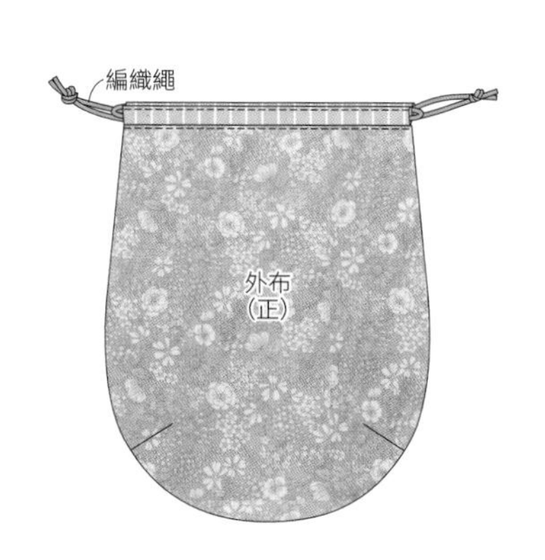

彈簧釦的安裝方法

ⓐ ⓑ ⓒ ⓓ ⓔ ⓕ ⓖ

[需要的用具]
ⓐ彈簧釦・母釦（左／面釦、右／母釦）、ⓑ彈簧釦・公釦（左／底釦、右／公釦）、ⓒ彈簧釦斬（左／公釦用、右／母釦用）、ⓓ座台、ⓔ橡膠墊板、ⓕ皮帶打孔器、ⓖ木鎚

彈簧釦・母釦（面釦）　座台　橡膠墊板
彈簧釦・母釦（母釦）　面釦的腳管

❶ <彈簧釦・母釦>
把彈簧釦的面釦放在座台上。在布料上用皮帶打孔器打洞（沒有的話見P76「打洞的方法」），穿過腳管，套合母釦。

彈簧釦斬（母釦用）

❷ 把彈簧釦斬（母釦用）對準，用木鎚敲打。

背面
正面

❸ 彈簧釦的母釦安裝完成。

彈簧釦・公釦（底釦）　座台（背面）　橡膠墊板
彈簧釦・公釦（公釦）　底釦的腳管

❹ <彈簧釦・公釦>
把彈簧釦的底釦放在座台的背面。在布料上用皮帶打孔器打洞，穿過腳管，套合公釦。

背面
正面

❺ 和❷的要領相同，把彈簧釦斬（公釦用）對準，用木鎚敲打。彈簧釦的公釦安裝完成的樣子。

arrange 39

▶▶第130頁

野餐墊 大托特包

難易度 ★☆☆

【成品尺寸】

橫寬33㎝×高32㎝×側襠15㎝（不含提把）

【材料】

野餐墊（喜愛的花色）………90㎝×60㎝
1.2㎝粗的繩子（白）………60㎝×2條
外徑5㎝的快速雞眼釦………4組

【工具】

鐵氟龍壓布腳

【裁剪方法和尺寸】※單位是㎝。

野餐墊（喜愛的花色）

本體 40 35
本體 40 35
側襠 17 35
側襠 17 35
底 45 22.5 22.5 17
底中央
(反)
60
90

作法 ※單位是㎝。

1 把側襠和本體縫合

❶ 把底和1片側襠正正相對車縫邊端。

❷ 同樣把底的另一側與另1片側襠正正相對車縫接合。

❸ 把❷攤開，縫份倒向底側，分別在邊緣車縫壓線。如圖所示，在底的4個位置剪出牙口。

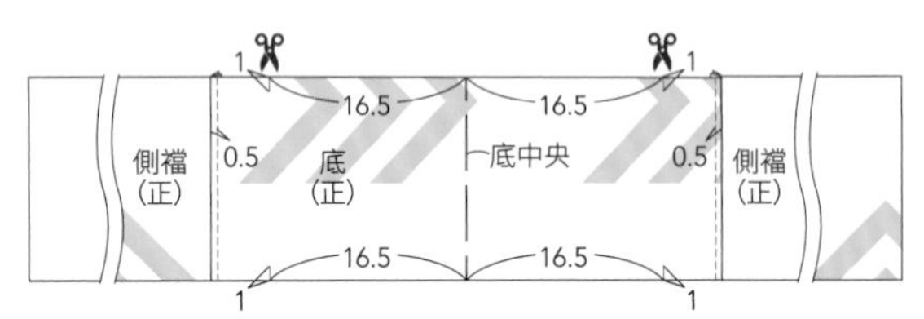

❹ 把本體左右下方的2個角剪掉。

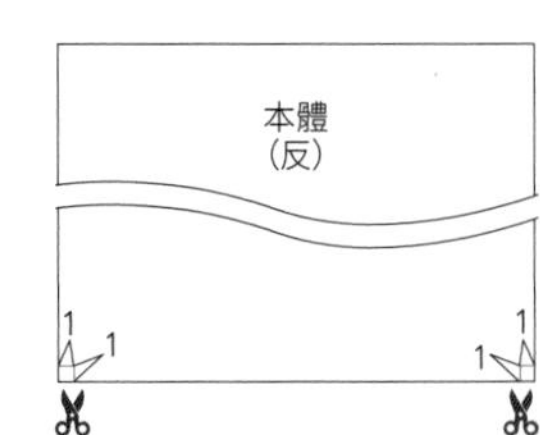

5 把❸和❹正正相對車縫接合（P64 16 的作法1－❼～❾）。

2 車縫袋口，安裝提把

1 把袋口往反面摺三摺車縫起來。

2 在袋口用剪刀剪出洞口，安裝雞眼釦（見下方「快速雞眼釦的安裝方法」）。

3 把繩子分別穿過雞眼釦，在末端打上單結。完成。

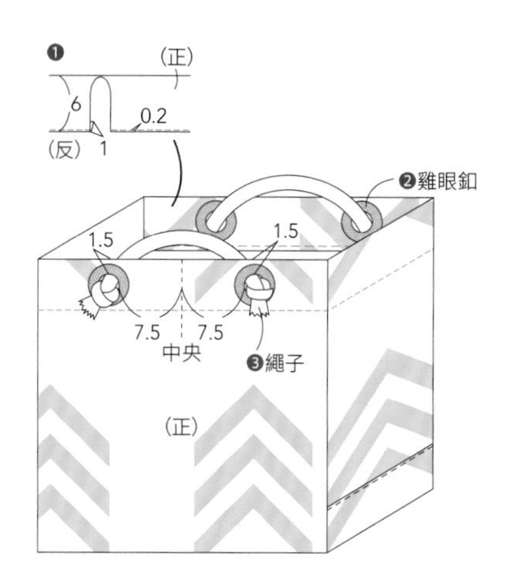

▶▶第131頁

防水布環保袋

難易度 ★★☆

【成品尺寸】

橫寬40㎝×高32㎝×側襠10㎝（不含提把）

【材料】

防水布（花朵圖案）⋯⋯⋯80㎝×90㎝

【工具】

鐵氟龍壓布腳

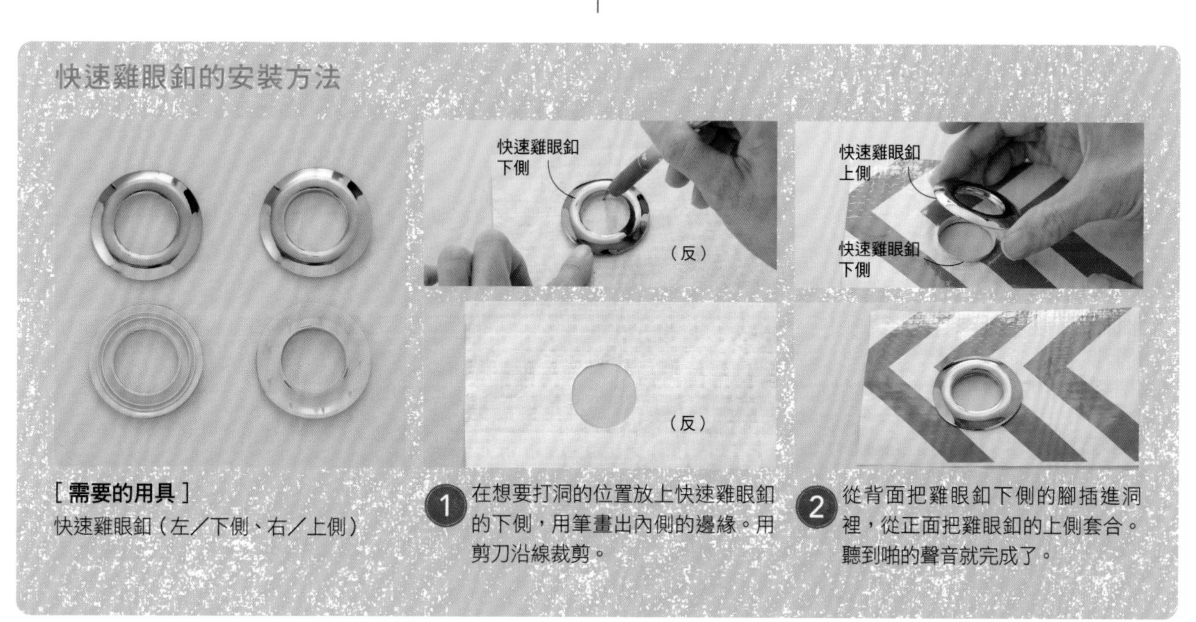

［需要的用具］

快速雞眼釦（左／下側、右／上側）

1 在想要打洞的位置放上快速雞眼釦的下側，用筆畫出內側的邊緣。用剪刀沿線裁剪。

2 從背面把雞眼釦下側的腳插進洞裡，從正面把雞眼釦的上側套合。聽到啪的聲音就完成了。

【裁剪方法和尺寸】 ※單位是cm。

防水布（花朵圖案）

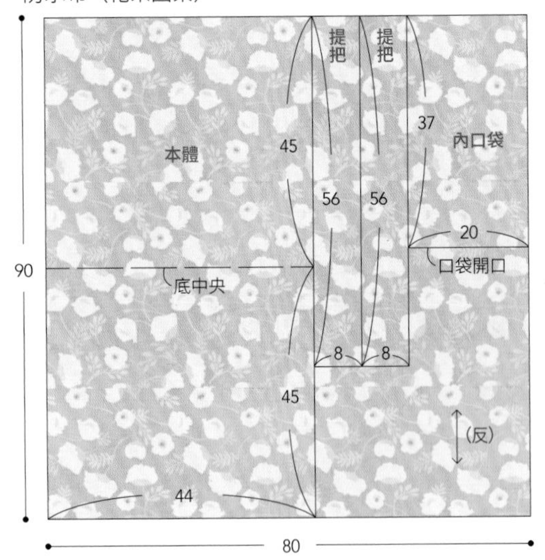

作法

※單位是cm。

1 製作提把

把提把摺成四摺車縫邊緣，製作2條提把（P18 1 的作法 1 ）。

2 製作內口袋

1. 把內口袋的口袋開口往反面摺三摺車縫起來，反反相對摺好。

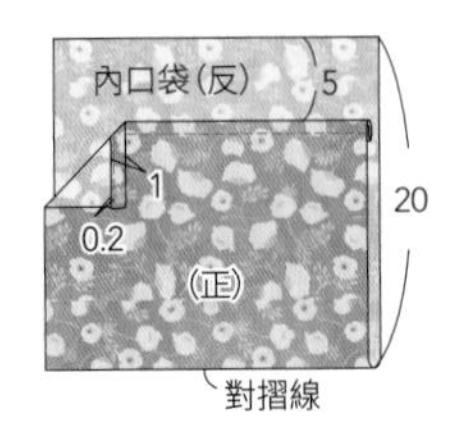

2. 剪掉縫份，把左右摺三摺車縫固定（P29 4 的作法 1 －❸～❺）。這一面就是正面。

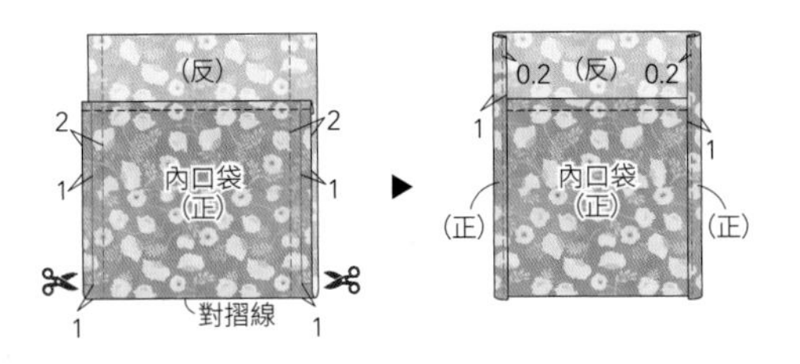

3 把本體和提把縫合

1. 把本體從底中央正正相對摺好，把底摺疊起來車縫兩側。

2. 在❶的縫份剪出牙口，如圖剪掉。

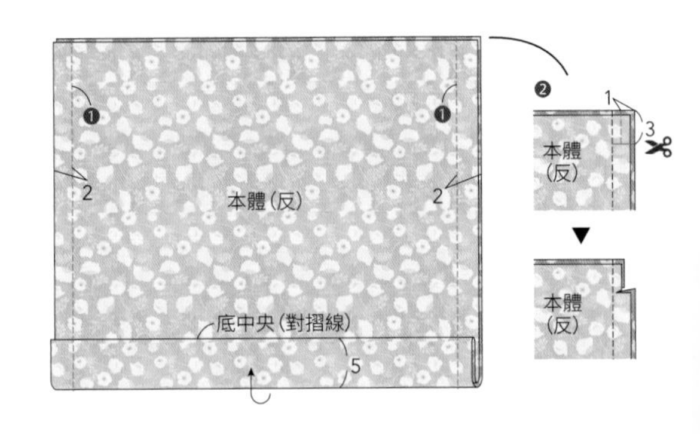

3. 把牙口下方的縫份分別摺入內側，在邊緣車縫固定（P29 4 的作法 2 －❸～❺）。把牙口上下的縫份倒向相反的方向。

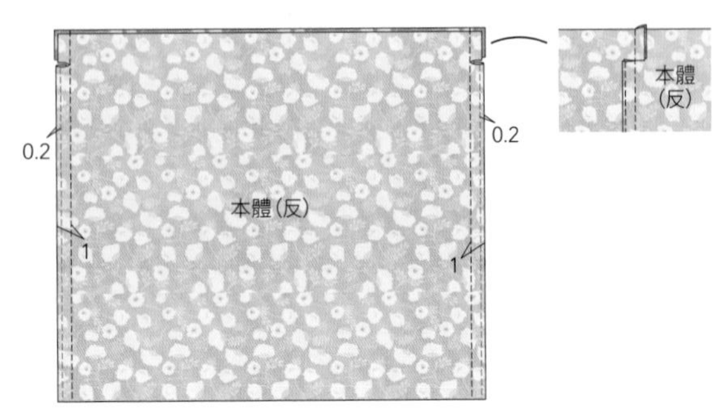

4 在本體正面的袋口，把提把假縫固定。

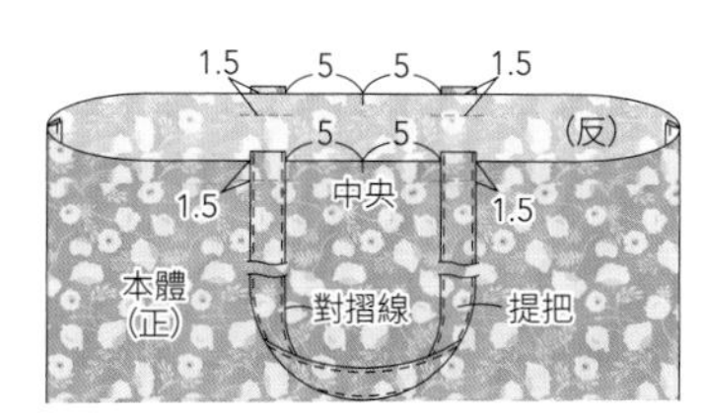

5 把內口袋的正面對著本體的正面疊好，假縫固定。

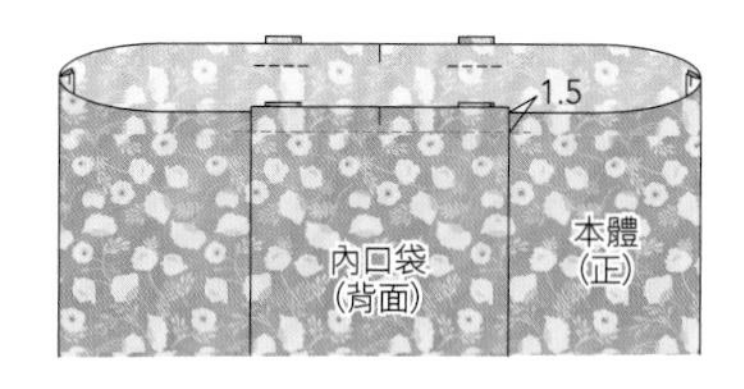

6 把袋口摺三摺，在邊緣車縫1圈。

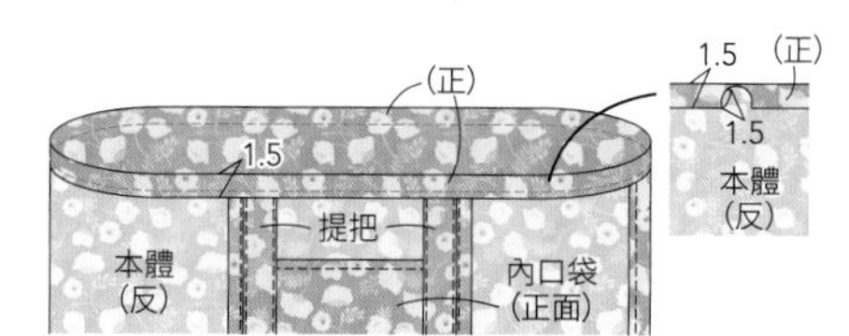

7 翻起提把，在袋口的邊緣車縫1圈。

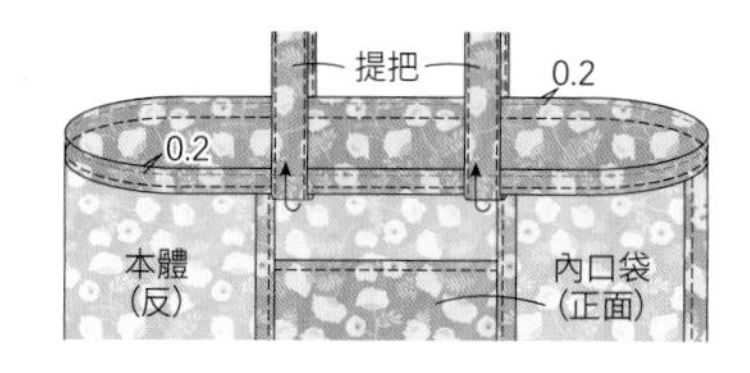

8 翻回正面，調整形狀。完成。

arrange 41

▶▶第131頁

防水布 保冷托特包

難易度 ★★☆

【成品尺寸】
橫寬20cm×高19cm×側襠10cm（不含提把）

【材料】 防水布（花朵圖案）………84cm×32cm
防水布（丹寧布圖案）………32cm×18cm
保冷墊………32cm×48cm
拉鍊（白）………寬2.5cm×30cm

【工具】 鐵氟龍壓布腳、拉鍊壓布腳

【裁剪方法和尺寸】 →P146

作法 ※單位是cm。

1 製作提把

把提把摺成四摺車縫邊緣，製作2條提把（P18 1 的作法 1 ）。

2 製作外袋

1 把1片外布和底正正相對車縫起來。

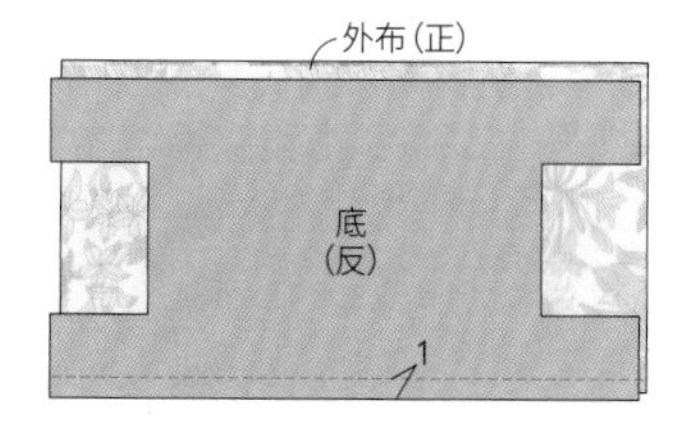

2 和 1 同樣，把底的另一側和另1片外布正正相對車縫接合。

【裁剪方法和尺寸】※單位是cm。

※把底的底中央的左右兩側剪成四方形。1片是作為拉鍊尾片使用。

防水布（花朵圖案）

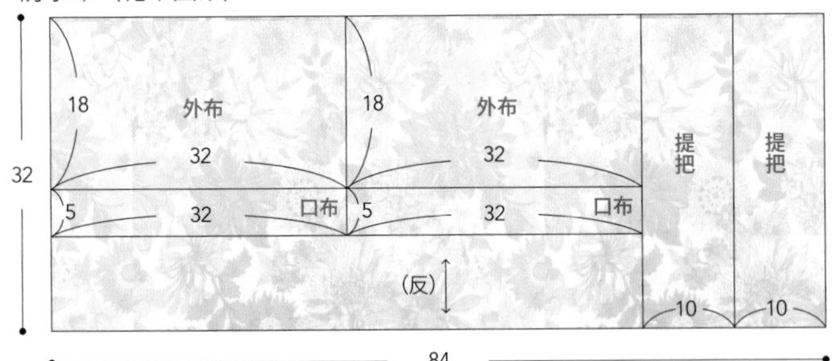

保冷墊

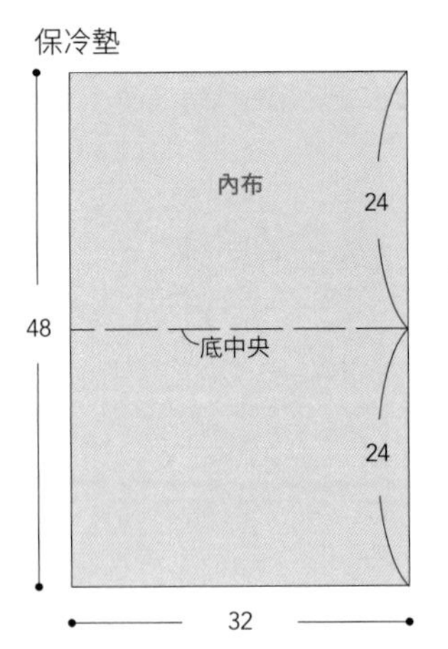

防水布（丹寧布圖案）

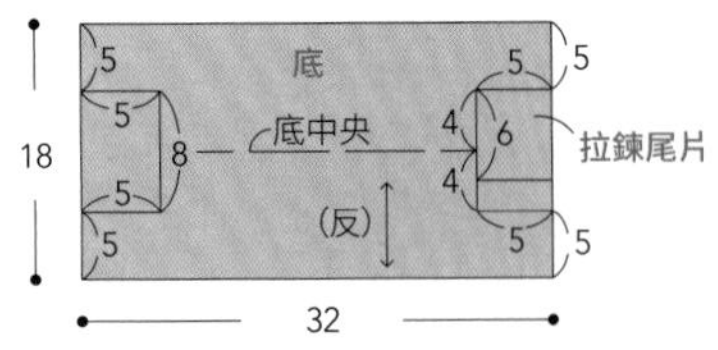

❸ 把縫份倒向底側，在底的上下邊緣分別車縫。

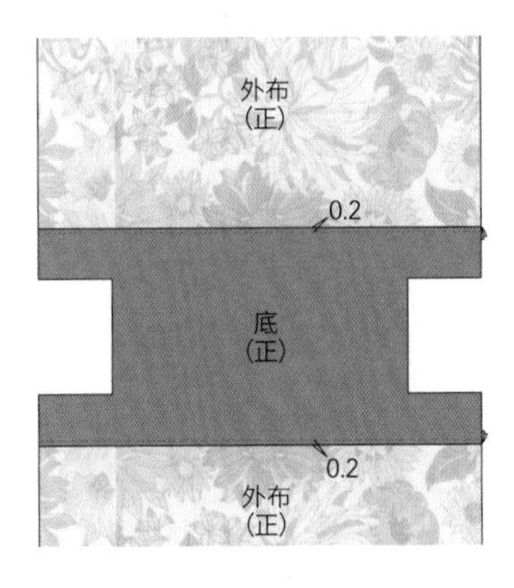

❹ 把❸從底中央正正相對摺好，車縫兩側。

❺ 攤開縫份，把接縫和底中央對齊疊好，車縫側襠。完成外袋。

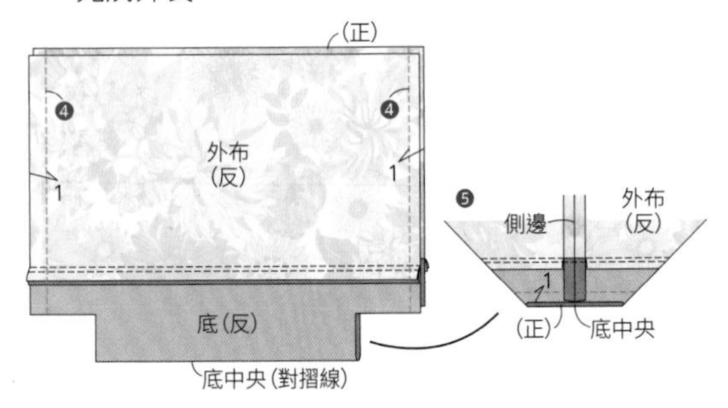

3 製作內袋

把內布從底中央正正相對摺好，再將底中央摺疊起來車縫兩側。完成內袋。

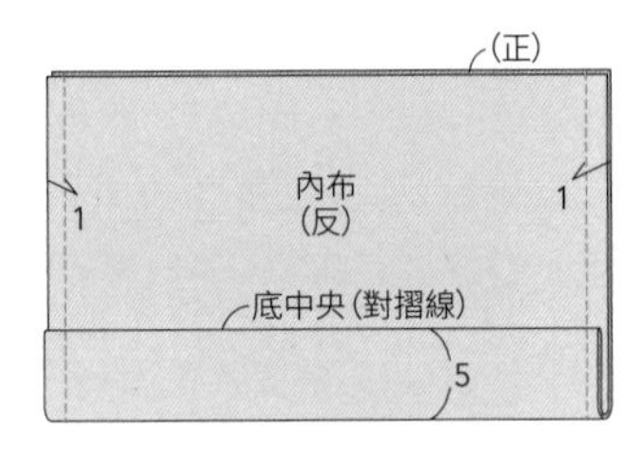

4 把拉鍊和口布縫合

❶ 把拉鍊尾片摺好，在拉鍊的下止側車縫固定（P124 36的作法5－❶、❷）。

❷ 把口布和❶正正相對疊好，車縫拉鍊。

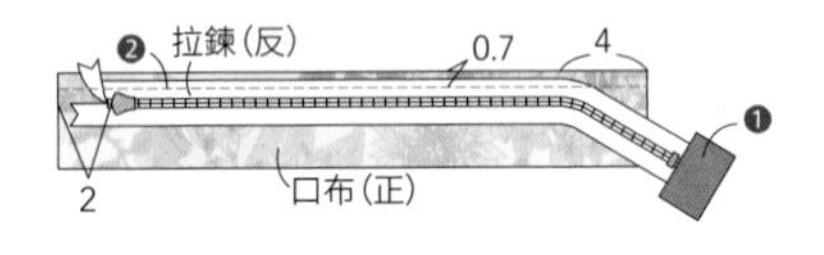

❸ 和❷同樣，把拉鍊另一側與另1片口布車縫接合。

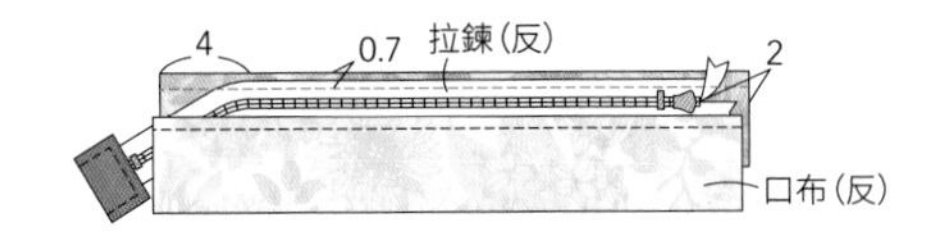

4. 把口布正正相對疊好，避開拉鍊車縫兩側。攤開縫份，在接縫的兩側車縫壓線。

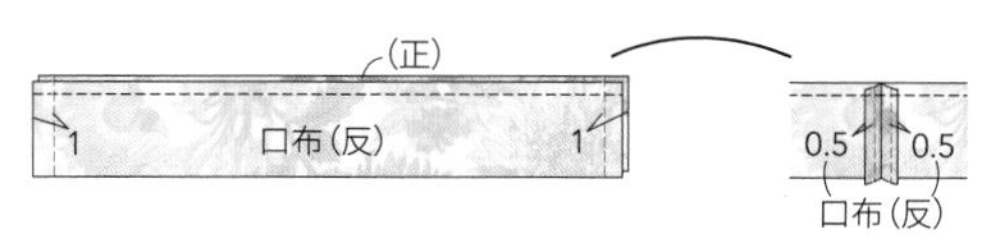

5. 翻回正面，在拉鍊的邊緣車縫1圈（P124 36 的作法5－8）。

5 把外袋、內袋、口布接合

1. 把外袋翻回正面，將內袋反反相對套入疊合。在袋口假縫1圈。

2. 在外袋的正面，將提把假縫固定。

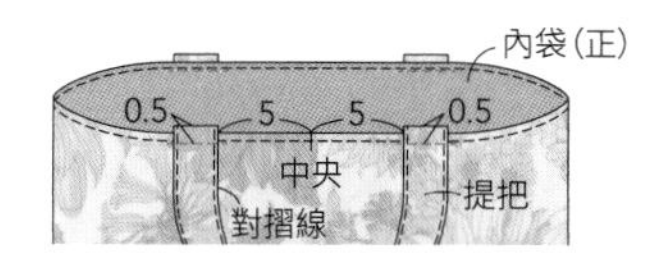

3. 在2的上面把4的拉鍊拉開，將口布正正相對車縫1圈。

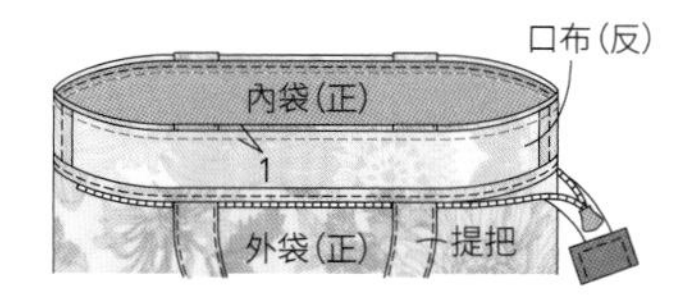

4. 把口布翻到內側摺入內袋側，在袋口車縫2圈。完成。

arrange 42

▶▶第132頁

泰維克Tyvek® 手拿包

難易度 ★★☆

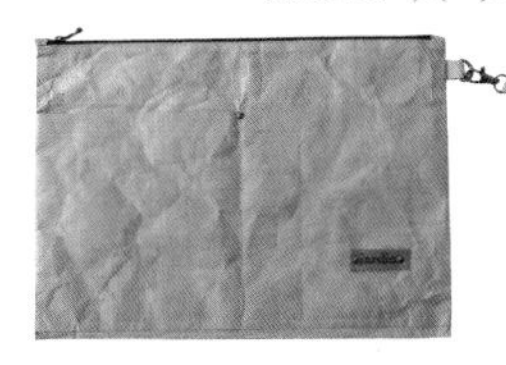

【成品尺寸】

橫寬38cm×高26cm

【材料】

泰維克Tyvek®（咖啡）………80cm×54cm
寬2.5cm的拉鍊（咖啡）………35cm
皮革標籤（喜愛的樣式）………寬1.8cm×5cm
雙面固定釦（小・腳長6mm）………3組
D型環（15mm）………1個
問號勾（15mm）………1個

【工具】

拉鍊壓布腳、固定釦斬、座台、鐵鎚、錐子

【裁剪方法和尺寸】 ※單位是cm。

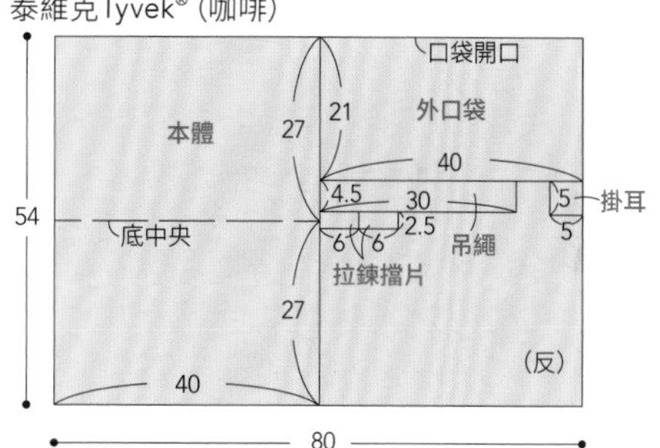

作法 ※單位是cm。

1 縫製外口袋和掛耳

1. 把外口袋的口袋開口往反面摺疊車縫起來。

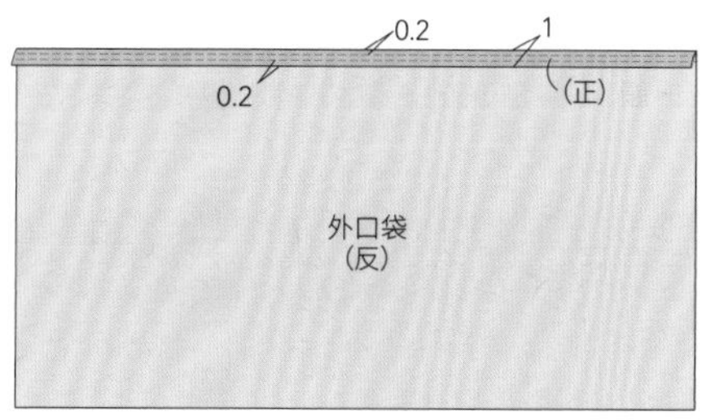

2 在本體的正面縫上外口袋，再車縫底部和分隔部分（P46 11 的作法 3 －❸、❹、❻）。

3 在外口袋的分隔部分的上方安裝固定釦（P50「固定釦的安裝方法」）。

4 在外口袋上，縫上掛耳和標籤。

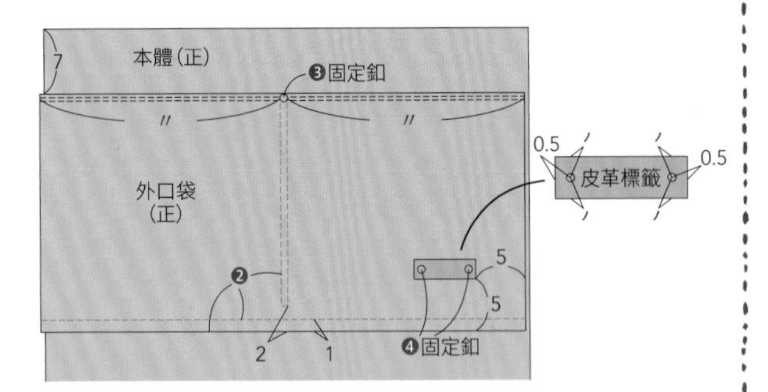

5 把外口袋的兩側假縫起來。

6 把掛耳摺好車縫起來（P58 14 的作法 1 －❸～❻）。穿過D型環，在本體上假縫固定（P96 26 的作法 2 －❸）。

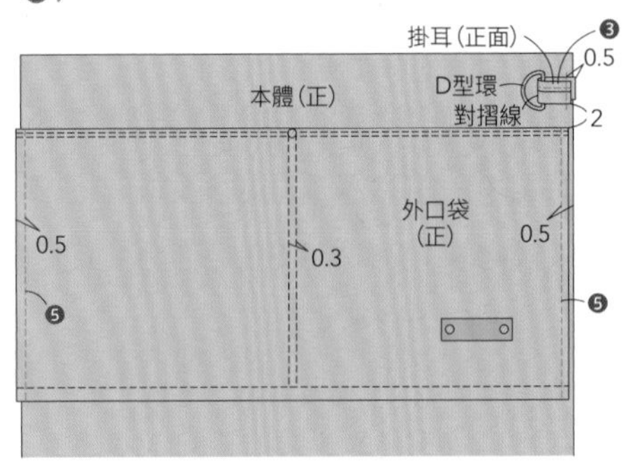

2 縫上拉鍊

1 在拉鍊的兩側縫上拉鍊擋布（P96 26 的作法 1 －❺、❻）。把拉鍊車縫在本體上（P96 26 的作法 3 －❶～❸）。

2 在本體正面的上端，把拉鍊正面朝上疊好車縫起來。

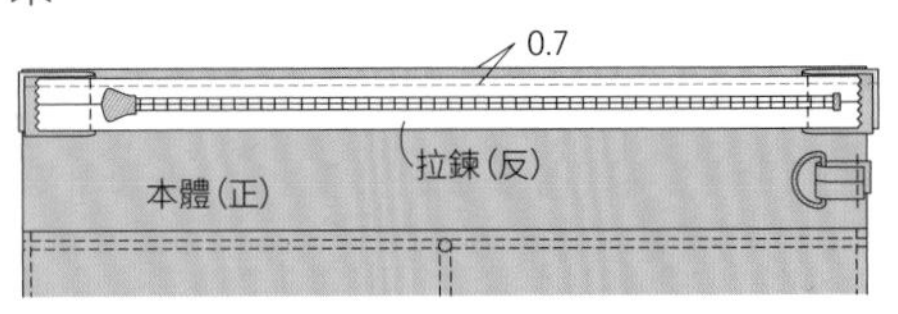

3 翻回正面，在邊緣車縫壓線。

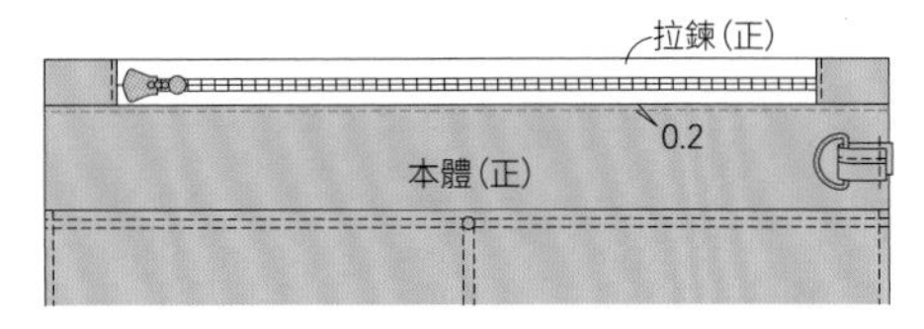

4 本體另一側也依照❷、❸的方式縫上拉鍊，在邊緣車縫壓線。

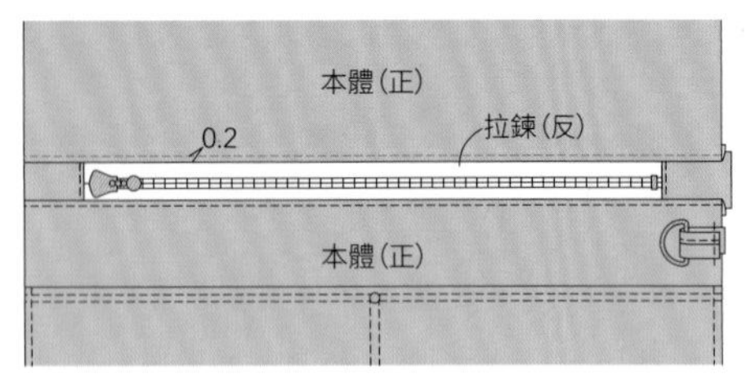

3 縫製本體

1 把本體從底中央正正相對摺好，車縫兩側。

2 翻回正面，車縫吊繩（P58 14 的作法 1 －❸～❻），裝上問號勾（P96 26 的作法 1 －❷～❹）。完成。

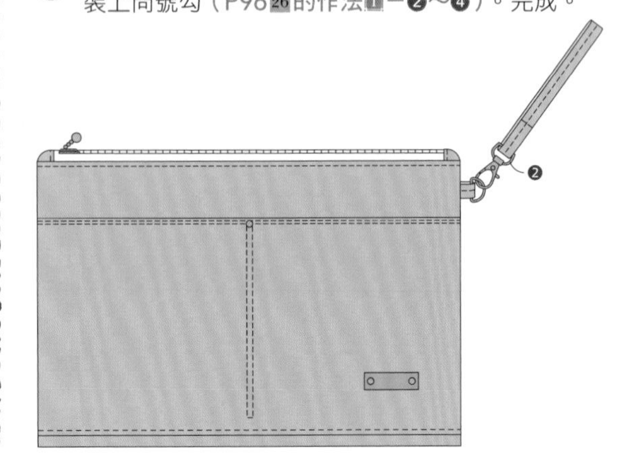

arrange 43

▶▶第133頁

合成皮極簡風包包

難易度 ★★☆

▶▶第133頁

合成皮雙色包

難易度 ★★☆

【成品尺寸】

橫寬28cm×高30cm×側襠10cm
（不含背帶）

【材料】

＜合成皮極簡風包包＞

合成皮（咖啡）………80cm×80cm
合成皮掛耳（咖啡・3.8cm見方・
　附固定釦）………2個

＜合成皮雙色包＞

合成皮（藍）………80cm×41cm
合成皮（米黃）………40cm×41cm
合成皮掛耳（米黃・3.8cm見方・
　附固定釦）………2個

＜共通＞

雙面固定釦（小・腳長6mm）………1組
磁釦（直徑1.4cm）………1組
背帶（寬1.5cm・附問號勾）………1條

【工具】 鐵氟龍壓布腳、橡膠墊板、座台、固定釦斬、錐子、鐵鎚

【裁剪方法和尺寸】 ※單位是cm。

※把本體的底中央、以及本體a、b的下側的左右兩側剪成四方形。

＜合成皮極簡風包包＞

合成皮（咖啡）

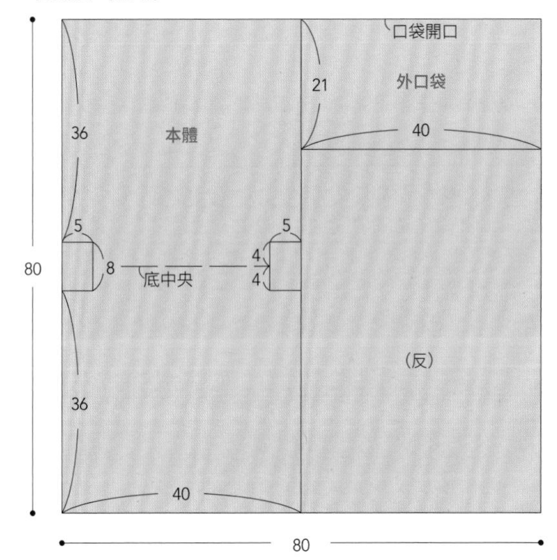

＜合成皮雙色包＞

合成皮（藍）

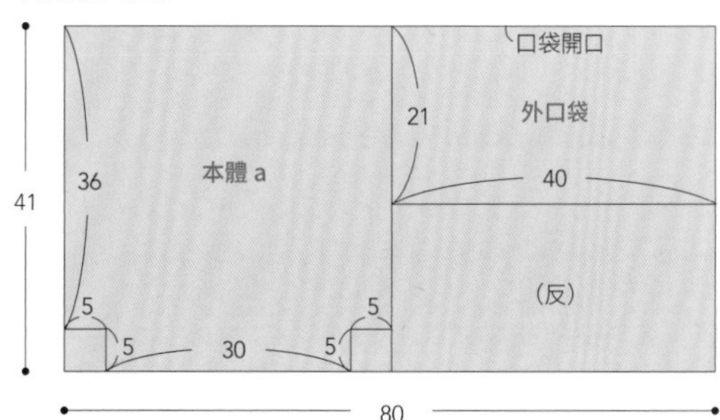

合成皮（米黃）

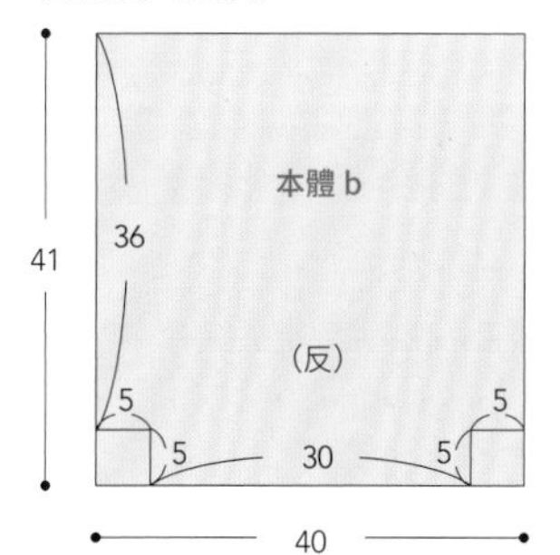

作法

※單位是cm。

1 把2片本體縫合

<只有合成皮雙色包>

1. 把本體a和b正正相對疊好，車縫底部。

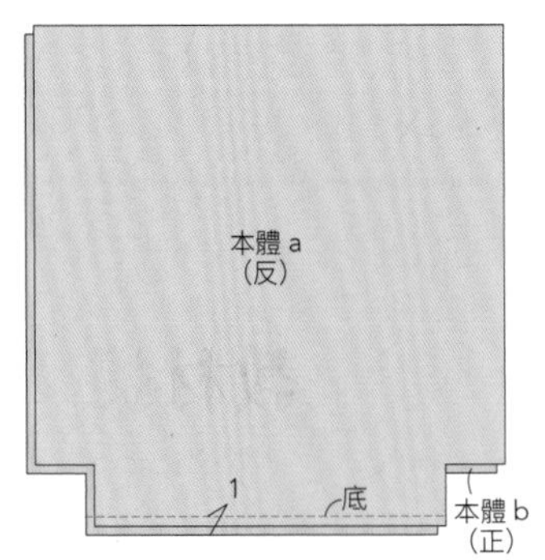

2. 攤開縫份，在兩側車縫壓線。

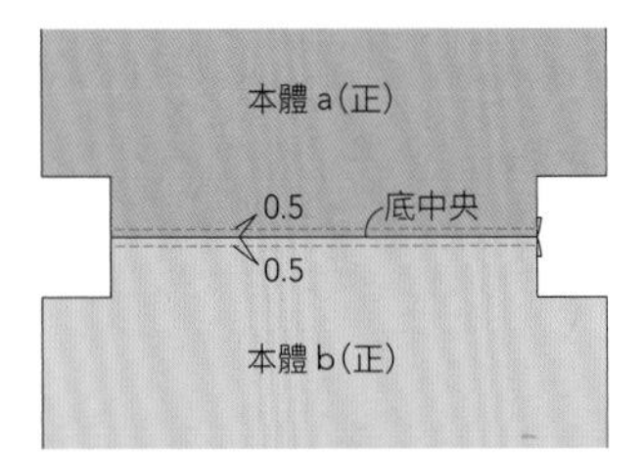

2 縫上外口袋

1. 把外口袋的口袋開口往反面摺疊車縫起來。

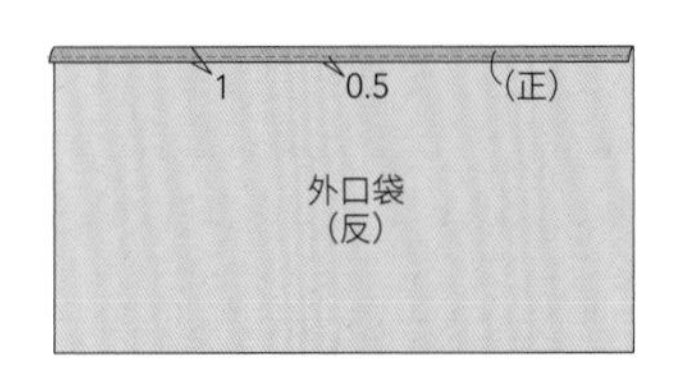

2. 在本體的正面（**<合成皮雙色包>**是本體a側）把外口袋正正相對車縫起來。

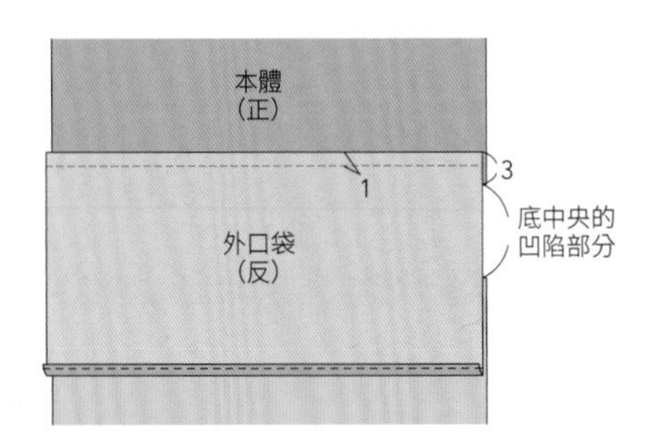

3. 把外口袋往正面翻起車縫3邊，在中央車縫分隔部分。

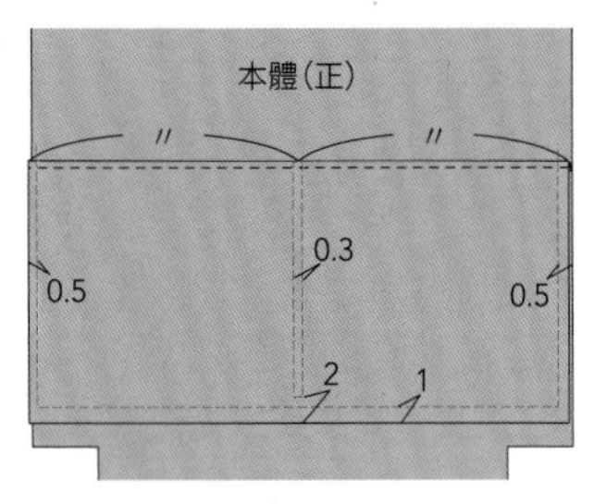

3 把本體縫合，縫上掛耳

1. 把本體從底中央正正相對摺好，車縫兩側。
2. 攤開縫份，把側邊和底中央對齊疊好，車縫側襠。

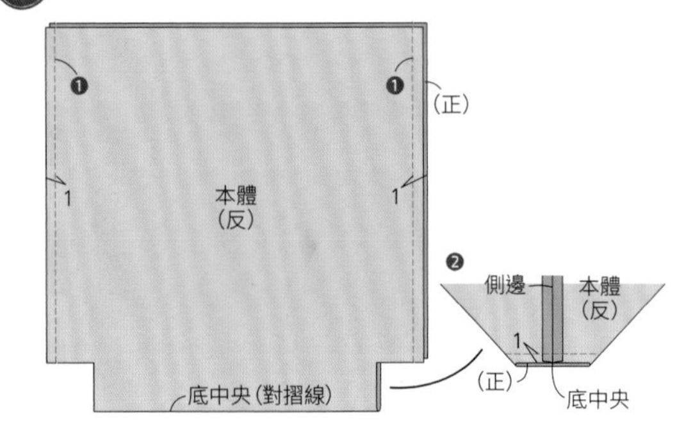

3. 把袋口摺兩摺車縫1圈。將邊緣摺入之後再車縫1圈。
4. 把兩側用掛耳夾住，用固定釦加以固定（P50「固定釦的安裝方法」）。
5. 在外口袋的分隔部分的上方安裝固定釦。
6. 在❸的縫份的水平中心點分別安裝磁釦（P32「磁釦的安裝方法」）。完成。

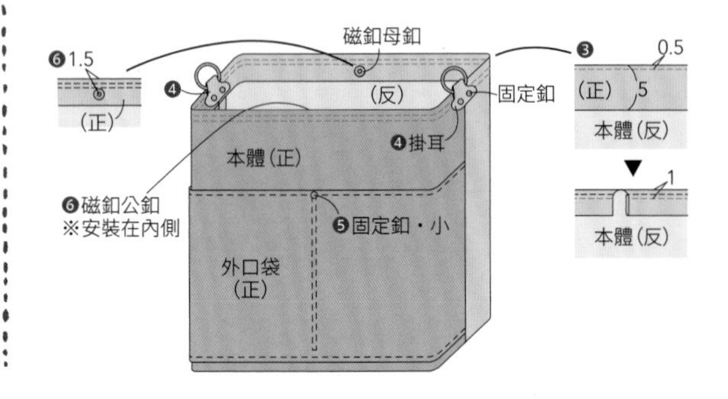

入園入學用品

不必縫就能完成

即使不擅裁縫也能輕鬆製作，全部都是用
手藝用白膠黏住就行的簡單項目。一定要挑戰看看！

教材提袋A

arrange 47 

鞋袋A

卡通圖案和宇宙圖案的搭配組合。可隨意改變2種布料在某一面的分配量，來展現不同的視覺感受。

作法…第153頁、第156頁

basic 46 

教材提袋B

鞋袋B

利用蕾絲增添可愛度的組合。鞋袋是將直條紋的布料橫放，當作橫條紋來使用。

作法…第153頁、第156頁

arrange
49

備用衣物袋

arrange
50

杯袋

大小不同的束口袋是用來收納備用衣物和杯子。因為作法簡單，若能多做幾個不同的尺寸備用的話，會更便利。

作法…第158頁

arrange
51

成人用教材提袋

更換掉入園入學用的教材提袋的布料的話，連大人也能使用。不管是攜帶文件或放入書本及雜誌都非常適合。

作法…第159頁

HOW TO MAKE

basic 45

▶▶第151頁

教材提袋A

難易度 ★☆☆

basic 46

▶▶第151頁

教材提袋B

難易度 ★☆☆

【成品尺寸】

【材料】

<教材提袋A>

棉麻帆布（動物圖案）………84㎝×23㎝
棉牛津布（宇宙圖案）………42㎝×30㎝
鋪棉布（星星圖案）………42㎝×62㎝
標籤（喜愛的樣式）………6㎝×1.8㎝
壓克力織帶（咖啡）………寬2.5㎝×32㎝×2條

<教材提袋B>

棉牛津布（甜點圖案）………84㎝×23㎝
棉牛津布（直條紋圖案）………30㎝×42㎝
鋪棉布（星星圖案）………42㎝×62㎝
標籤（喜愛的樣式）………6㎝×1.8㎝
蕾絲緞帶（米白）………寬2.2㎝×40㎝×2條
壓克力織帶（米黃）………寬2.5㎝×32㎝×2條

【工具】

手藝用白膠（照片）、烤盤紙、熨斗、燙衣板

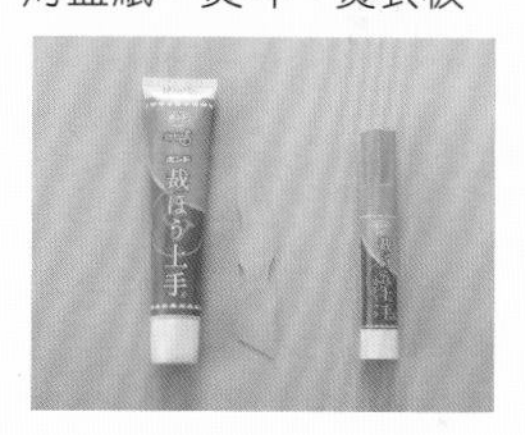

【裁剪方法和尺寸】※單位是㎝。

※**<教材提袋B>**的底，是將直條紋圖案改變方向當作橫條紋來使用。不改變方向的情況和**<教材提袋A>**相同。

<共通>棉麻帆布（動物圖案）、棉牛津布（甜點圖案）

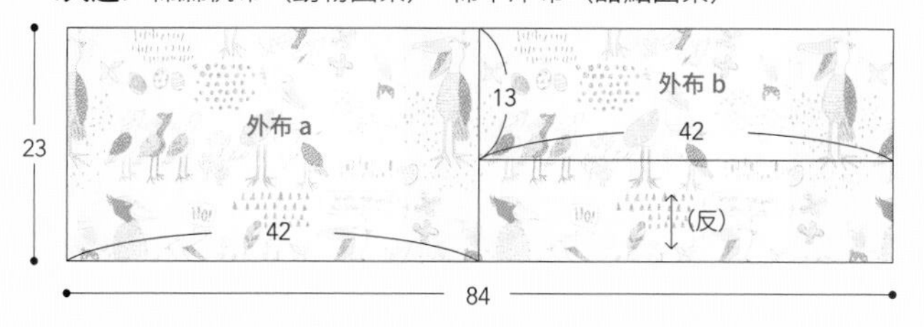

<教材提袋A>棉牛津布（宇宙圖案）

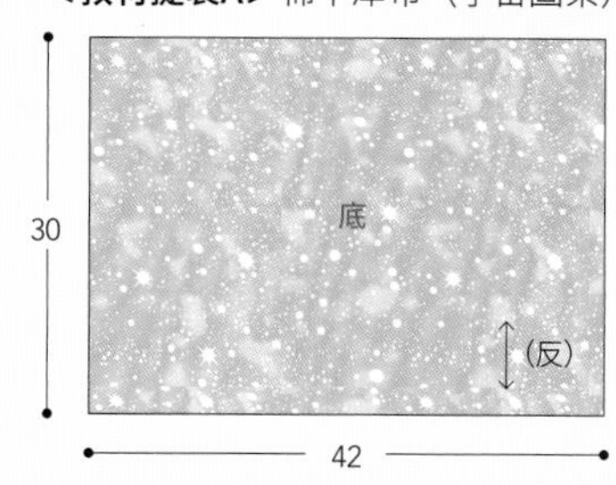

<共通>鋪棉布（星星圖案）

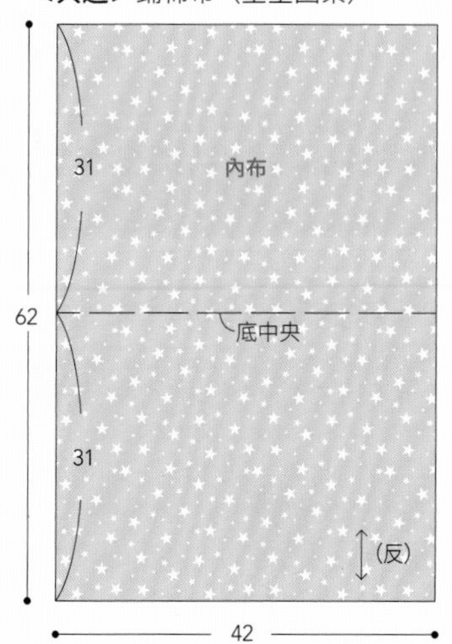

<教材提袋B>
棉牛津布（直條紋圖案）

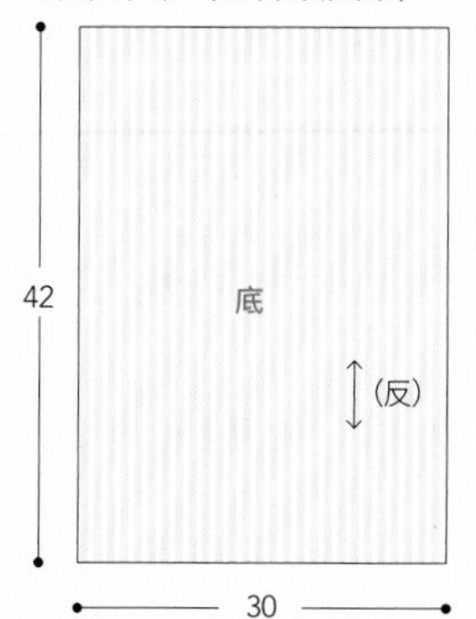

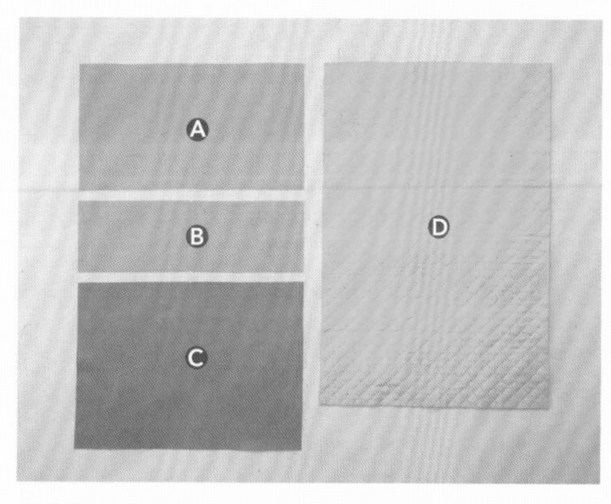

Ⓐ外布a、Ⓑ外布b、Ⓒ底、Ⓓ內布

作法　※單位是cm。

1 製作外袋

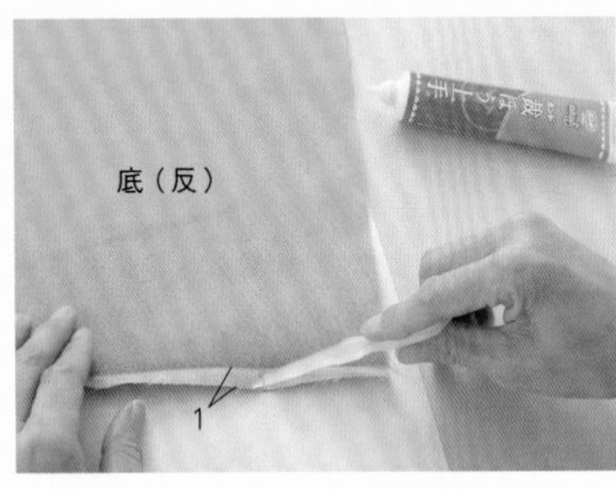

❶ 把底的上下端往反面摺疊，用熨斗燙平。打開，在摺起的部分塗抹白膠。

Point 先把不要的紙鋪在布的下面，再塗抹白膠。白膠要用附送的抹刀來塗抹，盡量不要超出貼合範圍。

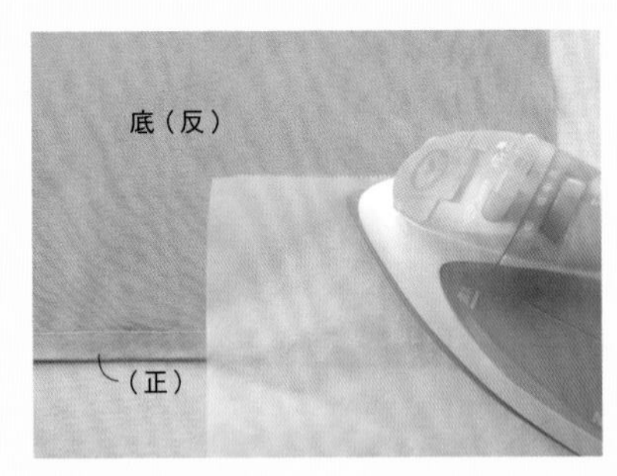

❷ 再次摺疊貼合，隔著烤盤紙用熨斗壓燙。

Point 不要滑動熨斗，要以從上方按壓的方式熨燙，然後在摺疊部分慢慢改變位置使其貼合。

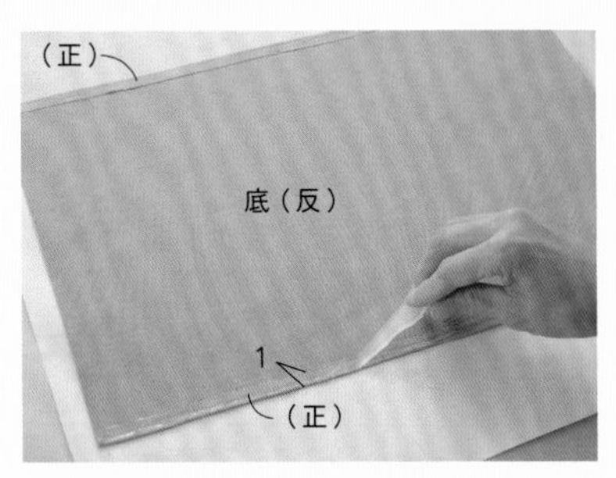

❸ 在下端的摺疊貼合部分塗抹白膠。

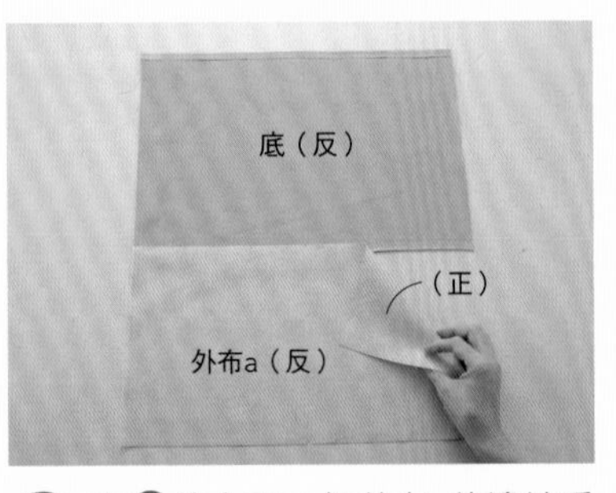

❹ 在❸的上面，把外布a的邊端重疊貼合。

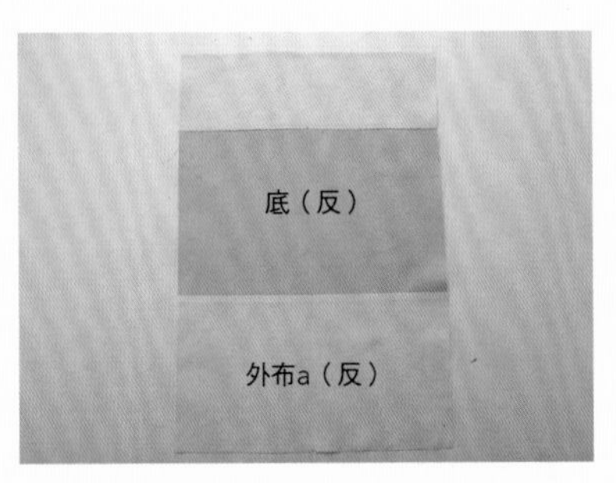

❺ 以同樣方式在底的上端塗抹白膠，貼上外布b。

<教材提袋B>

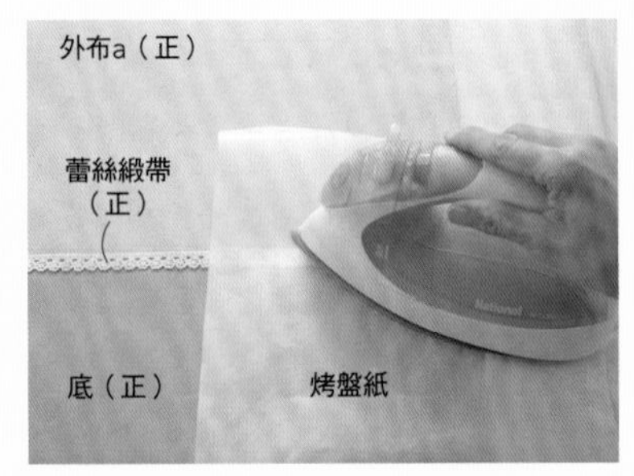

❻ 把❺翻回正面，在蕾絲緞帶的背面塗抹白膠，貼在接縫處。隔著烤盤紙用熨斗壓燙。

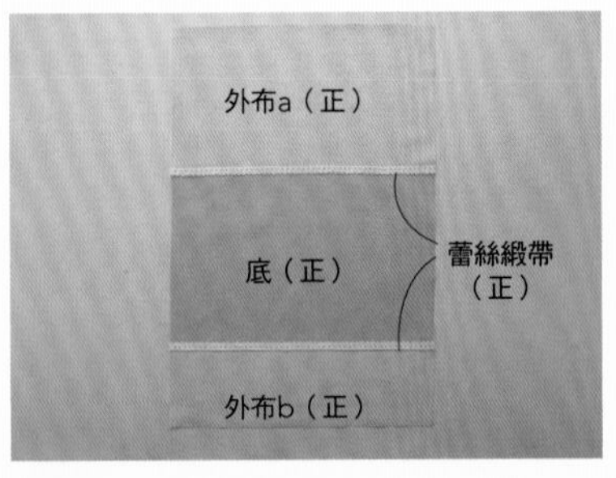

❼ 貼完蕾絲緞帶的樣子。完成外布。

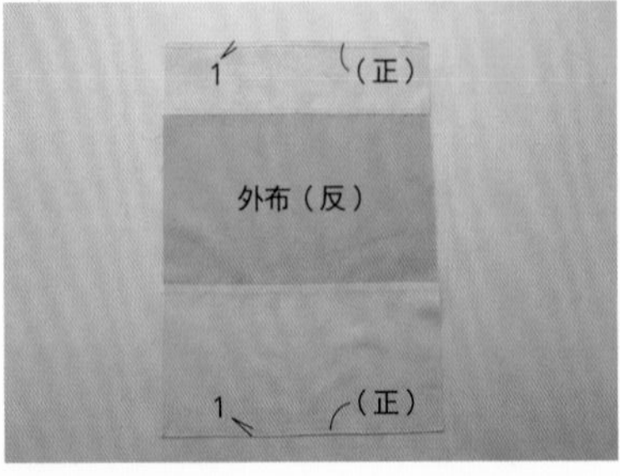

❽ 翻到反面，把上下的端往反面摺疊，用熨斗燙平。在摺疊部分塗抹白膠貼合，用熨斗壓燙。

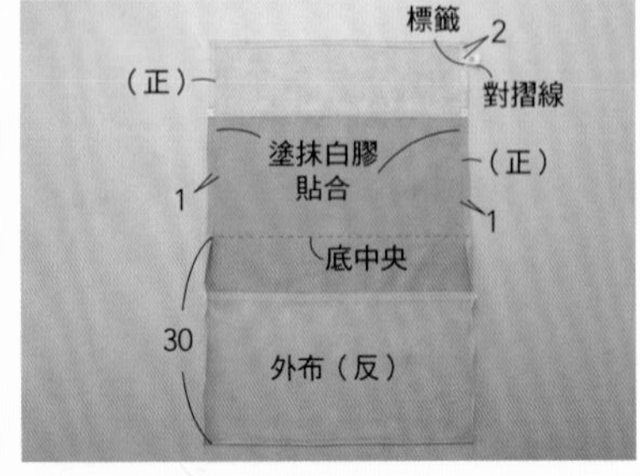

❾ 把兩側的邊端往反面摺疊，把底中央以上的上半部用白膠貼住。把標籤摺成兩半貼住，貼在外布的右上方。

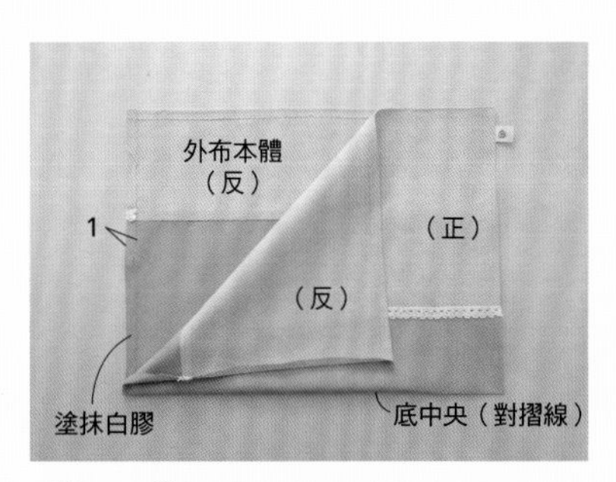

❿ 在❾的貼合部分塗抹白膠，從底中央反反相對摺好，兩側貼合起來，用熨斗壓燙。

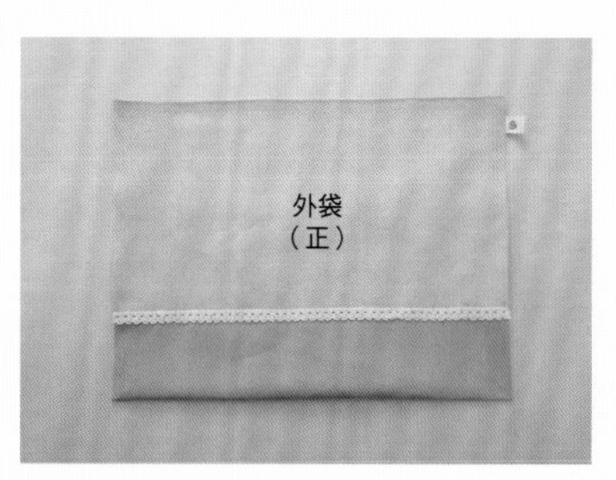

⓫ 黏貼接合後的樣子。完成外袋。

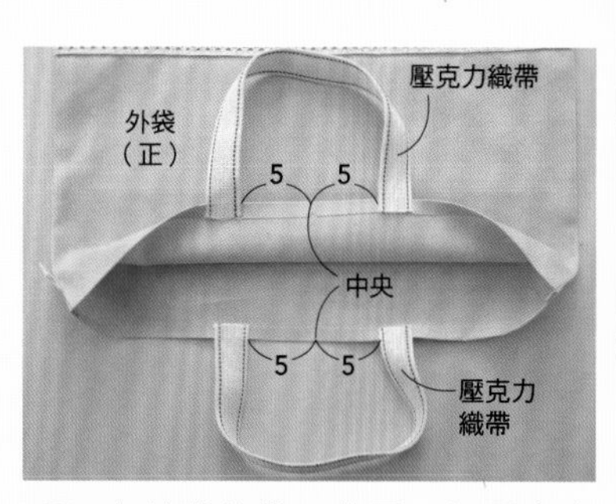

⓬ 在外袋的袋口背面，把壓克力織帶分別用白膠貼住，用熨斗壓燙。

2 製作內袋

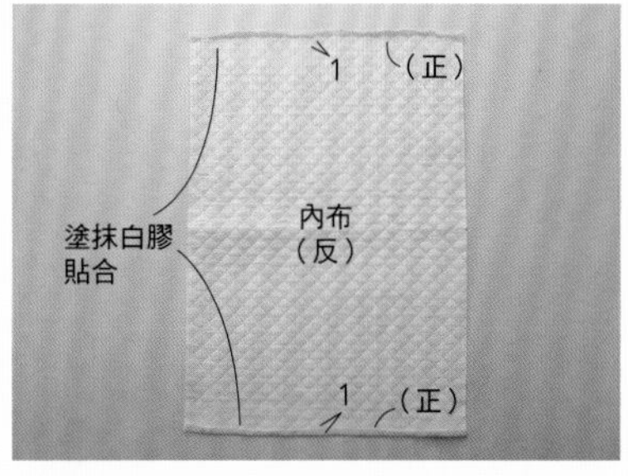

❶ 把內布的上下的邊端往反面摺疊，分別塗抹白膠貼住，用熨斗壓燙。

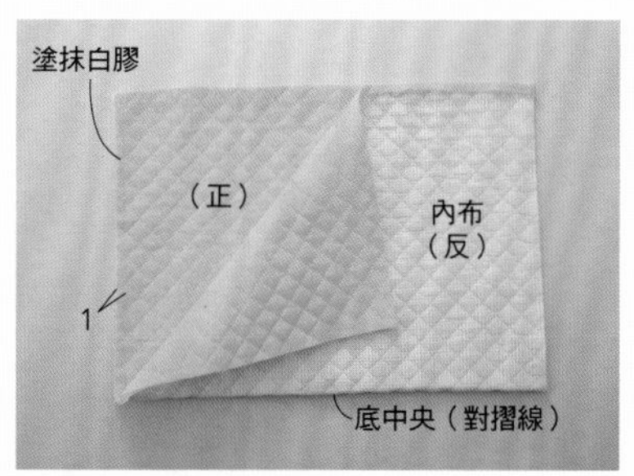

❷ 在內布正面的兩側的上半部塗抹白膠，從底中央正正相對摺疊貼合，用熨斗壓燙。

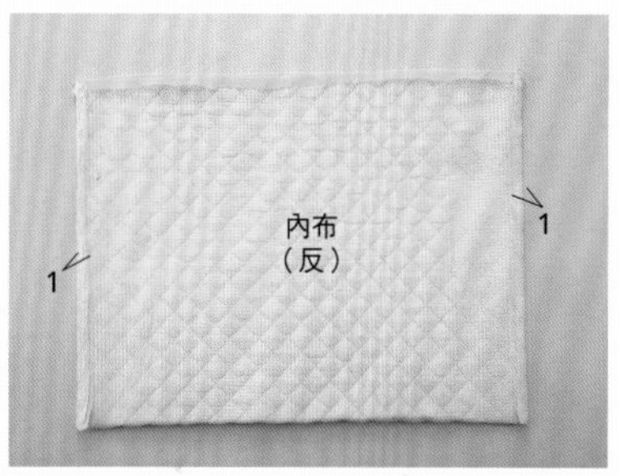

❸ 把兩側的貼合部分倒向內側，用熨斗壓燙。完成內袋。

3 把外袋和內袋套合

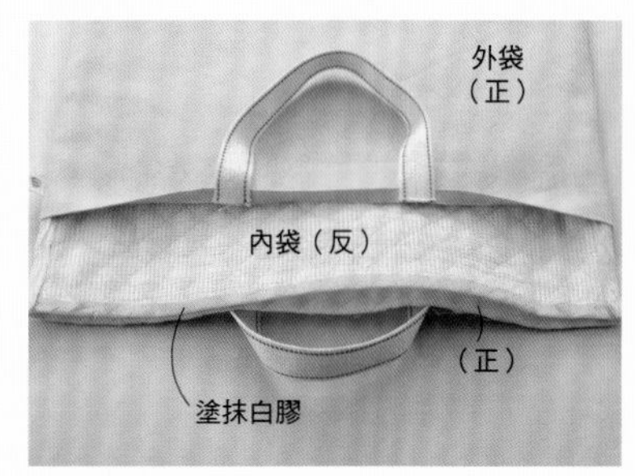

❶ 以錯開縫份的方式把內袋放入外袋中。

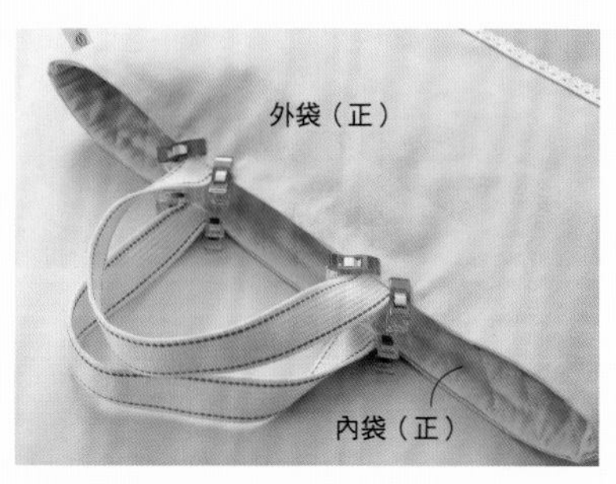

❷ 在外袋的袋口的摺疊部分塗抹白膠，和內袋貼合之後用熨斗壓燙。

Point 提把部分因為不容易密合，所以要用夾子夾住一段時間，牢牢地貼住。

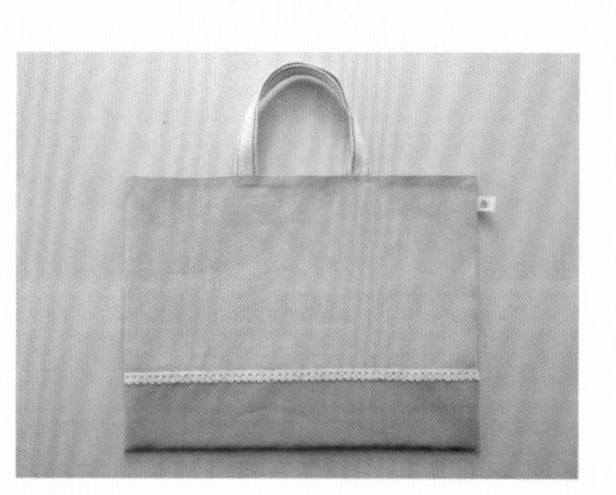

❸ 在黏貼得不夠牢靠的部分塗抹白膠，用熨斗壓燙。完成。

▶▸第151頁

鞋袋A

難易度 ★☆☆

▶▸第151頁

鞋袋B

難易度 ★☆☆

【成品尺寸】

橫寬22㎝×高28㎝
（不含提把）

【材料】

<鞋袋A>

棉麻帆布（動物圖案）⋯⋯⋯48㎝×19㎝
棉牛津布（宇宙圖案）⋯⋯⋯24㎝×29㎝
鋪棉布（星星圖案）⋯⋯⋯24㎝×58㎝
壓克力織帶（咖啡）
⋯⋯⋯寬2.5㎝×6㎝、寬2.5㎝×32㎝
塑膠D型環（咖啡・25㎜）⋯⋯⋯1個

<鞋袋B>

棉牛津布（甜點圖案）⋯⋯⋯48㎝×19㎝
棉牛津布（直條紋圖案）⋯⋯⋯24㎝×29㎝
鋪棉布（星星圖案）⋯⋯⋯24㎝×58㎝
蕾絲緞帶（米白）⋯⋯⋯寬0.9㎝×24㎝
壓克力織帶（米黃）
⋯⋯⋯寬2.5㎝×6㎝、寬2.5㎝×32㎝
塑膠D型環（咖啡・25㎜）⋯⋯⋯1個

【工具】 手藝用白膠、烤盤紙、熨斗、燙衣板

【裁剪方法和尺寸】 ※單位是㎝。

※**<鞋袋B>**的底是將直條紋圖案改變方向當作橫條紋來使用。
不改變方向的情況和**<鞋袋A>**相同。

<鞋袋A>棉麻帆布（動物圖案）
<鞋袋B>棉牛津布（甜點圖案）

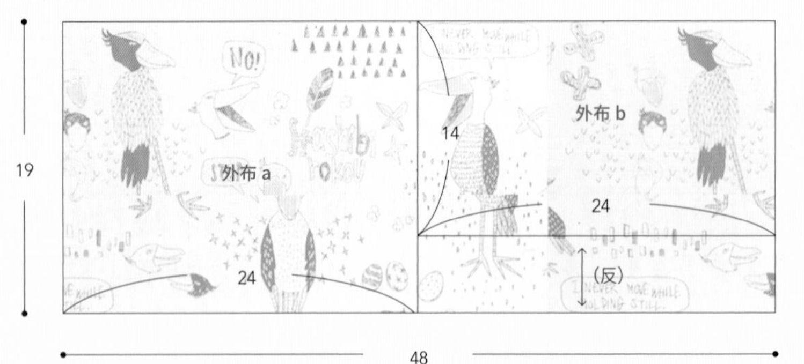

<鞋袋A>棉牛津布（宇宙圖案）
<鞋袋B>棉牛津布（直條紋圖案）

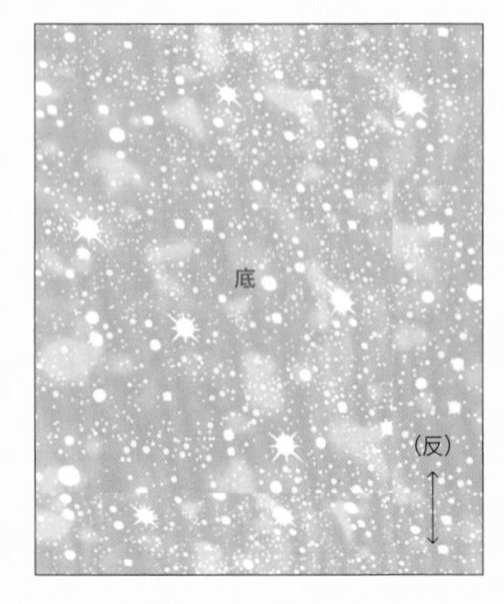